D1929838

kosmos Naturführer

Joachim Herrmann

Welcher Stern ist das?

Sehen – Bestimmen – Wiedererkennen

Franckh-Kosmos

Mit 60 Himmelssternkarten, 88 Sternbildkarten und 32 Farbgrafiken von Sabine Herrmann-Ikram, Münster, sowie 15 Farb- und 5 Schwarzweißfotos.

Umschlaggestaltung von Atelier Reichert, Stuttgart

Die Deutsche Bibliothek –
CIP-Einheitsaufnahme

Welcher Stern ist das?:
Sehen, Bestimmen, Wiedererkennen /
Joachim Herrmann. [Himmelssternkt.,
Sternbildkt. und Farbgrafiken von
Sabine Herrmann-Ikram]. – 26. Aufl. –
Stuttgart : Franckh-Kosmos, 1998
(Kosmos-Naturführer)
ISBN: 3-440-07531-1
NE: Herrmann, Joachim; Herrmann-Ikram, Sabine

Die 1.–23. Auflage ist erschienen unter dem Titel Widmann/Schütte, Welcher Stern ist das?

26. Auflage, 1998
© 1992, Franckh-Kosmos Verlags-GmbH & Co., Stuttgart
Alle Rechte vorbehalten
ISBN 3-440-07531-1
Lektorat: Hermann-Michael Hahn
Herstellung: Heiderose Stetter
Printed in Germany/
Imprimé en Allemagne
Satz: G. Müller, Heilbronn
Reproduktion: Repro GmbH, Fellbach
Druck und buchbinderische
Verarbeitung:
Westermann Druck Zwickau GmbH

Welcher Stern ist das?

Vorwort

Dieser Kosmos-Naturführer will ohne viel Theorie in das praktische Kennenlernen der Sterne und Sternbilder sowie der Planeten einführen. Daneben soll aber auch die Beobachtung besonderer Objekte, wie Doppelsterne, Sternhaufen und Nebel, mit bloßem Auge, dem Feldstecher oder ganz kleinen Fernrohren von etwa 5 oder 6 cm Durchmesser angeregt werden; das gilt z. B. auch für den Mond, für den das Buch auf der Doppelseite 84/85 eine besondere Karte bereithält.

Für jeden Monat sind 4 Sternkarten vorhanden. Sie zeigen den Sternhimmel in den vier verschiedenen Himmelsrichtungen für die mittlere geographische Breite von Mitteleuropa (50° Nord), können aber näherungsweise auch in Nord- und Südeuropa verwendet werden. Die Karten tragen am Rand die Zahlen 1 bis 12 für die Monate, in denen die Karten für 22 Uhr Mitteleuropäischer Zeit (= 23 Uhr Mitteleuropäischer Sommerzeit) gültig sind (Zeitangabe exakt für 10° östliche Länge). Mit Hilfe der Tabelle auf Seite 17 sind sie aber auch zu allen anderen Zeiten während des ganzen Jahres zu benutzen.

Für Reisende auf die Südhalbkugel der Erde bringt der Naturführer ab Seite 70 auch einige weitere Übersichtskarten, die zweimonatlich für die Richtung West-Nord-Ost und Ost-Süd-West angefertigt sind.

Die Herstellung von Sternkarten ist nicht frei von Problemen: Der Sternhimmel ist ja gewölbt, eine Sternkarte muß aber plan sein; ohne Verzerrungen, vor allem an den Rändern der Karten, geht dies leider nicht. Sie sind aber bei den vorliegenden Karten möglichst gering. Jede Karte reicht in der betreffenden Himmelsrichtung vom Horizont, der mit einer Phantasielandschaft dargestellt ist, bis zum Zenit – dem Scheitelpunkt des Himmelsgewölbes über uns. An den Rändern links, rechts und oben überlappen sich die Karten ein wenig.

Die Sternkarten enthalten – um sie übersichtlich zu gestalten – nur die wichtigsten Sterne sowie die Umrißlinien der Sternbilder. Wer Näheres über die Sternbilder und die darin befindlichen besonderen Objekte erfahren möchte, sei auf das Sternbilder-Lexikon Seite 120 bis 155 verwiesen.

Auf den Seiten 168 bis 170 finden sich Angaben über besondere Himmelserscheinungen in den Jahren 1993 bis 2005, vor allem die Sichtbarkeit der Planeten, Vollmond- und Neumondtermine sowie Sonnen- und Mondfinsternisse. Natürlich können diese Seiten kein umfangreiches astronomisches Jahrbuch ersetzen; sie geben aber doch einen ersten Überblick. Wer umfangreichere Angaben wünscht, sei auf das alljährlich im Franckh-Kosmos Verlag erscheinende „Himmelsjahr" verwiesen.

Was man vom Himmel wissen muß

Das Himmelsgewölbe

Wie eine Käseglocke dehnt sich das Himmelsgewölbe über uns. Früher glaubte man, die Erde sei wirklich von kristallenen Sphären umgeben. Tatsächlich ist das Himmelsgewölbe aber nur ein gedankliches Gebilde. Es ist eben jene Hälfte des Weltalls, die für uns durch die Erdkugel unverdeckt ist. Für viele praktische Beobachtungen ist der Begriff „Himmelsgewölbe" jedoch gut brauchbar. Am Himmelsgewölbe können wir den augenblicklichen Ort eines Gestirns angeben. Zunächst einmal bezeichnen wir die Grenzlinie zwischen Himmelsgewölbe und Erdoberfläche als Horizont. Nur auf dem Meer, bei völlig ruhiger Wasseroberfläche, oder auch von einem alles überragenden Berg oder Turm aus sehen wir bis zum Horizont herab. In der Regel ist uns die Sicht zum Horizont durch Berge, Bäume, Häuser usw. mehr oder weniger verwehrt. Die Stelle des Himmelsgewölbes, die sich senkrecht über uns befindet, nennt man Zenit.

Die Himmelsrichtungen

Die vier Himmelsrichtungen geben bereits grob an, wo wir ein Gestirn suchen müssen. Am besten geht man von der Nordrichtung aus. So wie bei einer echten Karussellfahrt die Häuser, Bäume und Menschen um uns herumzuwirbeln scheinen, laufen für uns die Gestirne wegen der Erdrotation um uns herum. Ein Stern jedoch, der genau in der Verlängerung der Erdachse stünde, also an einem der beiden Himmelspole, würde sich überhaupt nicht bewegen. Glücklicherweise steht nahe dem nördlichen Himmelspol tatsächlich ein gut mit freiem Auge sichtbarer Stern. Es ist der Hauptstern im Kleinen Bären (Kleinen Wagen), der Polarstern. Er ist gegenwärtig nur 0,8 Winkelgrad oder $1\frac{1}{2}$ Mondbreiten vom exakten Nordpol entfernt. Man begeht also nur einen geringen Fehler und manchmal sogar überhaupt keinen, wenn wir sagen: Der Polarstern zeigt uns Norden an.

Aber wie finden wir den Polarstern? Hierzu müssen wir zunächst die einprägsamste Figur des ganzen Himmels aufsuchen, den Großen Wagen – ein Teil des Sternbilds Großer Bär. Der Große Wagen steht abends um etwa 21 Uhr im November am tiefsten, knapp über dem Horizont; im Februar zeigt die Deichsel nach unten; im Mai steht der Große Wagen fast im Zenit, und im August weist die Deichsel nach oben. Haben wir den Großen Wagen gefunden, dann verlängern wir die Verbindungslinie der beiden hinteren Sterne des Wagenkastens um das Fünffache von den gedachten Wagenrädern weg. So stoßen wir auf den Polarstern. Damit sind aber auch alle anderen Himmelsrichtungen festgelegt. Übrigens können wir die Himmelsrichtungen auch bei Tage wenigstens ungefähr bestimmen. Dazu benutzen wir eine richtig gehende Analoguhr – also eine Uhr mit Zeigern. Wir drehen nun die Uhr so, daß der Stundenzeiger zur Sonne weist. Dann liegt Süden halbwegs zwischen der 12-Uhr-Marke und dem Stundenzeiger.

Neben der Himmelsrichtung Nord (N) und den drei anderen Richtungen Ost (O), Süd (S) und West (W) gibt es noch Zwischenrichtungen, und zwar in der Reihenfolge von N über O, S und W nach N zurück: Nordnordost (NNO), Nordost (NO), Ostnordost (ONO), Ostsüdost (OSO), Südost (SO), Südsüdost (SSO), Südsüdwest (SSW), Südwest (SW), West-

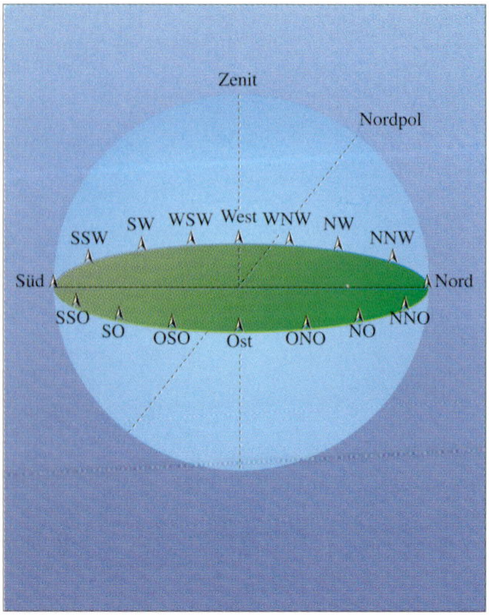

Das Himmelsgewölbe und die Himmelsrichtungen

Winkelmaßangaben am Himmel

In diesem Buch werden öfters Winkelmaßangaben von Distanzen am Himmelsgewölbe gemacht. Bekanntlich wird ein Vollkreis in 360 Winkel- oder Bogengrad eingeteilt. Ein Viertelkreis umfaßt 90 Grad. Der Zenit, der Scheitelpunkt des Himmelsgewölbes, steht also 90 Grad hoch über dem Horizont. Zur Veranschaulichung kann man sich klarmachen, daß die Sonnen- oder Mondscheibe einen Durchmesser von etwa 0,5 Grad hat.
Ein Bogengrad (abgekürzt 1°) wird weiter unterteilt in 60 Bogenminuten (60'). Eine Bogenminute (1') enthält wiederum 60 Bogensekunden (60"). Das menschliche Auge vermag noch zwei (mittelhelle und nahezu gleich helle) Sterne voneinander zu trennen, die etwa 3 bis 4' voneinander entfernt stehen.

südwest (WSW), Westnordwest (WNW), Nordwest (NW) und Nordnordwest (NNW).

Zirkumpolarsterne

Wir finden den Großen Wagen das ganze Jahr hindurch. Es gibt nämlich um den Himmelsnordpol herum eine Zone am Himmel mit Sternbildern, die niemals untergehen. Es sind die sog. Zirkumpolarsternbilder. Sie sind nicht weiter vom nördlichen Himmelspol entfernt, als dieser über dem Horizont steht. Und hier können wir uns gleich eine wichtige Regel einprägen: Die Höhe des Himmelsnordpols (und damit etwa des Polarsterns) über dem Nordhorizont entspricht der geographischen Breite. Für 50 Grad nördl. Breite (etwa Linie Mainz–Bayreuth–Prag) steht der Himmelsnordpol also 50 Grad über dem Nordhorizont. Alle Sterne und Sternbilder, die weniger als 50 Grad vom Himmelsnordpol entfernt sind, bleiben also auf 50 Grad nördl. Breite immer sichtbar. Da-

So findet man mit Hilfe des Großen Wagens zu jeder Zeit den Polarstern auf

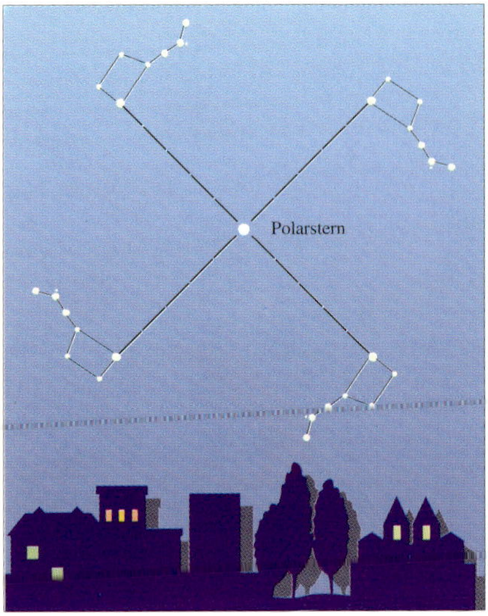

Auch bei Tage können wir ungefähr die Südrichtung mit Hilfe einer Uhr auffinden (Erläuterung im Text)

zu gehören neben den beiden Bären auch Luchs, Perseus, Cassiopeia, Cepheus, Drache, Giraffe, Eidechse und Teile weiterer Sternbilder. Gehen wir nach Norden, so nimmt die geographische Breite und damit die Höhe des Himmelsnordpols über dem Horizont zu: Die Zone der Zirkumpolarsternbilder wird größer. Gehen wir nach Süden, dann wird die Zone der Zirkumpolarsternbilder kleiner, da nun auch der Himmelsnordpol immer dichter am Horizont steht. Am Äquator gibt es gar keine Zirkumpolarsternbilder mehr.

Die Jahreszeiten

Die Jahreszeiten können wir am sichersten am Sonnenlauf ablesen. Die folgenden Zeiten sind Mitteleuropäische Zeit (MEZ) und gelten nur für 50 Grad nördl. Breite und 10 Grad östl. Länge (während der Gültigkeit der Sommerzeit ist 1 Stunde zu addieren).

Beginnen wir mit dem 22. Dezember, dem Tag der Wintersonnenwende, des Winteranfangs. Die Sonne geht dann um etwa 8.16 Uhr etwas links von der SO-Richtung auf und um 16.21 Uhr etwas rechts von SW unter. Mittags steht sie nur $16\frac{1}{2}$ Grad hoch über dem S-Horizont. In der folgenden Zeit verschiebt sich der Aufgangspunkt nach links, der Untergangspunkt nach rechts, zunächst ganz langsam, später etwas schneller. Am 21. März ist Frühlingsanfang. Die Sonne geht exakt im O um 6.22 Uhr auf und um 18.33 Uhr im W unter: Frühlings-Tagundnachtgleiche. Tag und Nacht dauern je 12 Stunden. Daß dies in der Praxis nicht genau stimmt, liegt vor allem an der Strahlenbrechung in der Erdatmosphäre. Dadurch erscheint die Sonne am Horizont um mehr als ihren Durchmesser gehoben, sie geht also etwas früher auf und etwas später unter, als es allein aus geometrischen Verhältnissen zu erwarten wäre. Die Mittagshöhe der Sonne im S beträgt 40 Grad. Am 21. Juni ist Sommersonnenwende, Sommeranfang. Jetzt geht die Sonne um 4.10 Uhr knapp rechts von NO auf und um 20.33 Uhr knapp links von NW unter. Mittags steht die Sonne $63\frac{1}{2}$ Grad hoch im S. Nach dem 21. Juni wandert der Aufgangspunkt der Sonne nach rechts, der Untergangspunkt nach links zurück. Am 23. September ist Herbstanfang, Herbst-Tagundnachtgleiche. Wieder läuft die Sonne exakt von O nach W, die Mittagshöhe im S beträgt 40 Grad. Der Aufgang ist um 6.07 Uhr, der Untergang um 18.17 Uhr. Die Angaben der Jahreszeiten beziehen sich auf die Nordhalbkugel der Erde; die Südhalbkugel hat entgegengesetzte Jahreszeiten.

Der jährliche Sonnenlauf durch den Tierkreis

Die Erde läuft in einem Jahr um die Sonne. Könnten wir am Tage die Sterne sehen, wäre zu beobachten, wie die Sonne Tag für Tag vor dem Hintergrund des Sternhimmels weiterzieht. Die Sterne, vor denen die Sonne gerade steht, wandern mit ihr über den Taghimmel hinweg und sind nachts

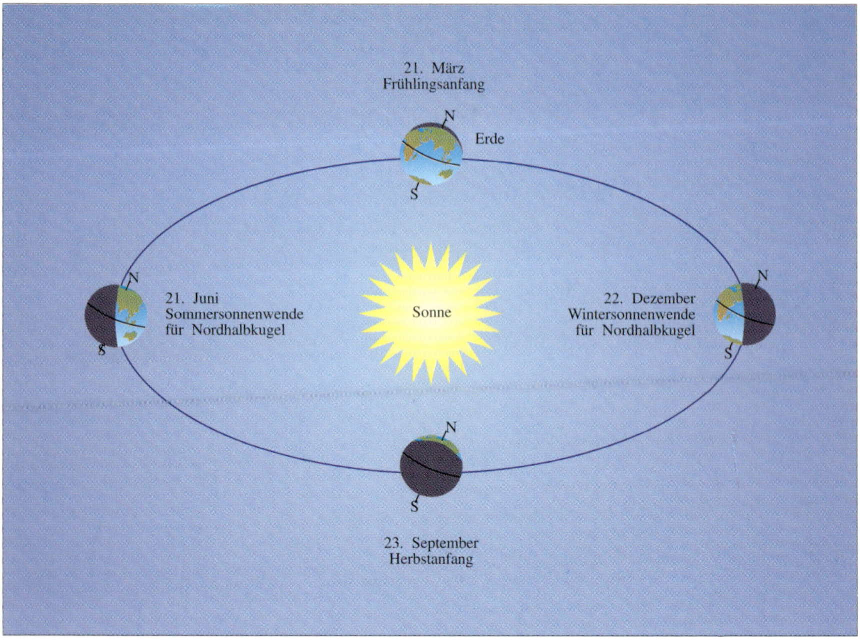

Wie die Jahreszeiten entstehen

unsichtbar. Indirekt können wir aber die Verschiebung der Sonne vor dem Sternhimmel doch verfolgen, wenn wir ein ganzes Jahr hindurch bei Einbruch der Nacht den Sternhimmel im Westen beobachten. Beginnen wir z. B. am 15. April zwei Stunden nach Sonnenuntergang (etwa Karte S. 33), so sehen wir im W noch vollständig die Wintersternbilder: Orion, Stier, Zwillinge, Fuhrmann, im SW auch noch Kleiner und Großer Hund. Setzen wir nun unsere Beobachtungen an jedem klaren Abend fort,

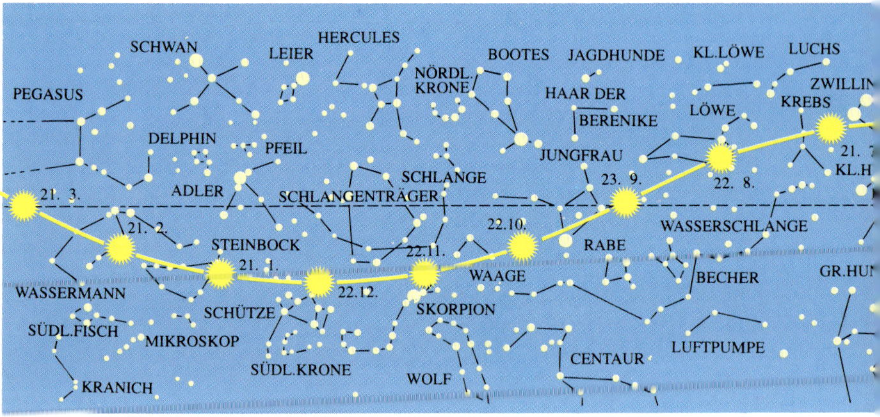

und zwar immer 2 Stunden nach Sonnenuntergang, so stehen die Winterbilder immer tiefer und werden nach und nach unsichtbar. Dafür ziehen im Laufe des Mai und Juni Krebs und Löwe nach Westen. Das ganze Schauspiel ist einfach eine Folge der Wanderung der Sonne in die genannten Bereiche des Sternhimmels hinein. Nach einigen Wochen der Unsichtbarkeit tauchen diese Sternbilder aber wieder morgens vor Sonnenaufgang im O auf. Anfang August (Karte S. 55) ist 2 Stunden vor Sonnenaufgang bereits wieder der Stier zu sehen, bald folgt der Orion, Anfang September auch der Große Hund und die Zwillinge usw. Mit Hilfe unserer Sternkarten auf den Seiten 18 bis 65 können wir noch viele weitere Erfahrungen machen.
Die Sterne, die der Sonne gegenüberstehen, sind die ganze Nacht sichtbar. So kann man die Sterne grob in jahreszeitliche Gruppen einteilen. Man spricht von Winter-, Frühlings-, Sommer- und Herbststernbildern. Orion, Stier, Fuhrmann, Großer und Kleiner Hund und die Zwillinge sind Winterbilder. Deswegen verschwinden sie allmählich im Frühling. Im Sommer sind sie im wesentlichen unsichtbar. Erst im Spätsommer tauchen sie allmählich wieder auf, wenn auch zunächst nur kurz vor Sonnenaufgang.

So wandert die Sonne in einem Jahr als Spiegelbild der Erdbewegung vor dem Hintergrund der Tierkreissternbilder

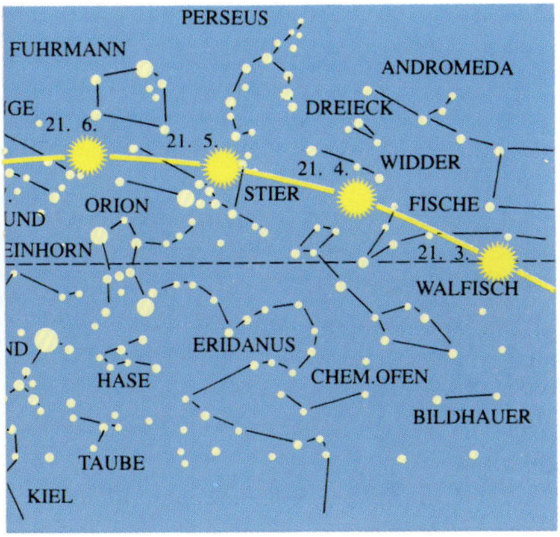

Der Tierkreis

Die Kulisse, vor der sich der Sonnenlauf abspielt, nennen wir den Tierkreis (Zodiakus) und die exakte scheinbare Sonnenbahn die Ekliptik. Zum Jahresanfang steht die Sonne im Sternbild Schütze. Am 19. Januar zieht sie in den Steinbock. Am 12. Februar folgt der Wassermann, am 11. März überschreitet sie die Grenze zu den Fischen. Am 18. April kommt der Widder an die Reihe, am 13. Mai der Stier. Vom 21. Juni an zieht die Sonne durch die Zwillinge, ab dem 20. Juli durch den Krebs. Vom 10. August bis 16. September durchwandert die Sonne das ziemlich langgestreckte Bild des Löwen. Auch für die darauffolgende Jungfrau benötigt die Sonne viel Zeit: Vom 16. September bis zum 30. Oktober. Die Waage wird wieder schnell durchschritten. Bereits am 22. November erreicht die Sonne die Grenze zum Skorpion. Dieser wird nur im nördlichsten Zipfel von der Sonne durchlaufen. Ganze 7 Tage benötigt sie, um schon wieder am 29. November dieses Sternbild zu verlassen. Dann kommt der Schlangenträger oder Ophiuchus, den sie bis zum 18. Dezember durchwandert.
Was viele nicht wissen: Es gibt also 13, nicht 12 Tierkreissternbilder. Außerdem haben sie nichts mit den (meist nur in der Astrologie) benutzten Tierkreiszeichen zu tun. Die Punkte, an denen sich die Sonne zum Beginn der vier Jahreszeiten befindet, haben noch besondere Namen: Frühlingspunkt, Sommerpunkt, Herbstpunkt und Winterpunkt. Der Frühlingspunkt wird manchmal auch Widderpunkt genannt, da dort das Zeichen Widder beginnt. Die Tagundnachtgleiche heißt auch Äquinoktium, die Sonnenwenden am 21. Juni und 22. Dezember heißen Solstitium.
Vor etwa 2000 Jahren fielen Sternbilder

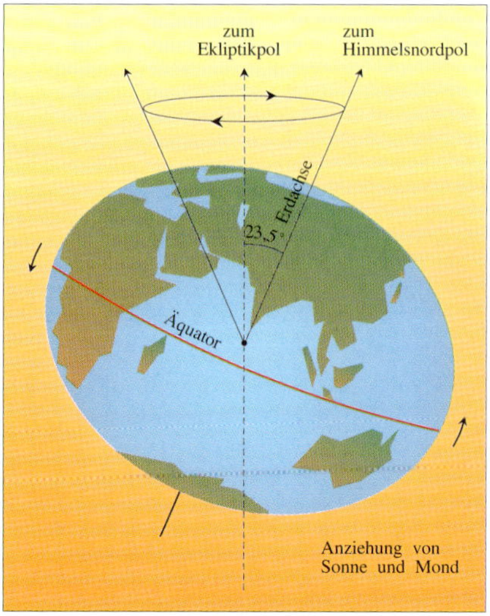

Oben: Die Erdachse beschreibt in knapp 26 000 Jahren einen Kegelmantel um die Senkrechte auf der Erdbahnebene: Präzession

und Zeichen noch ungefähr zusammen, von den unterschiedlichen Breiten der wirklichen Sternbilder und dem Ophiuchus einmal abgesehen. Daß es heute nicht mehr so ist und Zeichen und Sternbilder in den nächsten Jahrtausenden sogar noch weiter auseinanderrücken, liegt an der Präzession der Erdachse. Bedingt durch die Anziehung von Sonne und Mond auf den Äquatorwulst der Erde schwingt die Erdachse in knapp 26 000 Jahren um die Senkrechte auf der Erdbahnebene herum. Dies wirkt sich auf die Lage des Frühlingspunktes usw. aus. Aber auch der nördliche Himmelspol verlagert sich. Unser heutiger Polarstern wird im Laufe der Jahrhunderte allmählich seine Rolle verlieren. Um 9000 n. Chr. herum ist Deneb im Schwan ungefähr Polarstern, um 13 000 n. Chr. Wega in der Leier. Und um etwa 28 000 n. Chr. übernimmt unser heutiger Polarstern wieder seine alte Rolle. Übrigens erreicht der nördliche Himmelspol erst im Jahre 2100 n. Chr. mit knapp 0,5 Grad seinen kleinsten Abstand vom Polarstern.
Die Tierkreissternbilder sind wichtig, weil sich durch sie nicht nur die Sonne, sondern auch Mond und Planeten bewegen. Das liegt daran, daß deren Bahnen nur geringfügig gegen die Erdbahnebene geneigt sind.

Der Mondlauf

Unser Trabant umläuft die Erde in einem knappen Monat. Während dieser Zeit sehen wir ihn in den verschiedensten Phasen oder Lichtgestalten. Steht der Mond etwa zwischen Erde und Sonne, so wendet er uns seine dunkle Nachtseite zu und ist unsichtbar: Es ist Neumond. 1–3 Tage später jedoch erscheint die schmale Sichel des zunehmenden Mondes abends nach Sonnenuntergang über dem westlichen Horizont. Die Sichel wächst nun weiter an. Da sie sich im Tierkreis nach links oder Osten immer weiter von der Sonne entfernt, geht sie immer später am Abend unter. Etwa eine Woche nach Neumond ist Erstes Viertel oder zunehmender Halbmond. Die rechte Seite des Mondes ist beleuchtet. Er steht bei Sonnenuntergang ungefähr im Süden und geht im Durchschnitt um Mitternacht im Westen unter. Doch spielt hier die Jahreszeit eine Rolle. So steht zum Beispiel der zunehmende Halbmond zur Zeit des Frühlingsanfangs etwa dort im Tierkreis, wo die Sonne erst am 21. Juni eintreffen wird. Er bleibt also ziemlich lange über dem Horizont und geht erst nach Mitternacht unter. Bei Herbstanfang ist es genau umgekehrt: Der zunehmende Halbmond steht dort, wo die Sonne erst am 22. Dezember zu finden ist. Er geht schon vor Mitternacht unter.
Nach dem Ersten Viertel wird der Mond immer langer sichtbar. Im Mittel verspäten sich die Auf- und Untergänge des Mondes pro Tag um rund 50 Minuten, aber auch dieser Betrag schwankt stark – von rund einer Viertelstunde bis fast 1½ Stunden. Etwa 14 bis 15 Tage nach Neumond

haben wir Vollmond. Jetzt steht der Mond der Sonne gegenüber. Er geht etwa bei Sonnenuntergang auf und bei Sonnenaufgang unter. Er kann also die ganze Nacht beobachtet werden. Der „Sommervollmond“ im Juni/Juli schleicht dabei nur knapp von SO bis SW am Horizont entlang, genau wie die Sonne zur Zeit des Winteranfangs. Der „Wintervollmond“ im Dezember/Januar klettert dagegen hoch am Südhimmel herauf, kulminiert in einer Höhe wie die Sonne im Juni und geht im NO auf und im NW unter.

Nach Vollmond verabschiedet sich unser Trabant allmählich vom Abendhimmel: Er nimmt ab. Etwa am 22. Tag nach Neumond ist Letztes Viertel oder abnehmender Halbmond. Die linke Hälfte des Mondes ist beleuchtet. Nun geht der Mond im Durchschnitt um Mitternacht auf und steht bei Sonnenaufgang etwa im Süden. Einige Tage später sehen wir kurz vor Sonnenaufgang tief über dem östlichen Horizont die schmale abnehmende Sichel. Nach jeweils 29 Tg. 12 Std. 44 Min. haben wir wieder Neumond. Diese Zeitspanne nennt man auch den synodischen Monat oder die synodische Umlaufzeit des Mondes um die Erde.

Bis der Mond wieder an demselben Stern im Tierkreis eintrifft, vergehen nur 27 Tg. 7 Std. 43 Min.; dies ist der siderische Monat. Der synodische Monat ist länger, da dieser an die Sonnenposition gebunden ist. Die Sonne läuft ja in der Zwischenzeit ein Stück weiter durch den Tierkreis. Der Mond muß also die Sonne einholen. Und dazu benötigt er etwas über zwei Tage.

Der Mond beschreibt eine Ellipsenbahn um die Erde mit einer Entfernung zwischen etwa 356 000 und 407 000 km. Dadurch ändert sich der Durchmesser der Mondscheibe immerhin zwischen 29’26”

Unten: Wie die Mondphasen entstehen. Auf dem äußeren Ring wird dargestellt, wie der Mond von der Nordhalbkugel der Erde aus erscheint

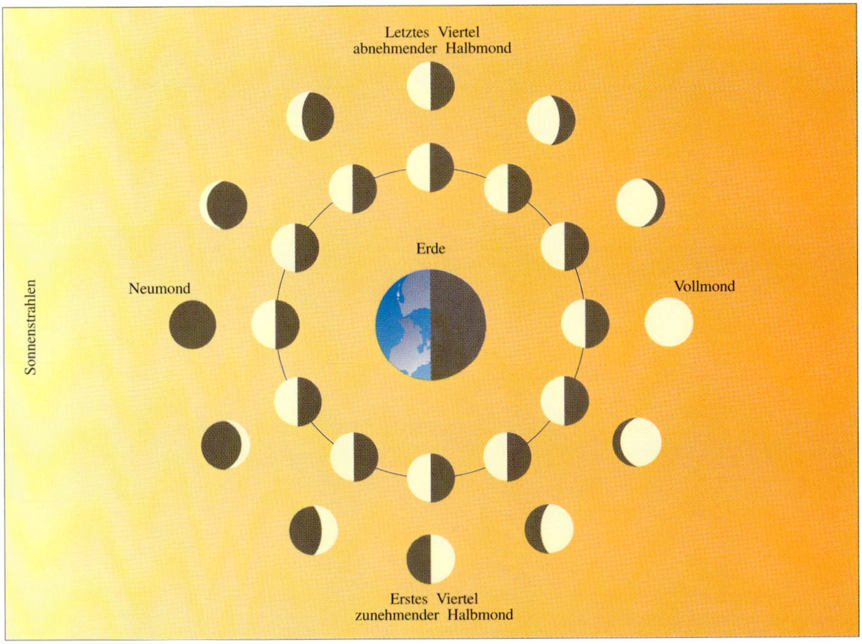

und 33'30". Die mittlere Entfernung beträgt 384 400 km. Der erdnächste Punkt heißt Perigäum, der erdfernste Punkt Apogäum. Zwischen zwei Durchgängen durch das Perigäum vergehen 27 Tg. 13 Std. 19 Min.; dies ist die anomalistische Umlaufzeit des Mondes.

Sonnen- und Mondfinsternisse

Während des Mondlaufs durch den Tierkreis kommt es häufig zu Bedeckungen von Sternen. Dies sind – vor allem bei helleren Sternen – recht reizvolle Schauspiele. Da der Mond keine Atmosphäre besitzt, erlischt der Stern schlagartig am linken, östlichen Mondrand und taucht ebenso plötzlich am rechten Rand wieder auf. Auch Bedeckungen von Planeten kommen gelegentlich vor. Da die Planeten (im Fernrohr) Scheiben zeigen, verschwinden diese am Mondrand nur allmählich.

So entstehen die Sonnen- und Mondfinsternisse

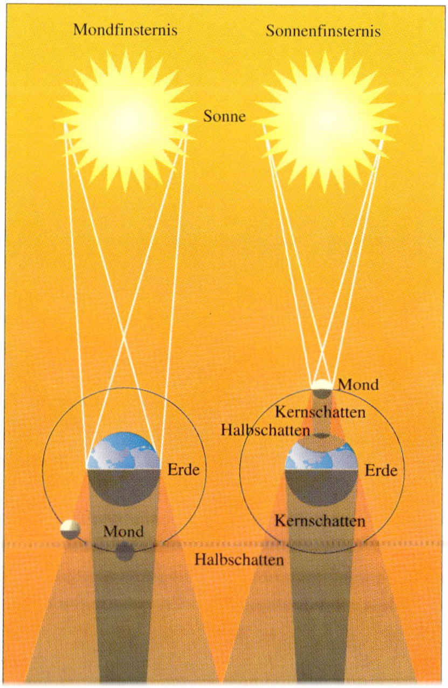

Aber noch viel wichtiger sind die Sonnen- und Mondfinsternisse.

Die Mondbahn ist um etwas über 5 Grad gegen die Ekliptik geneigt. So verfehlt der Neumond meist die Sonne und der Vollmond den Erdschatten. Eine Finsternis kann nur dann erwartet werden, wenn die Neumond- bzw. Vollmondphase nahe einem der beiden Schnittpunkte der Erd- und Mondbahn eintritt. Diese Punkte nennt man auch den aufsteigenden und absteigenden Knoten, die Verbindung zwischen ihnen die Knotenlinie.

Nun bleibt aber die Knotenlinie der Mondbahn nicht stehen, sondern wandert in etwa 18,6 Jahren einmal um die ganze Mondbahn herum, und zwar rückläufig, d. h. entgegengesetzt zur Bewegungsrichtung des Mondes. Deshalb ist die Zeitspanne, die der Mond benötigt, um vom aufsteigenden Knoten wieder zu ihm zurückzukehren, etwas kürzer als die früher beschriebene siderische Umlaufzeit: 27 Tg. 5 Std. 6 Min. Dies ist die drakonitische Umlaufzeit des Mondes. So verfrühen sich die beiden „Fenster", in denen Finsternisse eintreten können, von Jahr zu Jahr laufend um knapp 3 Wochen.

Nach etwas über 18 Jahren wiederholen sich die Finsternisse in fast derselben Form. Dieser sog. Saroszyklus dauert 18 Jahre 11 oder 10 Tg., je nachdem, ob während dieses Zeitraums 4 oder 5 Schalttage eintreten.

Die Zyklusdauer entspricht ziemlich exakt ganzzahligen Vielfachen der synodischen und drakonitischen Monate: Es sind nämlich 223 synodische Umläufe = 18 Jahre 10,32 Tg. 242 drakonitische Umläufe = 18 Jahre 10,36 Tg. Da die Rechnung natürlich doch nicht exakt aufgeht, reißen die Saroszyklen meist nach vielen Jahrhunderten wieder ab.

Pro Jahr treten im Durchschnitt 2 bis 3 Sonnenfinsternisse und 1 bis 2 Mondfinsternisse ein. Man muß aber bedenken, daß Sonnenfinsternisse nur in einem begrenzten Gebiet der Tagseite der Erde sichtbar sind: Der Mondschatten kann

Totale Sonnenfinsternis vom 11. 7. 1991 in Carbo San Lucas, Mexico. Aufnahme: W. Lille, Stade

Totale Mondfinsternis vom 16. 9. 1978. Aufnahme: Astronomische Arbeitsgemeinschaft Bochum

nicht die ganze Erde erfassen; Mondfinsternisse sind dagegen von der gesamten Nachtseite der Erde aus zu sehen. Dadurch sind für einen bestimmten Beobachtungsort auf der Erde Mondfinsternisse doch häufiger als Sonnenfinsternisse.

Bei den **Sonnenfinsternissen** unterscheidet man

1. Totale Finsternisse: Die ganze Sonnenscheibe wird durch den Mond bedeckt. Dauer höchstens 7 Minuten. Rings um die verfinsterte Sonne taucht als Strahlenkranz die Sonnenkorona auf, die äußerste Hülle der Sonne. Der Beobachter befindet sich im Kernschatten des Mondes.
2. Partielle Finsternisse: Die Sonne wird vom Mond nur teilweise bedeckt. Der Beobachtungsort liegt im Halbschatten des Mondes.
3. Ringförmige Finsternisse: Auf seiner elliptischen Bahn befindet sich der Mond nahe seinem erdfernsten Punkt. Dadurch erscheint er kleiner als die Sonnenscheibe. Selbst bei einem zentralen Vorübergang des Mondes über die Sonne bleibt ein unverfinsterter Ring der Sonne übrig.

Bei den **Mondfinsternissen** unterscheidet man

1. Totale Finsternisse: Der Mond taucht vollständig in den Kernschatten der Erde. Die Erdatmosphäre bricht aber ein wenig Sonnenlicht in den Kernschatten der Erde. Auf dem langen, streifenden Weg durch die Atmosphäre wird das blaue, kurzwellige Licht gestreut, so daß nur das rote, langwellige Licht in den irdischen Kernschatten gelangt. So verschwindet der Mond bei einer totalen Finsternis meist nicht völlig, sondern erscheint immer noch in einem schwachen, kupferroten bis bräunlichen Licht.
2. Partielle Finsternisse: Der Mond dringt nur teilweise in den Kernschatten der Erde ein. Nur ein Teil des Mondes ist verfinstert.
3. Halbschattenfinsternisse: Der Mond durchquert nur den Halbschatten der Erde. Da dieser stark aufgehellt ist (von ihm aus wäre nur eine partielle Sonnenfinsternis zu sehen), fallen derartige Finsternisse fast gar nicht auf. Lediglich zur Kernschattengrenze hin erkennt man eine schwache, rauchartige Verdüsterung.

Wie benutze ich die Sternkarten?

Die Seiten 18 bis 65 bringen 48 Sternkarten, für jeden Monat jeweils 4 Karten für die 4 verschiedenen Himmelsrichtungen. Sie sind alle exakt für 50 Grad nördl. Breite konstruiert. Die Karten gelten für den 1. des Monats um 22 Uhr oder den 15. des Monats 21 Uhr MEZ (= 23 Uhr bzw. 22 Uhr Sommerzeit). Die Zeitangaben gelten genaugenommen für 10 Grad östl. Länge (etwa Linie Hamburg – Hildesheim – Göttingen – Würzburg – Ulm). Die Abweichungen in der Nord-Süd-Richtung sind gering, wenn es sich nur um einige Breitengrade handelt, so daß die Karten praktisch für ganz Mitteleuropa (und in entsprechenden Breiten) gelten. Für die Ost-West-Richtung gilt Folgendes: An Orten, die östlich des Standard-Längenkreises unserer Karten (10 Grad östl. Länge) liegen, gehen die Gestirne früher auf, früher durch die Südrichtung und früher unter. Für Orte westlich des Standard-Längenkreises gehen die Gestirne später auf, später durch den Süden und später unter. Der Unterschied macht 4 Minuten pro Längengrad aus. Für Görlitz (15 Grad östl. Länge) bedeutet dies z. B. 4 x 5 = 20 Minuten. Die Karten gelten dort also eigentlich für einen 20 Minuten früheren Zeitpunkt. Für Aachen (6 Grad östl. Länge) macht dies 4 x 4 = 16 Minuten aus. Dort liegt die Gültigkeit bei einem 16 Minuten späteren Zeitpunkt als auf der Karte angegeben.

Was ist aber zu machen, wenn man zu einem anderen Zeitpunkt als z. B. am 1. jedes Monats um 22 Uhr beobachten will? Da die Erde im Laufe eines Jahres einmal um die Sonne läuft, verändert sich der Anblick des Himmels allmählich: Die Sterne stehen jeden Tag knapp 4 Minuten früher an der gleichen Position. In einem Jahr summiert sich dies zu 24 Stunden, und so ist der Anblick des Sternhimmels zu einem bestimmten Kalendertag, z. B. am 1. Januar um 22 Uhr, also jedes Jahr derselbe.

Ein Stern geht pro Tag fast 4 Minuten früher auf und früher unter. Das nennt man auch den Sterntag – im Gegensatz zu unserem (bürgerlichen) Sonnentag. 1 Sterntag dauert 23 Std. 56 Min. 4,09 Sek., er ist also knapp 4 Minuten kürzer als ein Sonnentag. Deswegen gelten ja auch dieselben Karten am 15. des Monats eine Stunde früher als am Monatsanfang. Und so geht es weiter: Die Karten 1 (Januar) gelten auch am 1. Februar, jetzt aber um 20 Uhr, am 15. Februar um 19 Uhr, aber auch schon am 1. Oktober 4 Uhr, 1. November 2 Uhr, 1. Dezember 0 Uhr usw.

Die Tabelle auf der folgenden Seite zeigt uns, welche Karte wir zu einer beliebigen Zeit benutzen müssen. Die Zahl am Schnittpunkt von Datum und Uhrzeit nennt uns die Kartennummer. Man beachte aber die momentane Gültigkeit der Mitteleuropäischen Zeit (MEZ) oder Mitteleuropäischen Sommerzeit (+ 1 Stunde, MESZ). Als Datum wählen wir den jeweils nächstliegenden 1. oder 15. des Monats und die nächstliegende volle Stunde als Uhrzeit.

Auf den Karten ist die betreffende Himmelsrichtung exakt auf der Mittellinie. Die Südkarten zum Beispiel reichen links bis Südosten, rechts bis Südwesten. Zu den benachbarten Karten gibt es aber kleine Überlappungen. Ferner reichen die Karten bis zum Zenit, dem Scheitelpunkt. Dort mag es hin und wieder zu Schwierigkeiten bei der Darstellung kommen. Bestimmte Sternbilder werden etwas auseinandergerissen sein. Es kommt auch zu Verzerrungen. Doch möge man bedenken, daß es unmöglich ist, eine gekrümmte Fläche wie das Himmelsgewölbe völlig verzerrungsfrei auf einer Ebene darzustellen.

Welche Sternkarte brauche ich?

UHRZEIT MEZ	18^h	19^h	20^h	21^h	22^h	23^h	24^h	1^h	2^h	3^h	4^h	5^h	6^h	7^h
MESZ	19^h	20^h	21^h	22^h	23^h	24^h	1^h	2^h	3^h	4^h	5^h	6^h	7^h	8^h
Datum														
1. Januar	11		12		1		2		3		4		5	
15. Januar		12		1		2		3		4		5		6
1. Februar	12		1		2		3		4		5		6	
15. Februar		1		2		3		4		5		6		
1. März			2		3		4		5		6		7	
15. März		2		3		4		5		6		7		
1. April			3		4		5		6		7			
15. April				4		5		6		7				
1. Mai					5		6		7		8			
15. Mai				5		6		7		8				
1. Juni					6		7		8		9			
15. Juni				6		7		8		9				
1. Juli					7		8		9		10			
15. Juli				7		8		9		10				
1. August					8		9		10		11			
15. August				8		9		10		11				
1. September			8		9		10		11		12			
15. September		8		9		10		11		12		1		
1. Oktober			9		10		11		12		1		2	
15. Oktober		9		10		11		12		1		2		
1. November	9		10		11		12		1		2		3	
15. November		10		11		12		1		2		3		4
1. Dezember	10		11		12		1		2		3		4	
15. Dezember		11		12		1		2		3		4		5

Immerhin ist diese Art der Wiedergabe auf jeweils vier Karten übersichtlich und erlaubt trotzdem, die einzelnen Himmelsfelder groß genug wiederzugeben.
Um die Karten nicht zu überladen, wurden nur die wichtigsten Sterne eingetragen. Wer Näheres über ein bestimmtes Sternbild und seine interessanten Objekte wie Doppelsterne, Sternhaufen oder Nebel erfahren möchte, sei auf das Sternbilder-Lexikon ab Seite 124 verwiesen.
Reisende in die Mittelmeerländer oder selbst noch z. B. auf die Kanarischen Inseln mögen bedenken, daß der Unterschied zu den Verhältnissen in Mitteleuropa viel kleiner ist als oft angenommen wird. So beträgt z. B. die Breite von Athen, Palermo oder Cordoba 38 Grad Nord. Die Differenz zu 50 Grad Nord beträgt also nur 12 Grad. Selbst von den Kanaren aus sind z. B. das Südliche Kreuz oder alpha Centauri praktisch unsichtbar. Wir müssen aber berücksichtigen, daß die Sterne in der nördlichen Himmelsrichtung tiefer und einige Sterne, die schon in Mitteleuropa nahe dem Nordhorizont stehen, jetzt evtl. unter ihm liegen. Im Süden stehen sie etwas höher, und es kommen einige neue Sterne über den Horizont, doch sind sie meist nur dicht darüber und verstecken sich im Dunst oder hinter Bergen und Gebäuden. Unsere Sternkarten zeigen ohnedies die Sterne bis zum mathematischen Horizont. Die eingetragene Phantasielandschaft dient im wesentlichen nur zur schöneren grafischen Gestaltung. Sterne nahe dem eingetragenen Horizont sind in Mitteleuropa praktisch noch gar nicht zu sehen und werden eben in etwas südlicheren Breiten erst richtig sichtbar. Es würde also nicht viel bringen, wenn wir für Urlauber im Mittelmeerraum eine eigene Serie von Karten brächten. Für Reisende auf die Südhalbkugel bringt der Naturführer aber auf den Seiten 70–81 12 Karten, deren Benutzung auf den Seiten 68–69 beschrieben wird.

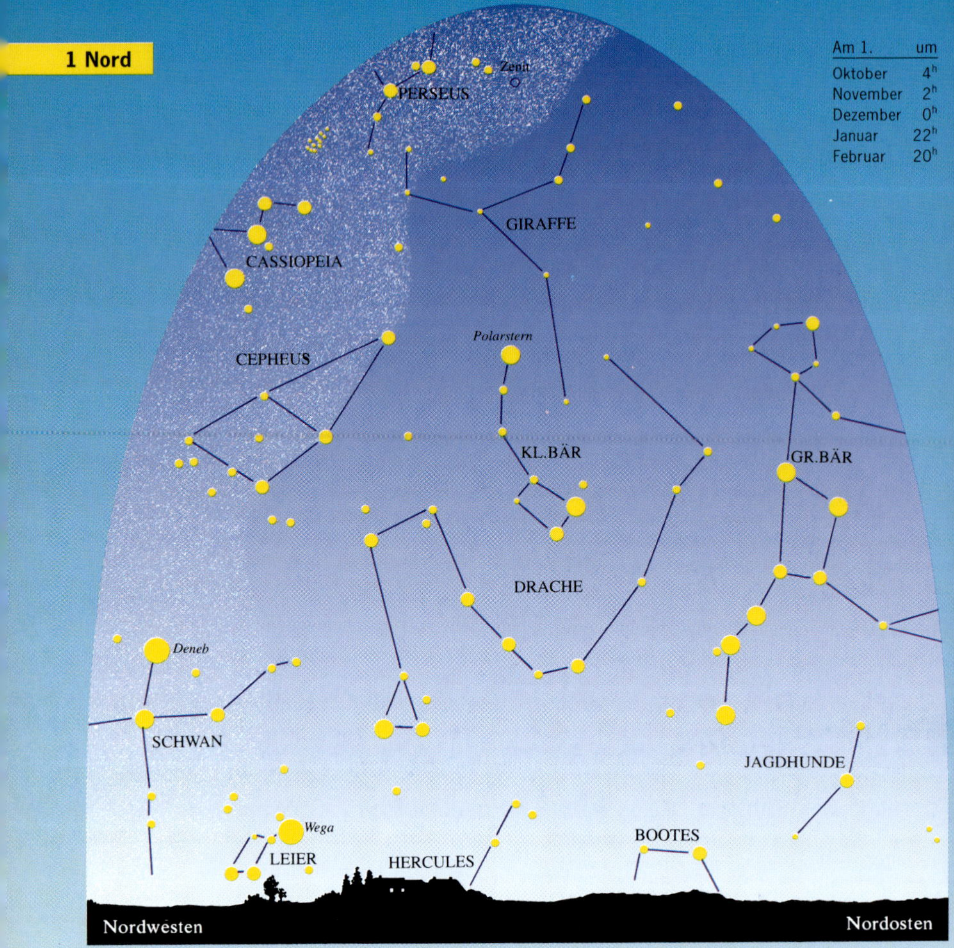

JANUAR

Hoch am Himmel treffen wir nur auf lichtschwache Sterne im Sternbild *Giraffe*, die ihren Hals in Richtung Polarstern reckt.
Halbhoch sinkt im NW die *Cassiopeia*, das Himmels-W, herab; sie folgt ihrem Gemahl, dem *Cepheus*, dessen hellere Sterne die Umrisse eines windschiefen Hausgiebels nachzeichnen. Im NO erkennen wir den *Großen Wagen* als Teil des *Großen Bären;* die Wagendeichsel (der Bärenschwanz) zeigt zum Horizont hinab. Links der beiden hinteren Kastensterne treffen wir etwas höher auf den Polarstern, den Hauptstern des *Kleinen Bären,* der uns mit guter Genauigkeit Norden anzeigt.
Horizontnah leuchtet im NW Deneb im *Schwan* und noch tiefer Wega in der *Leier.* Unterhalb des *Kleinen Bären* schlängelt sich der *Drache,* dessen Schwanz im NO noch bis über die Höhe des Großen Wagen aufragt.
Die Milchstraße steigt im NW empor.

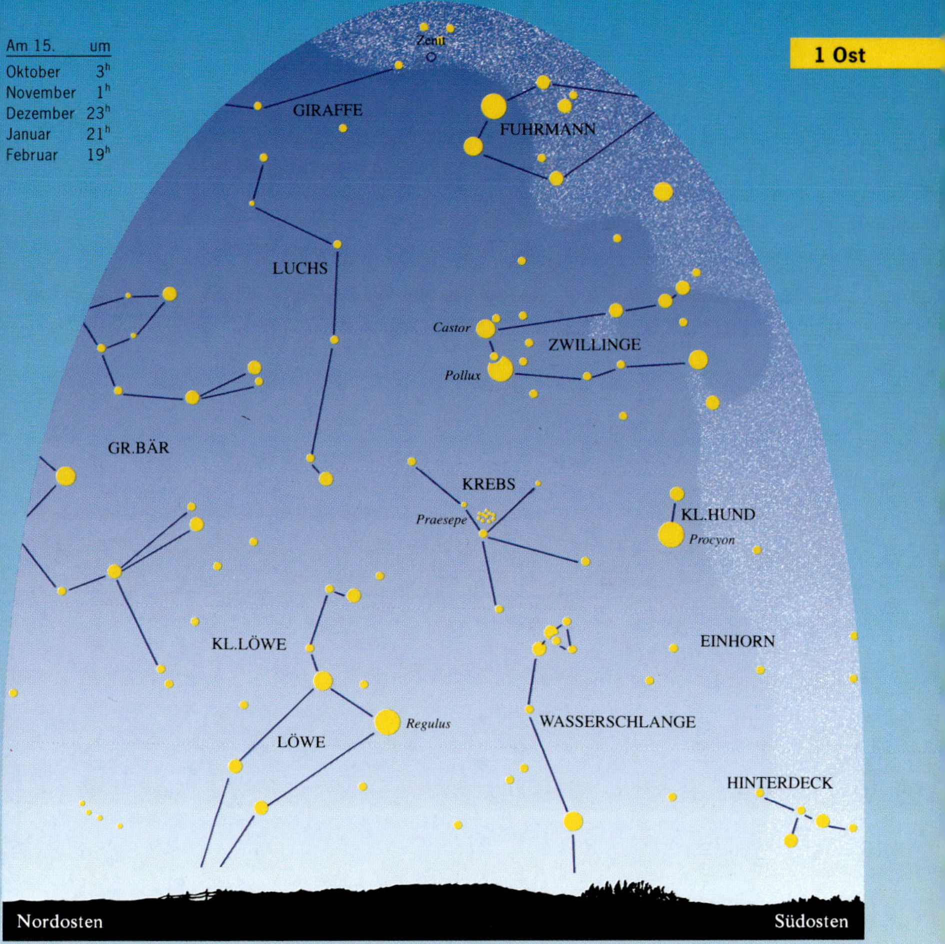

JANUAR

Hoch am Himmel strahlt die helle Capella, Hauptstern des *Fuhrmann,* dessen fünfeckige Figur leicht zu erkennen ist.
Halbhoch treffen wir im SO auf die *Zwillinge* mit Castor und Pollux und rechts darunter auf Procyon im *Kleinen Hund.* Nach links schließen sich das unscheinbare Sternbild des *Krebs* und der *Luchs* an, für dessen schwachleuchtende Sterne man beinahe Luchsaugen braucht.
Horizontnah erkennen wir den *Löwen* mit Regulus; nur der Schwanzstern Denebola fehlt noch. Der sichelförmige Löwenkopf erinnert an ein gespiegeltes Fragezeichen (mit Regulus als Punkt). Im SO steigt der westliche Teil der *Wasserschlange* empor; bislang sind allerdings nur ihr Kopf und der Vorderleib mit dem Hauptstern Alphard sichtbar. Daneben ragt ein Teil vom *Hinterdeck des Schiffes* über den Horizont.
Die Milchstraße erstreckt sich vom Zenit zum SO-Horizont.

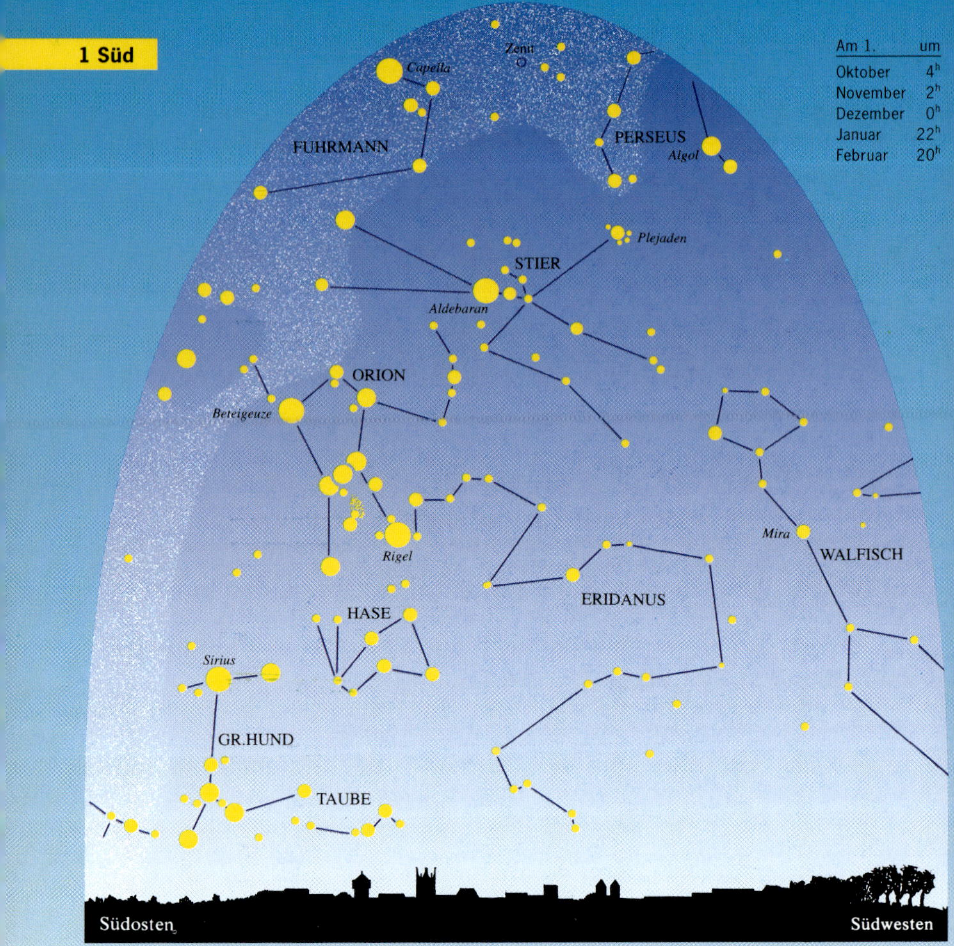

JANUAR

Hoch am Himmel steht zenitnah der *Fuhrmann* mit der hellen Capella; rechts davon treffen wir auf Teile des *Perseus.* Capella ist der nördlichste Eckpunkt des großen Wintersechsecks, zu dem außerdem Aldebaran im *Stier,* Rigel im *Orion,* Sirius im *Großen Hund,* Procyon im *Kleinen Hund* und Castor in den *Zwillingen* gehören.

Halbhoch leuchtet nahe dem Meridian der rötliche Aldebaran vor dem Hintergrund der Hyadensterne; rechts oberhalb trifft man auf den Plejadenhaufen, links unterhalb auf den Himmelsjäger *Orion,* der an den drei Gürtelsternen und der rötlichen Beteigeuze zu erkennen ist. Nach rechts schließen sich der Fluß *Eridanus* und der *Walfisch* an.

Horizontnah finden wir unterhalb des *Orion* den *Hasen* und die *Taube* und – in der Verlängerung der Gürtelsterne nach links unten – Sirius im *Großen Hund.*

Die Milchstraße ragt im SO steil empor.

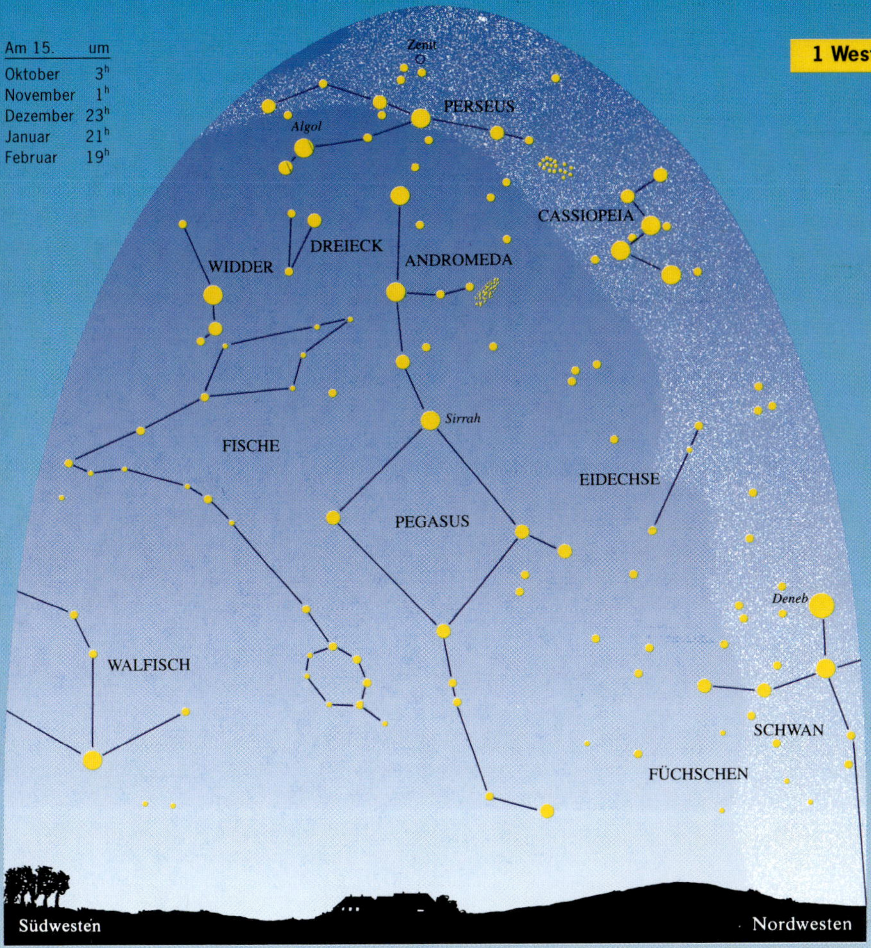

JANUAR

Hoch am Himmel erkennen wir den *Perseus;* er sieht in dieser Stellung wie ein liegendes Y aus, dessen „Fuß" in Richtung *Cassiopeia* zeigt.

Halbhoch verläuft die Sternenkette der *Andromeda* ziemlich steil nach unten zum Viereck des *Pegasus,* dessen „oberste" Ecke noch zur *Andromeda* gehört. Links von ihr stehen die kleinen Figuren *Dreieck* und *Widder* sowie die unauffälligen *Fische,* während rechts die *Eidechse* angrenzt.

Horizontnah bereitet sich der *Pegasus* auf den Untergang vor; Enif, der die Nüstern des kopfüber am Himmel schwebenden Pferdes markiert, ist bereits kaum noch zu sehen. Im SW finden wir den westlichen der beiden *Fische* und den Schwanz des *Walfisch,* und im NW ragen noch Teile des *Schwans* über den Horizont.

Die Milchstraße sinkt im NW durch *Cassiopeia* und den *Schwan* zum Horizont herab.

2 Nord

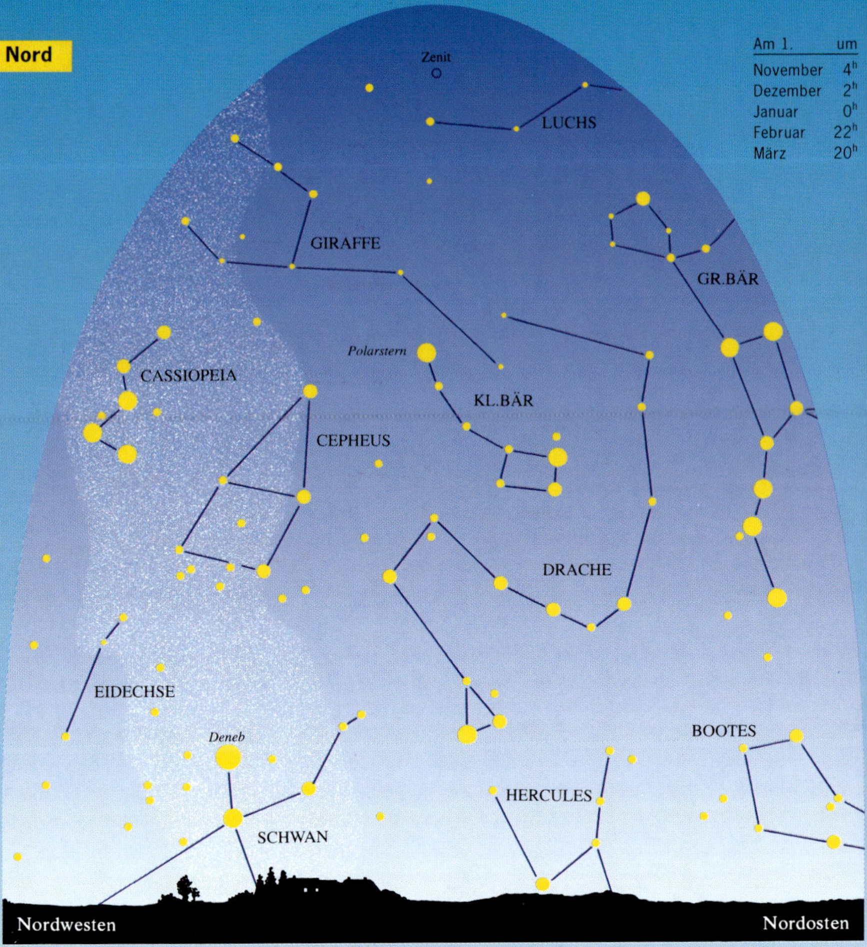

FEBRUAR

Hoch am Himmel erstrecken sich die Sternbilder *Luchs* und *Giraffe,* in denen man vergeblich nach hellen Sternen sucht.
Halbhoch steigt im NW das Himmels-W der *Cassiopeia* langsam zum Horizont herab; rechts daneben hat der *Cepheus* seine untere Kulmination fast erreicht. Genau im N leuchtet der Polarstern als Hauptstern des *Kleinen Wagen/Kleiner Bär,* der sich nach rechts unten anschließt. Zwischen ihm und dem *Großen Wagen* als Teil des *Großen Bären* im NO schlängelt sich noch der *Drache,* dessen Kopf gerade die tiefste Stellung durchschritten hat.
Horizontnah funkelt Deneb, der bei uns zirkumpolar ist. Nach links grenzt die *Eidechse* an, nach rechts der *Hercules,* dessen nördlichster Teil ebenfalls nicht untergeht. Im NO steigt der Bärenhüter oder *Bootes* bereits wieder langsam empor.
Die Milchstraße bietet im NW noch einige Sternhaufen und Nebel.

Am 15.	um
Oktober	5h
November	3h
Dezember	1h
Januar	23h
Februar	21h

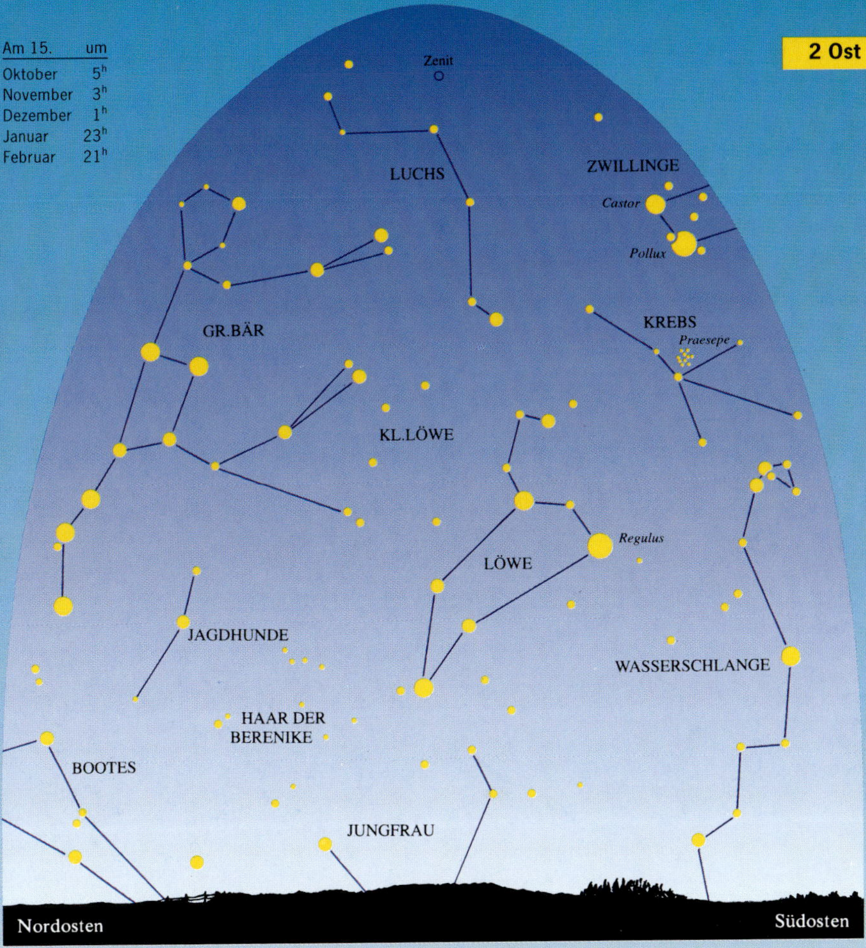

FEBRUAR

Hoch am Himmel nimmt der an hellen Sternen arme *Luchs* den größten Teil ein. Auch Teile des *Großen Bären* sowie Castor und Pollux sind hier zu finden.

Halbhoch schließt sich im NO der übrige Teil des *Großen Bären* an, dessen sieben hellste Sterne den *Großen Wagen* bilden. Nach O grenzt der *Große Bär* an den *Kleinen Löwen*, der die Lücke bis zum Kopf des *Löwen* überbrückt. Hier fällt Regulus wegen seiner Helligkeit auf, während der *Krebs* weiter rechts oben kaum helle Sterne enthält. Im SO erkennt man den kleinen Kopf der *Wasserschlange.*

Horizontnah steht noch der *Bärenhüter* oder *Bootes,* dessen Hauptstern Arcturus nicht mehr lange auf sich warten läßt. Darüber trifft man auf die *Jagdhunde* und das schimmernde *Haar der Berenice,* das im wesentlichen aus einem Sternhaufen besteht. Auch die ersten Sterne der *Jungfrau* sind bereits im O zu sehen.

Am 1.	um
November	4^h
Dezember	2^h
Januar	0^h
Februar	22^h
März	20^h

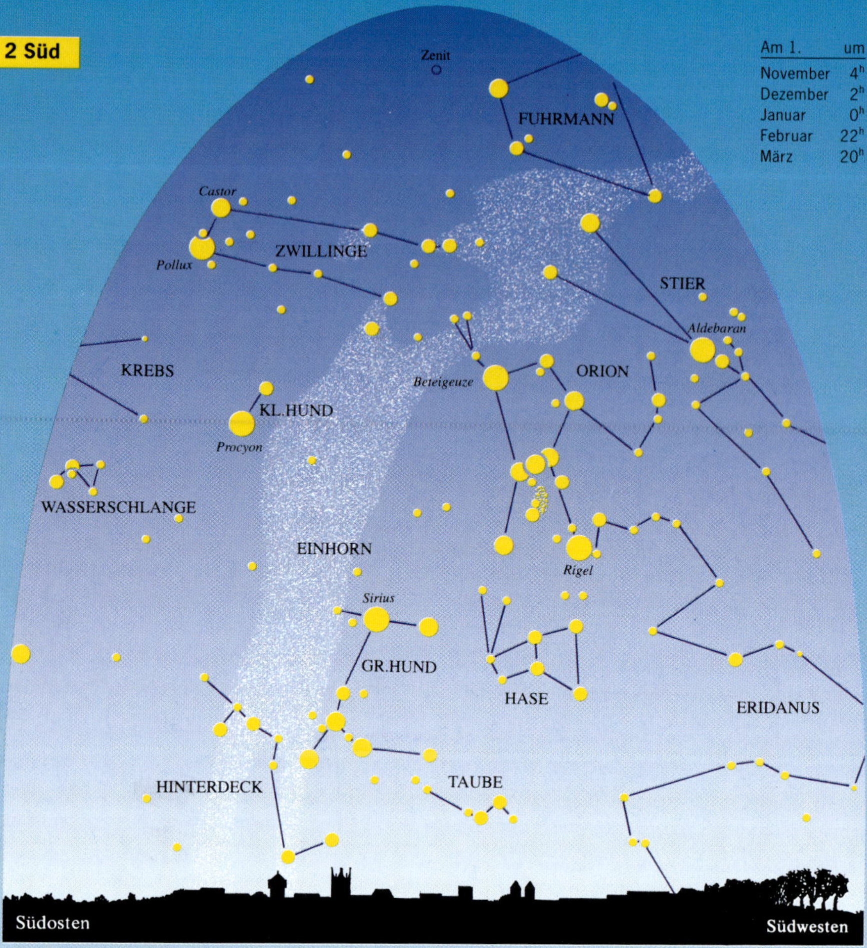

FEBRUAR

Hoch am Himmel leuchten die *Zwillinge* mit Castor und Pollux. Auch *Fuhrmann* und der *Stier* ragen im SW noch in diesen Bereich hinein.

Halbhoch beherrscht der mächtige *Orion* mit der rötlichen Beteigeuze links oben und dem weißlichen Rigel rechts unten die Szene; dazwischen erstreckt sich der durch drei Sterne markierte Gürtel. Seine Verlängerung nach rechts oben weist auf den rötlichen Aldebaran im *Stier,* während sich nach links das *Einhorn* und der *Kleine Hund* mit Procyon anschließen.

Horizontnah strahlt fast im Meridian Sirius im *Großen Hund,* der hellste Stern am irdischen Firmament. Links darunter ragen Teile des *Schiffs* über den Horizont, während unterhalb von *Orion* noch *Hase* und *Taube* sowie im SW der „Oberlauf" vom Fluß *Eridanus* zu erkennen sind.

Die Milchstraße ragt im S steil, aber unauffällig, empor.

Am 15.	um
Oktober	5[h]
November	3[h]
Dezember	1[h]
Januar	23[h]
Februar	21[h]

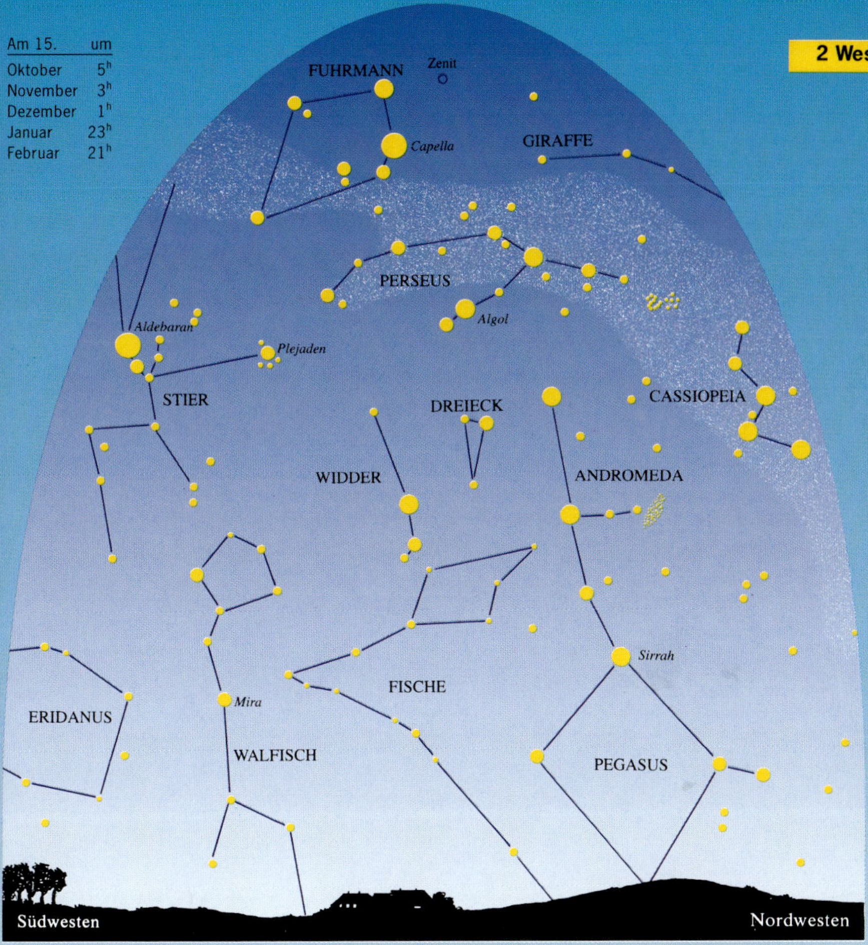

FEBRUAR

Hoch am Himmel treffen wir auf die helle Capella im *Fuhrmann,* die noch zum großen Wintersechseck im Bereich des Südhimmels gezählt wird.
Halbhoch schwebt der *Perseus* langsam herab, stets im Gefolge der *Andromeda,* die er vor dem Meeresungeheuer in Gestalt des *Walfisches* erretten will. Westlich der *Andromeda,* die im NW noch steil aufragt, liegen die kleinen Sternbilder *Widder* und *Dreieck* sowie der östliche der beiden *Fische.* Links darüber erkennen wir den *Stier* mit dem rötlichen Aldebaran.
Horizontnah ist im NW nur noch ein kleiner Teil des *Pegasus* zu finden: Das Herbst-Viereck, dessen oberster Eckpunkt ohnehin zur *Andromeda* gehört, ist schon nicht mehr vollständig, während der *Walfisch* im SW noch zum größten Teil sichtbar bleibt.
Die Milchstraße verläuft – wenig auffällig – von links oben nach rechts unten durch diesen Himmelsausschnitt.

Am 1.	um
Dezember	4h
Januar	2h
Februar	0h
März	22h
April	20h

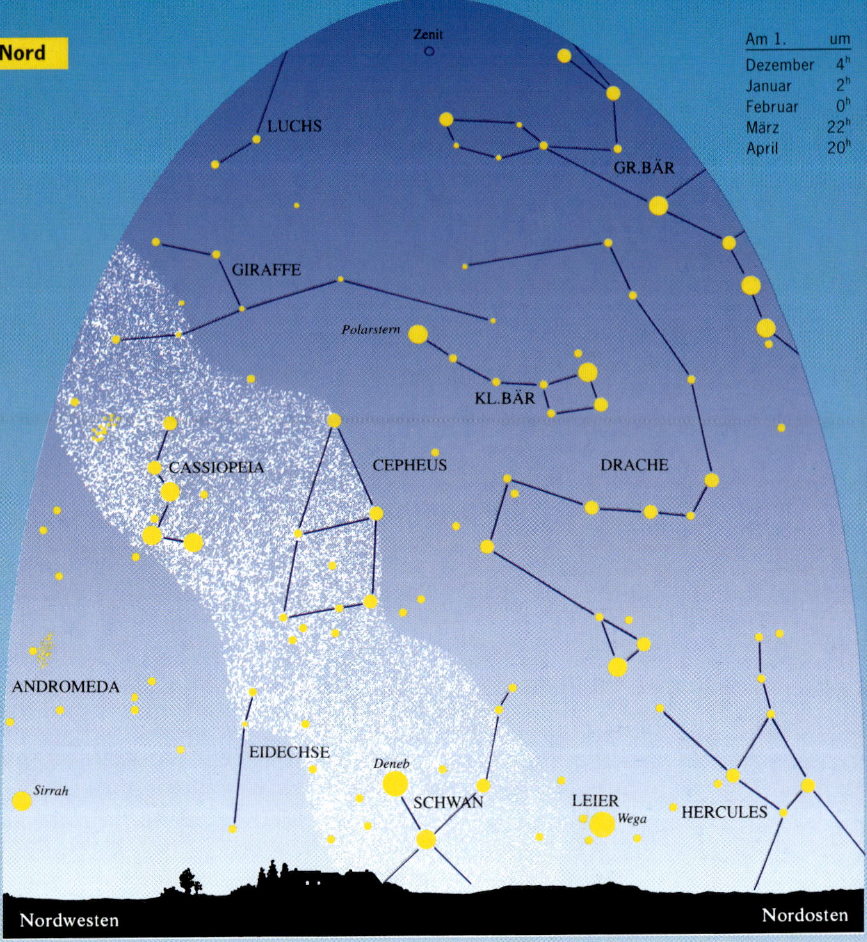

MÄRZ

Hoch am Himmel rückt allmählich der unauffällige Kopf des *Großen Bären* ins Blickfeld.

Halbhoch nähern sich *Cepheus* und *Cassiopeia* der unteren Kulmination; der etwas windschiefe Hausgiebel aus den helleren Sternen des *Cepheus* steht jetzt fast aufrecht über dem N-Horizont. Rechts darüber leuchtet der Polarstern, von dem aus sich die Deichsel des *Kleinen Wagen* in einem abwärts gekrümmten Bogen nach O erstreckt. Dort erkennt man auch den hinteren Teil des *Drachen* und darüber die Sterne der *Giraffe*.

Horizontnah entgeht Deneb im *Schwan* nur knapp dem Untergang; links davon ragt noch die *Eidechse* auf, während im NO die helle Wega in der *Leier* bereits wieder auftaucht. Auch Teile des *Hercules* sind bereits zu erkennen.

Die Milchstraße bleibt im N und NW wenig auffällig.

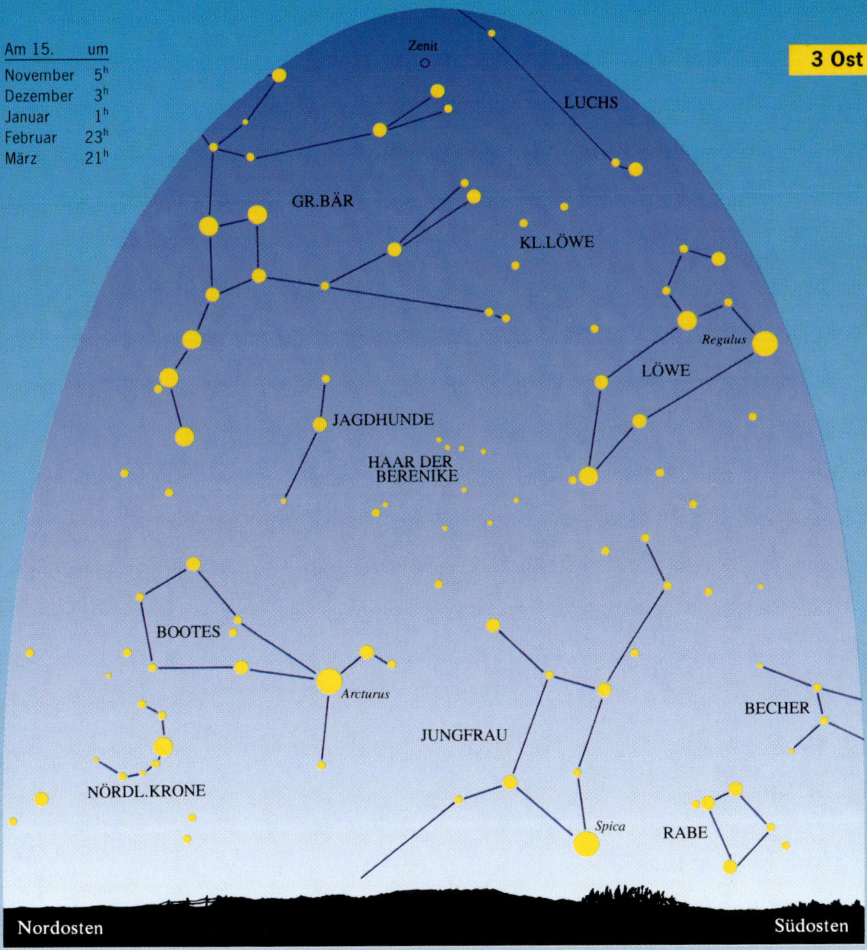

MÄRZ

Hoch am Himmel strebt der *Große Bär* seiner oberen Kulmination entgegen; noch allerdings ragt sein Schwanz – die Deichsel des *Großen Wagen* – weit nach unten. Vor den Pranken kauert der *Kleine Löwe,* darüber der *Luchs.*

Halbhoch weist der geschwungene Bogen der Wagendeichsel auf den orangefarbenen Arcturus, den Hauptstern des *Bootes.* Rechts davon erkennt man die *Jagdhunde* und weiter im SO den Schwanz des *Löwen,* der dieses Sternbild abrundet. In der scheinbaren Sternleere dazwischen erkennen wir das *Haar der Berenice.*

Horizontnah steigt der Bärenhüter *Bootes* empor, dessen Umrisse an einen großen Papierdrachen erinnern; links darunter steht das kleine Halbrund der *Nördlichen Krone.* Nachdem nun auch Spica den Horizont überschritten hat, ist die *Jungfrau* im SO fast vollständig zu sehen; weiter rechts findet man den *Raben* sowie den *Becher.*

Am 1.	um
Dezember	4^h
Januar	2^h
Februar	0^h
März	22^h
April	20^h

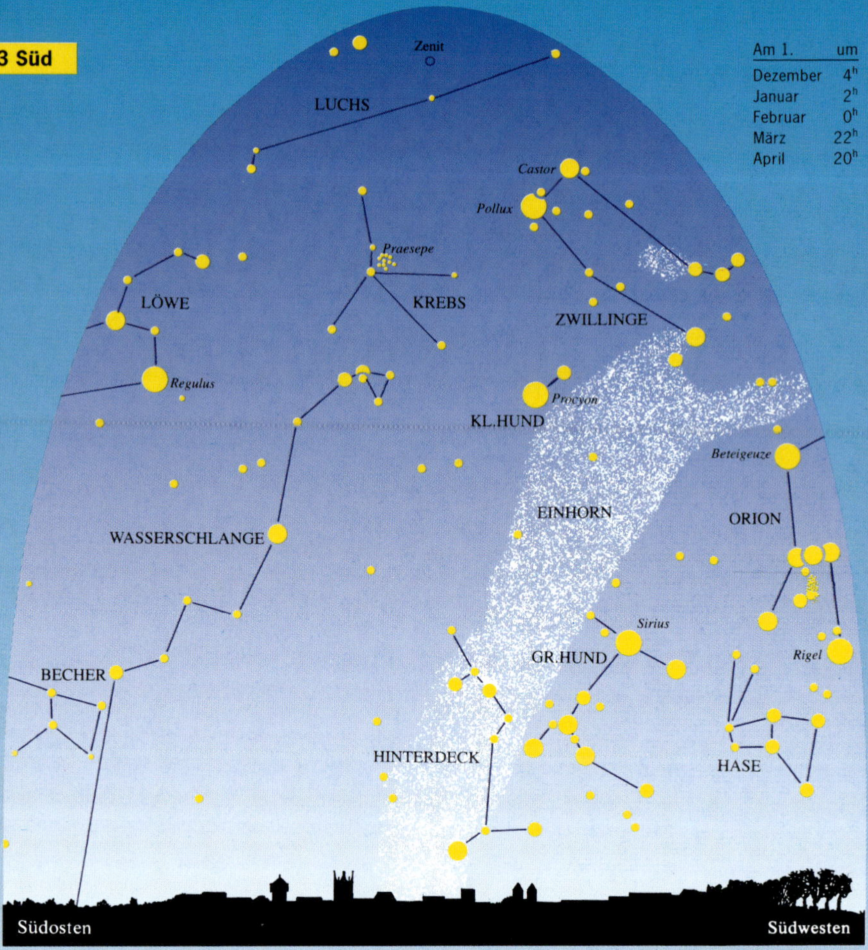

MÄRZ

Hoch am Himmel versteckt sich der *Luchs* vor unseren Blicken. Er gehört zu den Sternbildern, die erst in der Neuzeit „erfunden" wurden.
Halbhoch nähert sich der *Krebs* seiner Kulmination; seine wenig auffallende Figur ähnelt der eines auf dem Kopf stehenden Y. Er füllt die „Lücke" zwischen den *Zwillingen* mit Castor und Pollux sowie dem *Kleinen Hund* mit Procyon im SW und dem *Löwen* mit Regulus im SO. Darunter beginnt die langgestreckte *Wasserschlange*, die sich weit nach SO fortsetzt.
Horizontnah bereitet sich im SW der *Große Hund* mit Sirius auf den Untergang vor. Darüber erkennt man das unauffällige *Einhorn*, während links darunter einige Sterne vom *Hinterdeck des Schiffes* aufragen.
Die Milchstraße steigt im SW schräg aufwärts, verläuft zwischen Sirius und Procyon hindurch und zieht dann in nordwestlicher Richtung weiter.

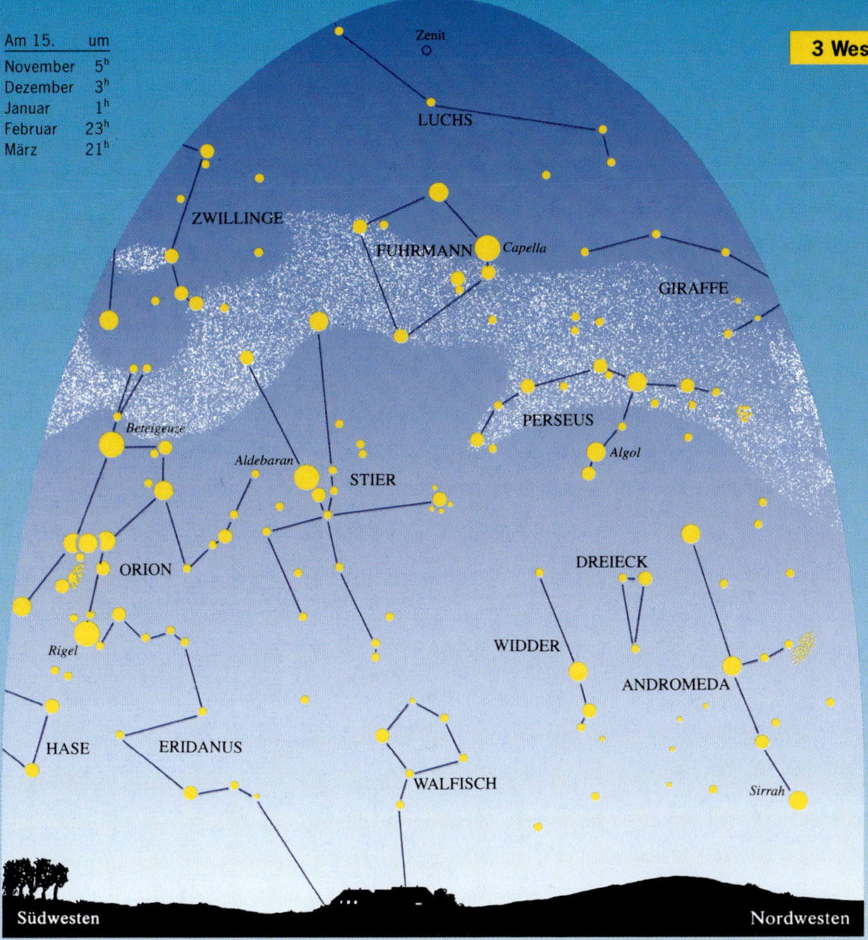

MÄRZ

Hoch am Himmel suchen wir vergeblich nach hellen Sternen; nur Teile vom *Luchs* sind hier (mit Luchsaugen) zu finden.

Halbhoch haben sich die Vorboten des Winters versammelt, um langsam von der Himmelsbühne abzutreten: Voran der *Stier* mit dem rötlichen Aldebaran, den Hyaden und den Plejaden, gefolgt von *Perseus* und dem *Fuhrmann* mit der hellen Capella. Daneben erkennt man Teile der *Giraffe* und im SW die *Zwillinge.*

Horizontnah bleiben auch dem *Orion* mit dem *Hasen* sowie dem *Eridanus* nicht mehr viel Zeit. Der *Walfisch* im W ist schon fast ganz untergegangen, während rechts daneben *Andromeda, Dreieck* und *Widder* noch vollständig zu sehen sind. Darunter ragt nur noch der östliche der beiden *Fische* empor.

Die Milchstraße spannt sich mit zahlreichen Sternhaufen halbhoch über den Westteil des Himmels.

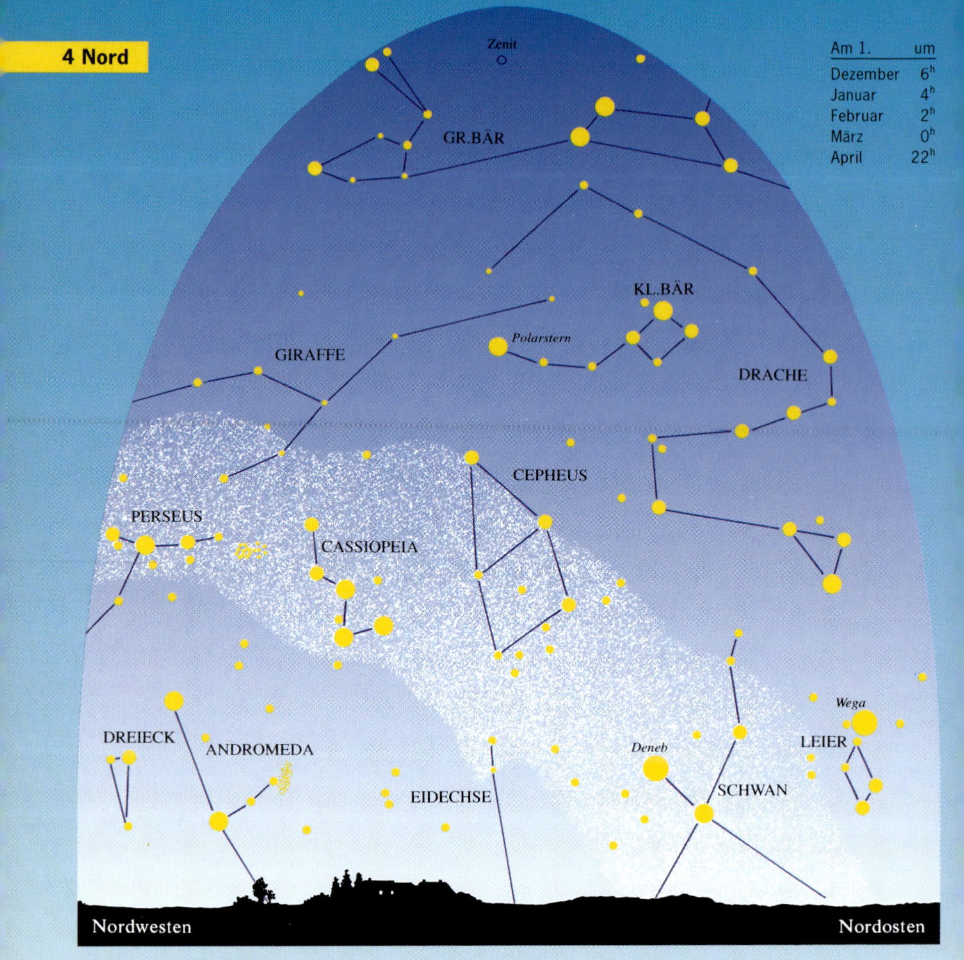

APRIL

Hoch am Himmel beherrscht der *Große Bär/Große Wagen* die Szene. Folgen wir dem Wegweiser der beiden hinteren Kastensterne abwärts zum Polarstern, passieren wir noch den Schwanz des *Drachen,* während im NW der lange Hals der *Giraffe* bis zum Polarstern reicht.

Halbhoch erstreckt sich der *Kleine Bär/Kleine Wagen* vom Polarstern aus in östlicher Richtung; er wird im NO vom *Drachen* begrenzt.

Horizontnah hat der *Cepheus* seine untere Kulmination durchwandert, gefolgt vom Himmels-W der *Cassiopeia.* Weiter im NW rückt der *Perseus* nach, während darunter die *Andromeda* und das *Dreieck* versinken. Die *Eidechse* füllt die Lücke bis zum *Schwan,* dessen Schwanzstern Deneb weiter rechts langsam höher steigt. Ihm voran zieht die *Leier* mit der hellen Wega.

Die Milchstraße verläuft flach über dem NW- und Nordhorizont.

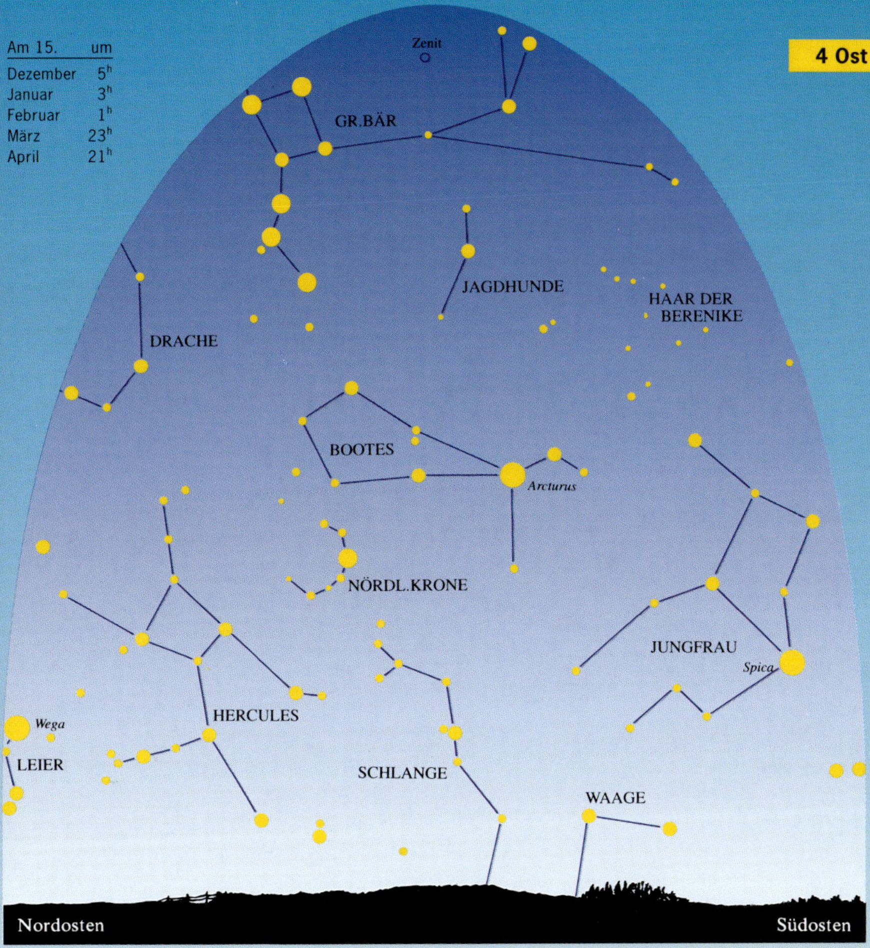

APRIL

Hoch am Himmel steht der *Große Wagen* jetzt fast auf der (abgeknickten) Deichselspitze. Rechts daneben lauern die *Jagdhunde* mit ihrem Hauptstern Cor Caroli (Herz des Karl).

Halbhoch liegt der Bärenhüter *Bootes* mit dem orangefarbenen Arcturus „quer" am Himmel. Rechts darüber schimmert das *Haar der Berenice.* Links unterhalb von *Bootes* erkennen wir die *Nördliche Krone.* Im SO leuchten die Sterne der *Jungfrau* mit Spica, dem weißlichen Hauptstern.

Horizontnah wird unterhalb des *Bootes* der *Kopf der Schlange* sichtbar. Im NO ist der mächtige *Hercules* aufgegangen, dessen wenig einprägsame Figur aus mehreren Vierecken zusammengesetzt erscheint. Der griechische Held steht allerdings kopfüber am Himmel. Im SO steigen die ersten Sterne der *Waage* über den Horizont und ganz rechts ein Teil der *Wasserschlange.*

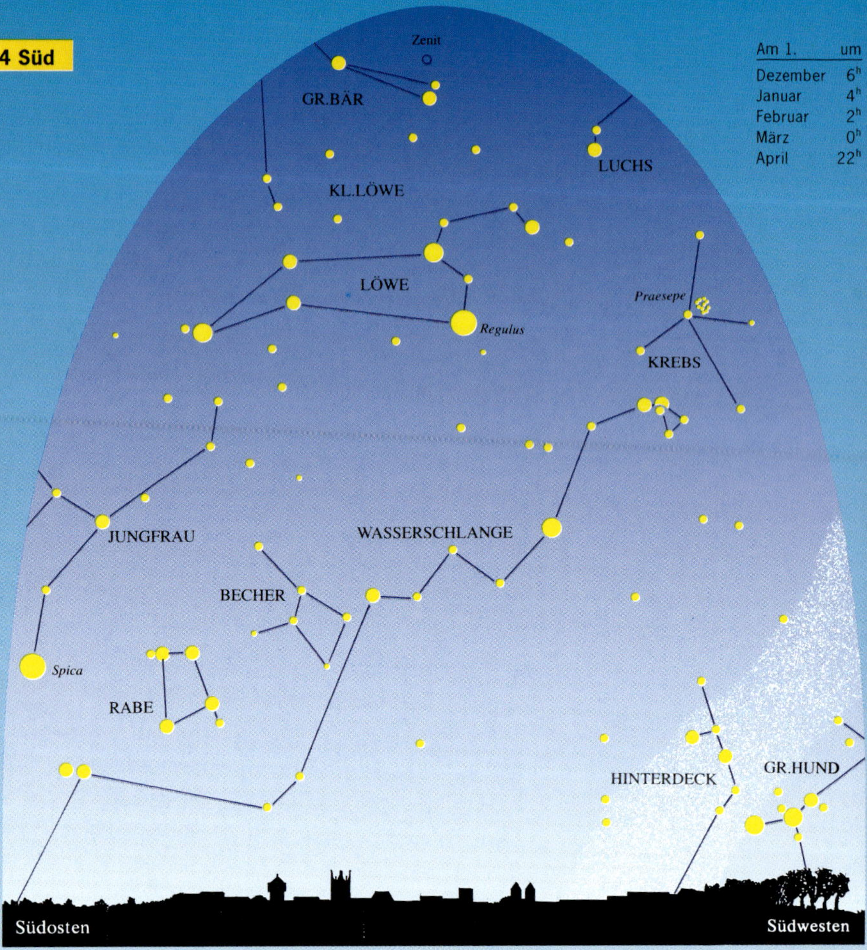

Am 1.	um
Dezember	6^h
Januar	4^h
Februar	2^h
März	0^h
April	22^h

APRIL

Hoch am Himmel finden wir die Pranken des *Großen Bären,* die ebenso wie der *Kleine Löwe* und der *Luchs* nur von weniger hellen Sternen markiert werden.

Halbhoch ist der majestätische *Löwe* mit Regulus unübersehbar; Regulus liegt fast auf der Ekliptik. Die Umrisse des *Löwen* sind sehr einprägsam, zeigen sie doch eine gewisse Ähnlichkeit mit dem dargestellten Tier, der Seitenansicht eines (stehenden) Löwen; sie erinnern aber auch an die Silhouette eines alten Bügeleisens. Nach rechts erkennt man noch das unscheinbare Sternbild *Krebs* und – darunter – den kleinen Kopf der *Wasserschlange.*

Horizontnah reicht die *Wasserschlange* bis weit nach SO. Auf ihrem hinteren Teil ruhen der *Rabe* und der *Becher.* Im SW erkennt man noch Teile des Schiffes *(Hinterdeck)* und vom *Großen Hund.* Darüber schließt sich das unscheinbare, an hellen Sternen arme *Einhorn* an.

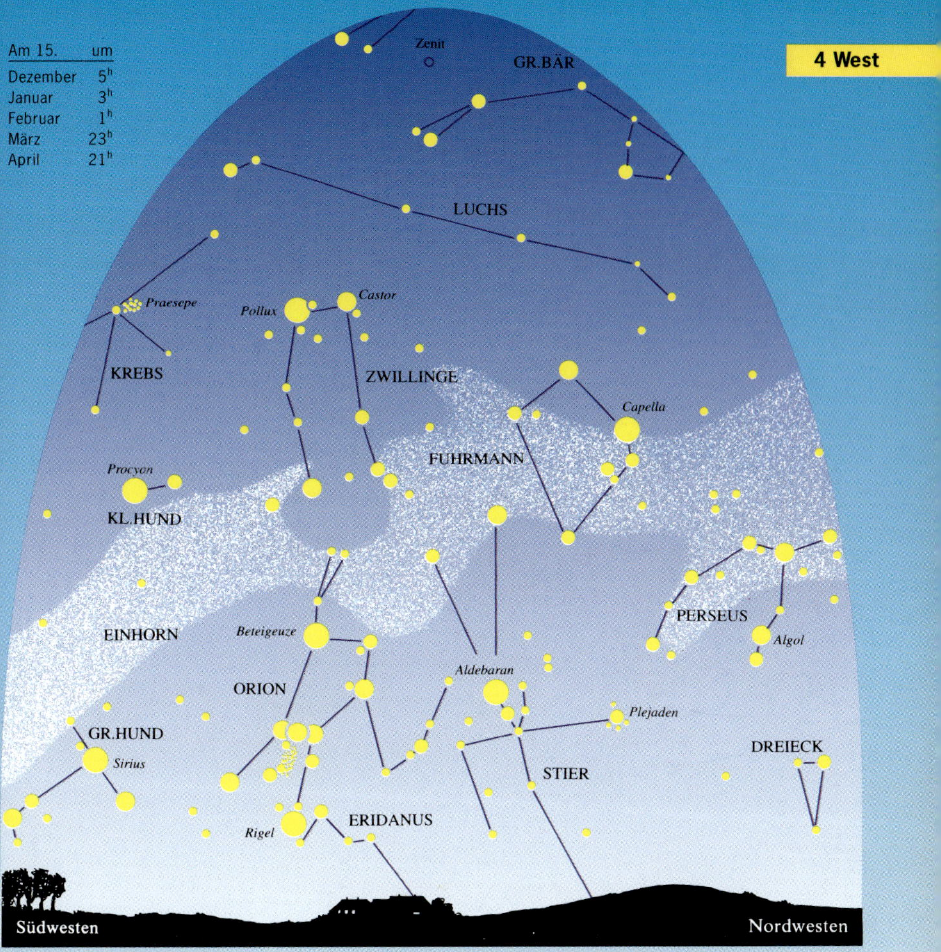

APRIL

Hoch am Himmel setzt sich die an hellen Sternen arme Zone auch im Westen fort. Nur der *Luchs* sowie die Pranken des *Großen Bären* sind hier zu finden.

Halbhoch haben sich die Figuren des Winterhimmels versammelt, deren Hauptsterne das große Wintersechseck bilden; es ist jetzt zum letzten Mal vollständig zu erkennen. Noch am höchsten stehen die *Zwillinge* mit Castor und Pollux. Nach rechts schließt sich der *Fuhrmann* mit der Capella an, nach links der *Kleine Hund* mit Procyon; darunter grast das *Einhorn.*

Horizontnah schickt sich der *Orion* mit Rigel und Beteigeuze zum Untergang an. Rechts daneben versinkt der *Stier* mit dem rötlichen Aldebaran und den Plejaden, weiter links sind Teile des *Großen Hundes* bereits verschwunden. Ganz im NW sind noch das *Dreieck* und der *Perseus* zu finden.

Die Milchstraße spannt sich flach über den Westhorizont.

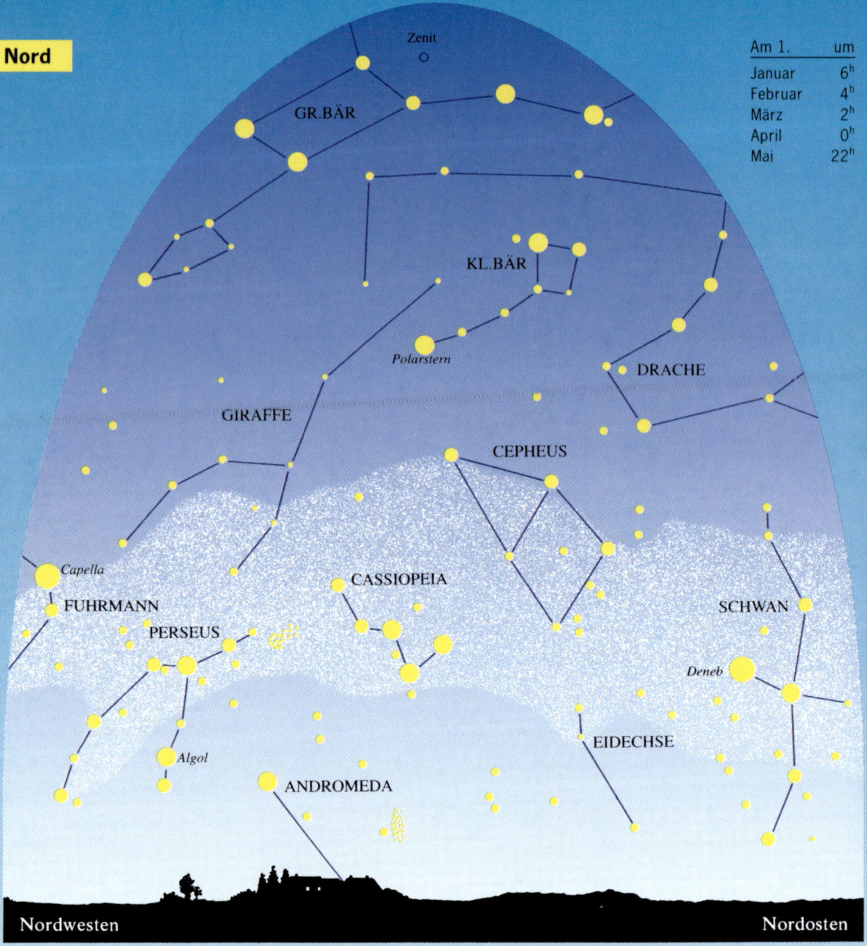

MAI

__Hoch am Himmel__ dominiert noch immer der *Große Bär/Große Wagen.* Während aber der Bärenkopf im NW bereits wieder heruntersinkt, hat der Schwanz im NO die Kulmination noch nicht erreicht. Darunter erkennt man den *Drachen.*

__Halbhoch__ sinkt im NW die *Giraffe* langsam nach unten; sie grenzt links an den *Fuhrmann,* nach rechts an den *Kleinen Bär/Kleinen Wagen,* der sich jetzt vom Polarstern aus nach rechts oben reckt.

__Horizontnah__ steht das Himmels-W der *Cassiopeia* fast in unterer Kulmination. Ihr folgt im NW der *Perseus,* der nun wie eine Wünschelrute aussieht. Nach rechts schließen sich der *Cepheus* und Teile der kleinen *Eidechse* an. Ganz im NO schließlich gewinnt Deneb im *Schwan* zunehmend an Höhe; im Augenblick ähnelt die Figur einem auf der Seite liegenden Kreuz.

__Die Milchstraße__ verläuft wenig auffällig horizontnah von W nach O.

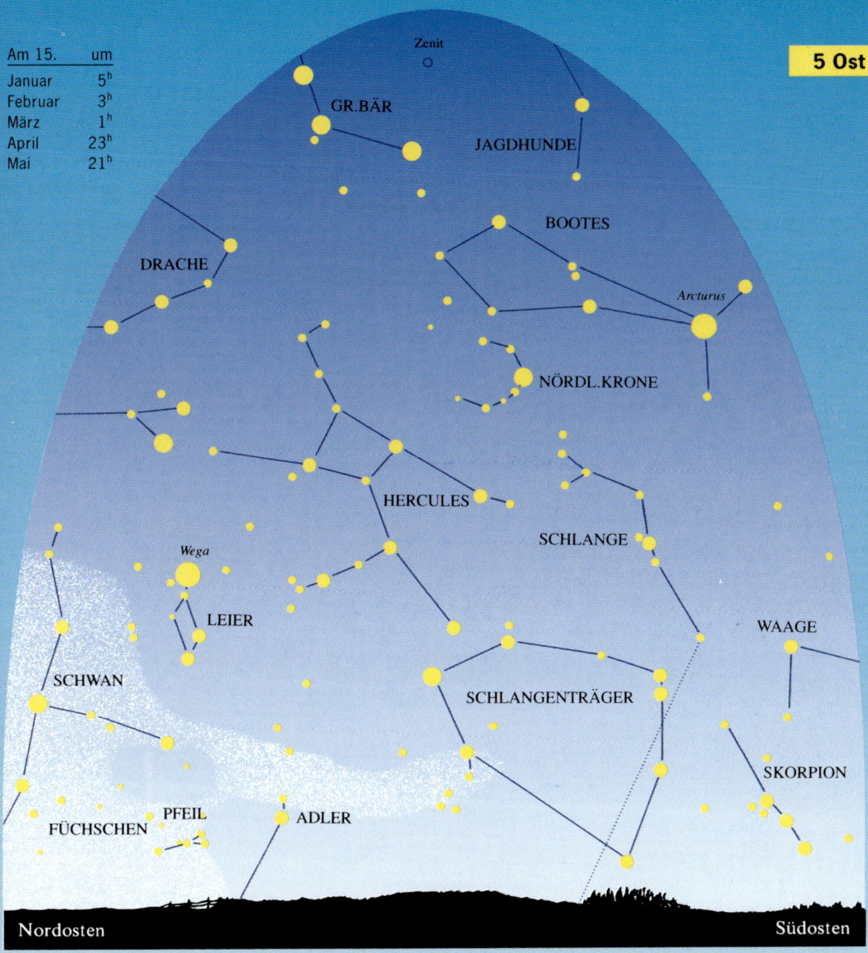

MAI

Hoch am Himmel finden wir die Deichsel des *Großen Wagen* und die *Jagdhunde*, ein kleines, unscheinbares Sternbild.
Halbhoch schwingt sich der Bärenhüter *Bootes* mit dem orangefarbenen Arcturus zum Beherrscher des Südhimmels auf, dicht gefolgt vom Halbrund der *Nördlichen Krone* und der großen, weitverzweigten Figur des *Hercules*. Auch der *Kopf der Schlange* ragt schon in diesen Bereich des Himmels hinein.

Horizontnah erkennen wir einen Großteil des *Schlangenträgers*. Rechts davon sind Sterne der *Waage* zu sehen und erste Vorboten vom *Skorpion*. Links vom *Schlangenträger* sind Teile des *Adlers* zu erkennen, aber auch der *Pfeil* und das *Füchschen*, das bis an den *Schwan* heranreicht. Darüber leuchtet Wega im Sternbild *Leier*.
Die Milchstraße verläuft unauffällig über den O-Horizont, wo sie im *Schwan* und *Adler* erste Verdichtungen zeigt.

5 Süd

Am 1.	um
Januar	6^h
Februar	4^h
März	2^h
April	0^h
Mai	22^h

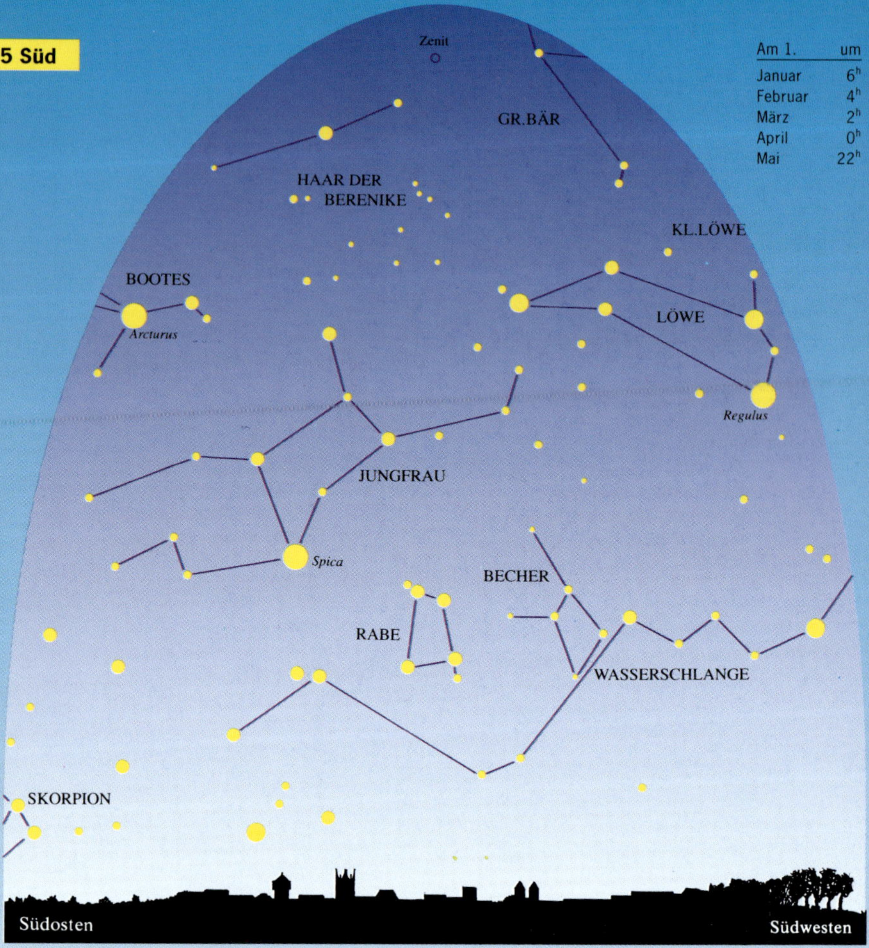

MAI

Hoch am Himmel stehen die *Jagdhunde.* Ferner schimmert das *Haar der Berenice* in einer an hellen Sternen armen Region. In dieser Gegend liegt der Pol der Galaxis, so daß wir hier senkrecht aus der Milchstraßenebene hinausblicken.

Halbhoch sind jetzt die drei Eckpunkte des Großen Frühlingsdreiecks versammelt: Regulus im *Löwen* schon weit im SW, Spica in der *Jungfrau* noch im SSO und Arcturus im *Bootes* hoch im SO. Die dazugehörigen Sternbilder bedecken immerhin 14 Prozent des sichtbaren Himmels.

Horizontnah verläuft nun der langgestreckte Körper der *Wasserschlange,* auf dem der *Rabe* und – weiter nach SW – der *Becher* ruhen. Darunter ragen im SO Teile des *Centaurus* über den Horizont; sein Hauptstern, alpha Centauri oder Rigil Kentaurus, geht aber erst für einen Beobachter jenseits von 29 Grad nördlicher Breite auf.

Am 15.	um
Januar	5^h
Februar	3^h
März	1^h
April	23^h
Mai	21^h

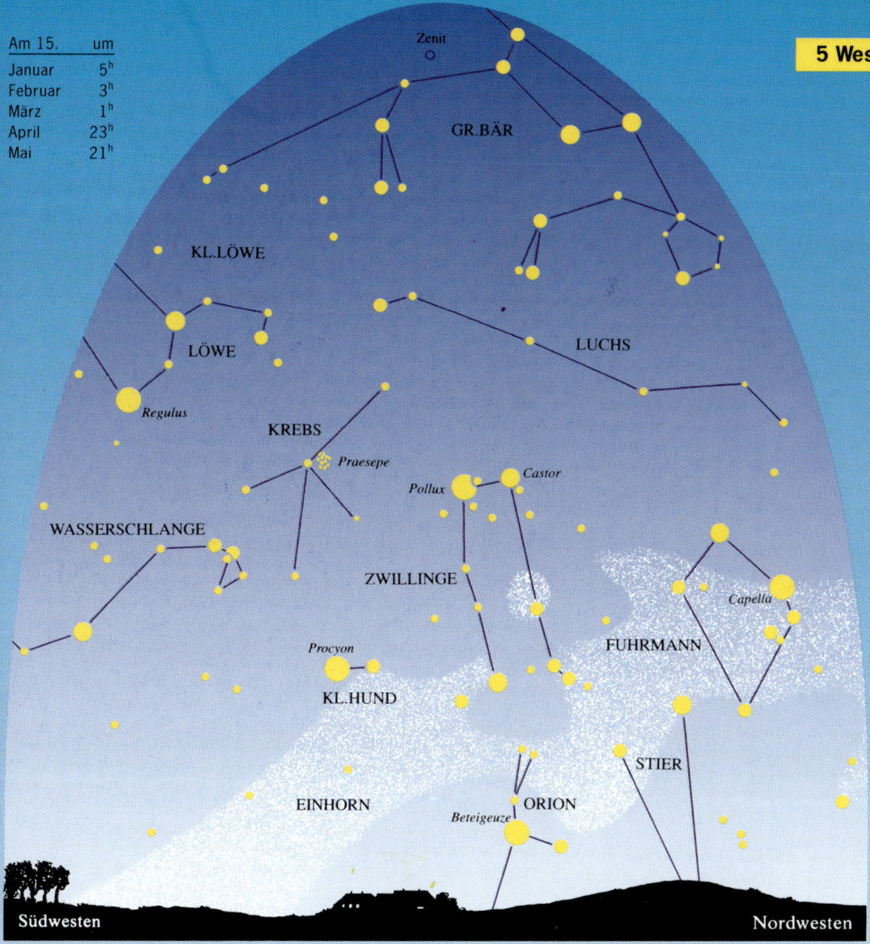

MAI

Hoch am Himmel treffen wir auf Kopf, Beine und Rumpf des *Großen Bären,* der mit dem Kasten des *Großen Wagen* identisch ist. Darunter streckt sich der *Luchs* fast parallel zum Horizont.

Halbhoch stehen noch der *Krebs* und die *Zwillinge* mit Castor und Pollux, die jetzt fast nebeneinander erscheinen. Auch der Kopf des *Löwen* mit Regulus ist schon in diesen Teil des Himmels vorgerückt.

Horizontnah erkennt man noch den *Kleinen Hund* mit Procyon und links daneben den Kopf der *Wasserschlange* mit Alphard, dem hellsten Stern dieser Figur. Das *Einhorn* unterhalb von Procyon ist schon teilweise verschwunden, und vom *Orion* ragt nur noch Beteigeuze über den Horizont. Nach NW hin schließen sich die Hörner des *Stier* und darüber der *Fuhrmann* an.

Die Milchstraße verläuft nur flach über dem NW-Horizont und bietet in diesem Monat keinen eindrucksvollen Anblick.

6 Nord

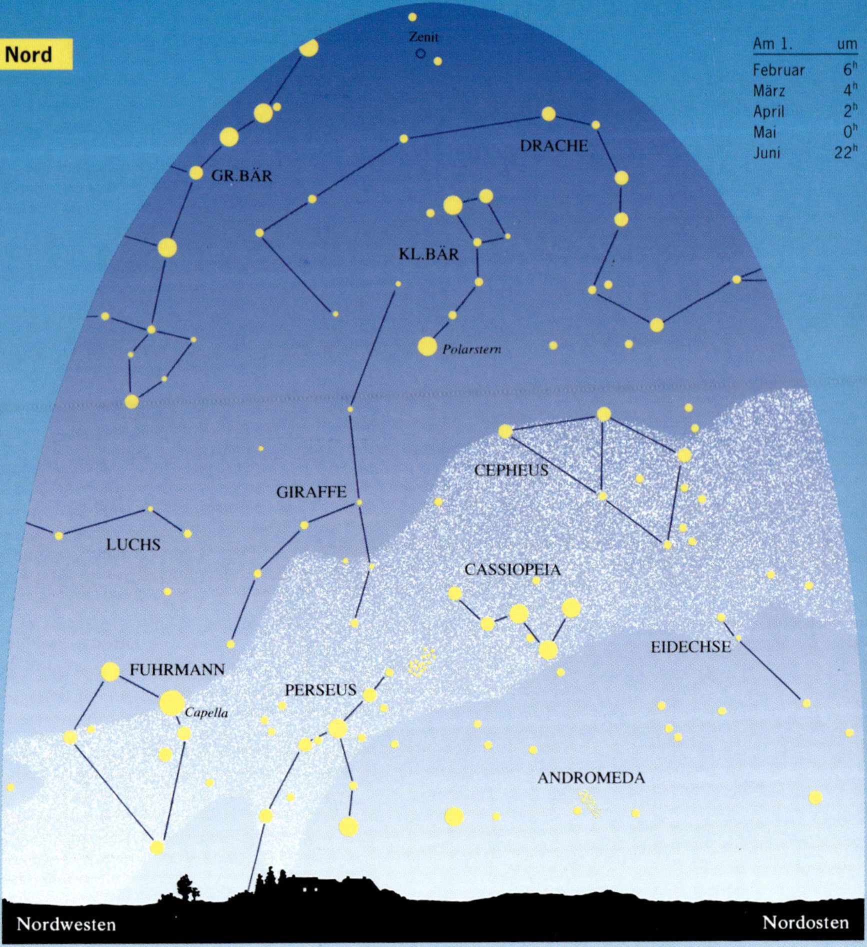

JUNI

Hoch am Himmel reckt sich der *Kleine Bär/Kleine Wagen* dem Zenit entgegen. In der Zeit der „hellen Nächte“ wird man vielleicht nur den Polarstern und die hinteren Kastensterne finden. Rechts, oben und links lagert der *Drache,* der ihn gegen den *Großen Bär/Großen Wagen* abgrenzt.

Halbhoch sehen wir im NO den *Cepheus* emporsteigen. Seine Spitze zeigt nach links auf die *Giraffe* und weiter im NW auf den *Luchs.*

Horizontnah hat die *Cassiopeia* ihre Tiefststellung durchschritten, in der sie ganz klar als Himmels-W erscheint. Links darunter schleifen *Perseus* und *Fuhrmann* über den Horizont, die bei uns nur teilweise zirkumpolar sind. Von der *Andromeda* schauen nur noch die nördlichsten Sterne hervor, ebenso vom *Pegasus* im NO. Darüber lagert die kleine *Eidechse.*

Die Milchstraße verläuft vom NW-Horizont ziemlich flach in Richtung NO.

Am 15.	um
Januar	7h
Februar	5h
März	3h
April	1h
Mai	23h

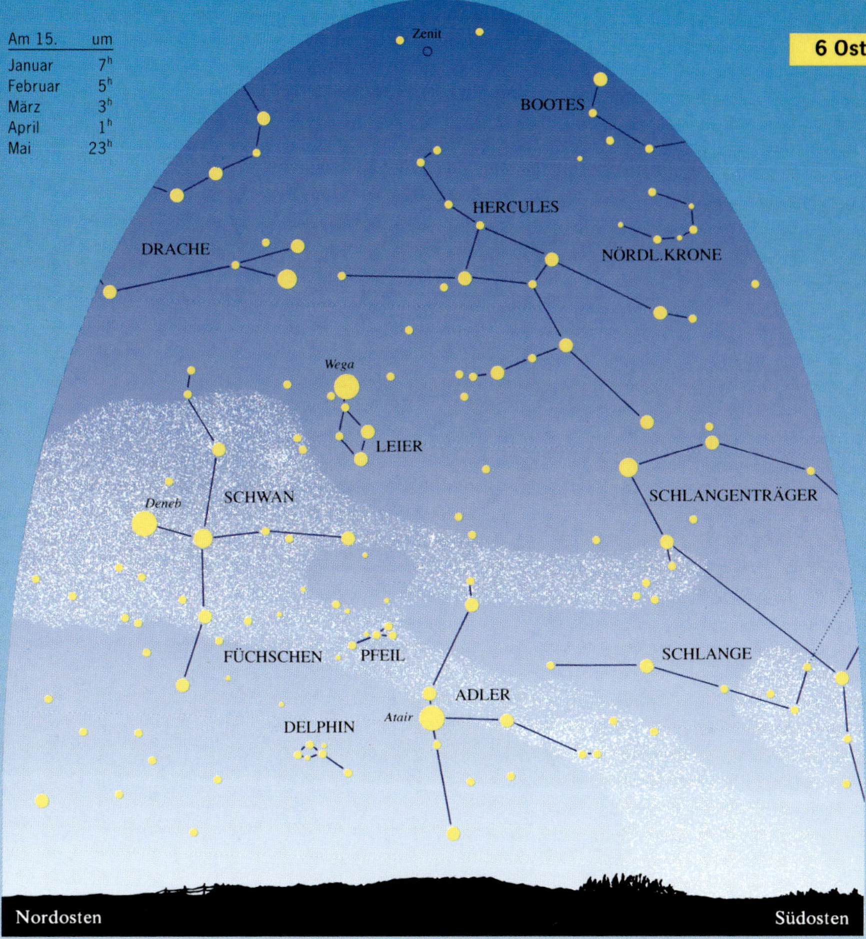

JUNI

Hoch am Himmel finden wir die Spitze des Bärenhüters *Bootes,* das Halbrund der *Nördlichen Krone* und ein Bein des mächtigen *Hercules,* der kopfüber am Himmel entlangzieht.

Halbhoch setzt sich die aus mehreren Vierecken zusammengefügte Figur des *Hercules* nach SO fort und stößt dort an den *Schlangenträger.* Im O und NO leuchten bereits zwei Eckpunkte des Sommerdreiecks: Wega in der *Leier* und Deneb im *Schwan;* dieses große „Kreuz des Nordens“ liegt jetzt quer am Osthimmel.

Horizontnah steigt der dritte Stern des Sommerdreiecks empor, Atair im *Adler.* Links daneben erkennt man einige kleinere Figuren, den *Pfeil,* das *Füchschen* und den *Delphin,* während sich nach rechts der *Schild* und der *Schwanz der Schlange* anschließen.

Die Milchstraße erstreckt sich vom *Schwan* nach rechts unten zum Südhorizont.

6 Süd

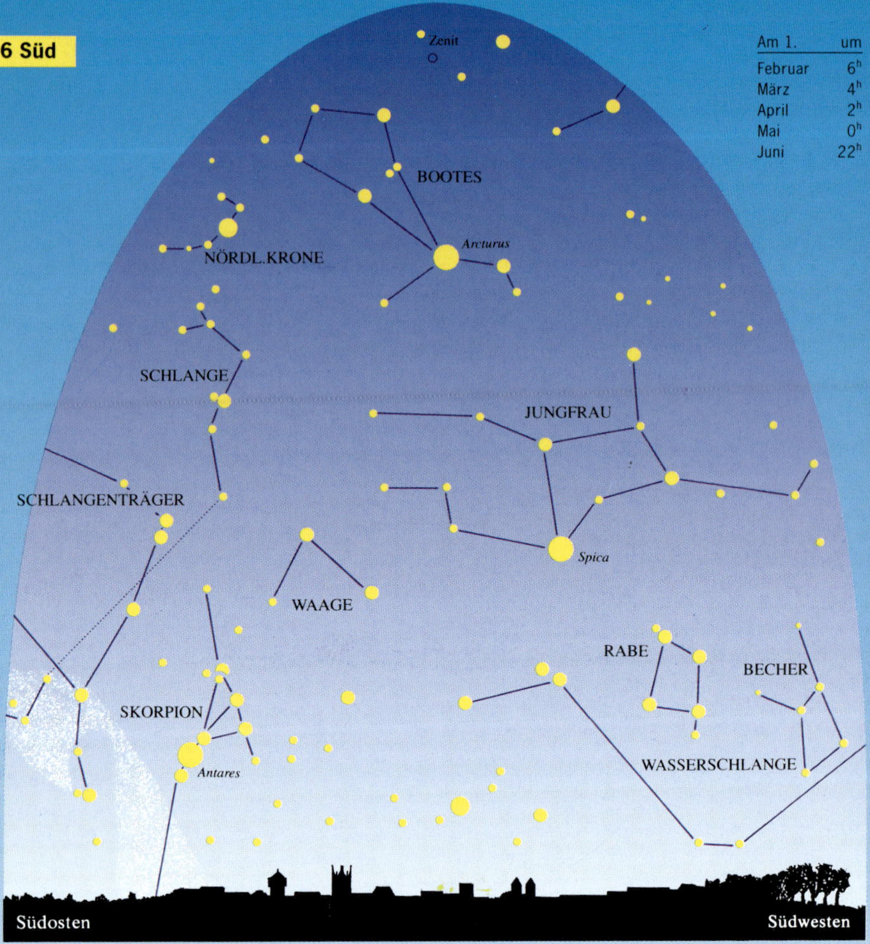

JUNI

Hoch am Himmel dominiert jetzt der Bärenhüter *Bootes* mit seinem orangefarbenen Hauptstern Arcturus. Nach rechts schließt sich die sternarme Gegend im *Haar der Berenice* an, nach links die *Nördliche Krone* mit ihrem hellsten Stern Gemma.

Halbhoch beherrscht das weitläufige Sternbild der *Jungfrau* die Szene; ihr Hauptstern Spica leuchtet weißlich. Weiter im SO treffen wir auf den *Kopf der Schlange* und Teile des *Schlangenträgers*.

Horizontnah darunter ist der rötliche Antares im *Skorpion* aufgegangen, der seine Fühler nach rechts oben gegen die *Waage* ausstreckt; die Sterne der *Waage* gehörten früher als Scheren noch zum *Skorpion*. Weiter rechts ragen Teile vom *Wolf* und vom *Centaurus* über den Horizont; hier endet auch die *Wasserschlange*, auf der die kleinen Sternbilder *Rabe* und *Becher* ruhen.

Die Milchstraße taucht im SO auf.

Am 15.	um
Januar	7^h
Februar	5^h
März	3^h
April	1^h
Mai	23^h

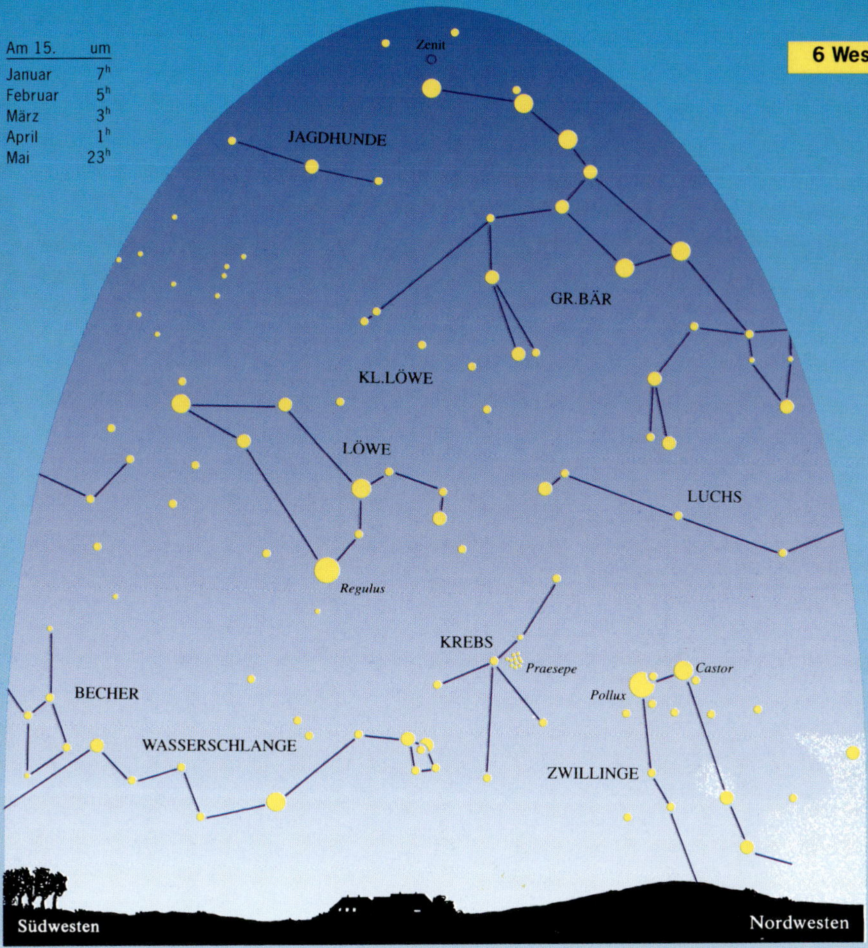

JUNI

Hoch am Himmel sinkt der *Große Bär/Große Wagen* langsam nach unten: Während die Deichselspitze mit Benetnatsch fast noch an den Zenitpunkt heranragt, stehen die hinteren Kastensterne nur noch rund 60 Grad hoch; der „Wegweiser" nach rechts zum Polarstern verläuft jetzt nur leicht nach unten geneigt. Links neben der Wagendeichsel lauern die *Jagdhunde*.

Halbhoch finden wir den Kopf und die Pranken des *Großen Bären*. Sie ruhen gleichsam auf dem Rücken des *Löwen*, der sich im SW auf seine Beute zu stürzen scheint, den *Kleinen Löwen* auf dem Rücken. Im NW schleicht sich der *Luchs* davon.

Horizontnah leuchten im NW Castor und Pollux in den *Zwillingen*, deren „Füße" schon untergegangen sind. Ihnen folgen der unscheinbare *Krebs* und weiter links die *Wasserschlange*, deren vorderer Rumpf jetzt fast parallel zum Horizont verläuft.

7 Nord

Am 1.	um
März	6^h
April	4^h
Mai	2^h
Juni	0^h
Juli	22^h

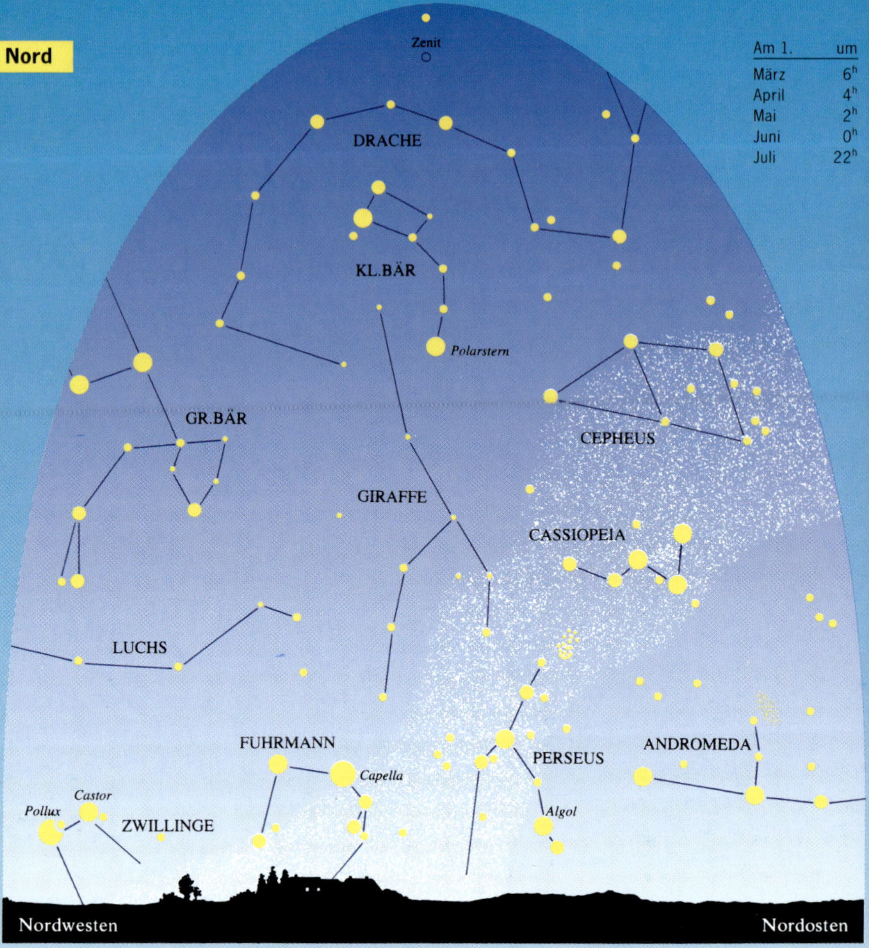

JULI

Hoch am Himmel ragt der *Kleine Bär/Kleine Wagen* vom Polarstern aus steil aufwärts und erreicht fast den Zenit. Noch etwas näher an den Scheitelpunkt stoßen aber einige Sterne des *Drachen* heran, der den *Kleinen Bären* rechts, oben und links umschließt. Auf der rechten Seite des Polarsterns finden wir auch den windschiefen Hausgiebel des *Cepheus.*

Halbhoch lagert rechts das W der *Cassiopeia;* links daneben füllt die *Giraffe* eine an hellen Sternen arme Gegend aus, und ganz links ragt noch der Vorderleib des *Großen Bären* in unser nördliches Kartenfeld hinein. Darunter lauert der *Luchs.*

Horizontnah sehen wir im NW die *Zwillinge* Castor und Pollux versinken, fast am Nordpunkt die helle Capella im *Fuhrmann* und rechts daneben den nördlichen Teil des *Perseus,* während im NO gerade die *Andromeda* aufgeht.

Die Milchstraße steigt im N empor.

Am 15.	um
Februar	7^h
März	5^h
April	3^h
Mai	1^h
Juni	23^h

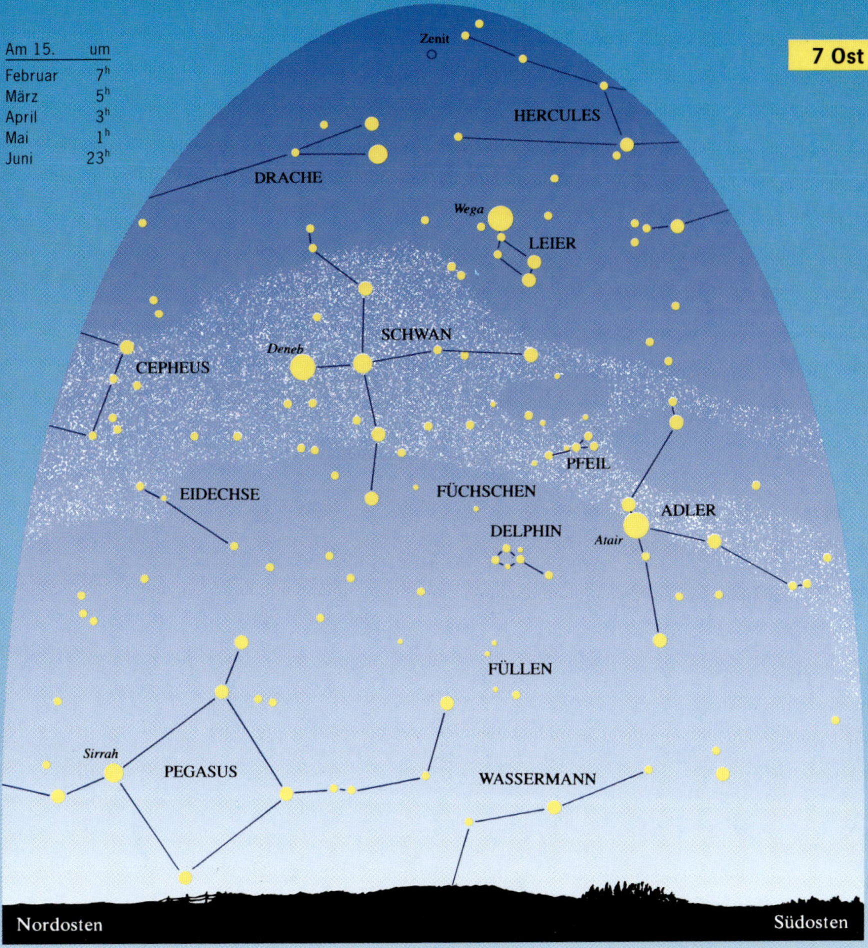

JULI

Hoch am Himmel finden wir die helle Wega in der *Leier* als oberen Eckpunkt des Sommerdreiecks. Näher an den Zenit ragen von links der Kopf des *Drachen* und von rechts die Füße des *Hercules* in unseren Kartenausschnitt hinein.

Halbhoch segelt der *Schwan* über den Himmel, der manchmal auch „Kreuz des Nordens" genannt wird; sein Hauptstern Deneb bildet den östlichen Eckpunkt des Sommerdreiecks. Rechts darunter steigt der *Adler* mit Atair, dem südlichen Eckpunkt des Sommerdreiecks, empor. Zwischen beiden findet man den *Pfeil,* das *Füchschen* und den *Delphin.*

Horizontnah im NO steht das noch nicht ganz vollständige Viereck des *Pegasus* und darüber das kleine Sternbild *Eidechse.* Weiter rechts beginnen *Wassermann* und *Steinbock* mit ihrem Aufstieg.

Die Milchstraße verläuft halbhoch über den Osthimmel.

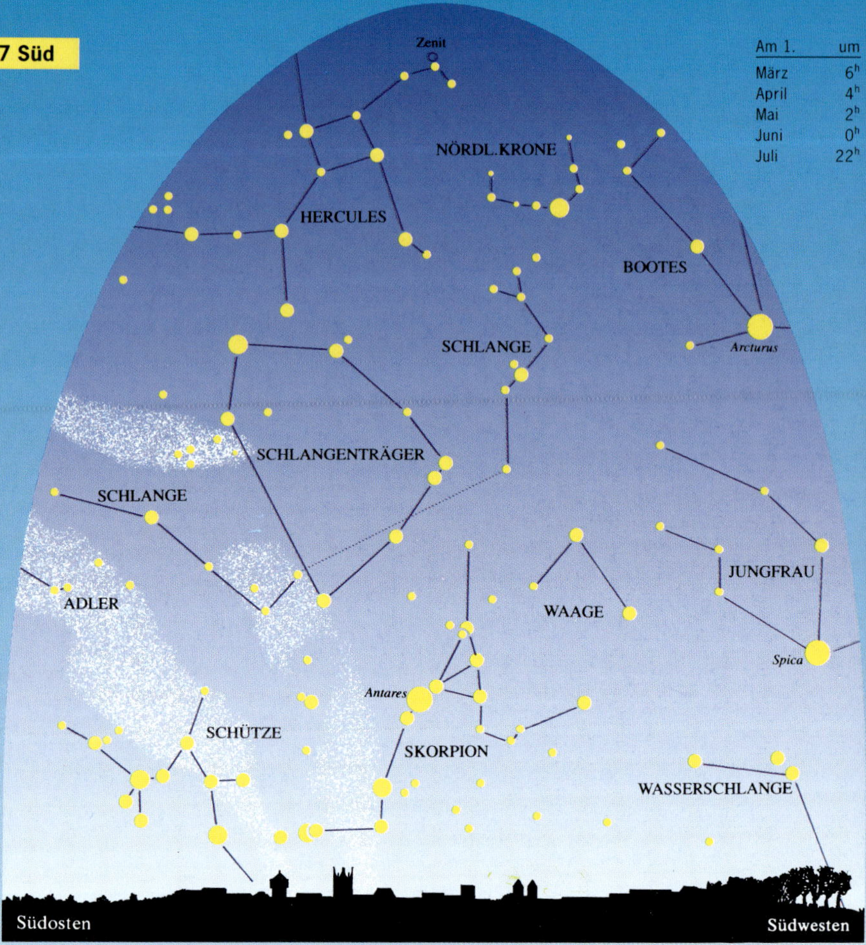

Am 1.	um
März	6^h
April	4^h
Mai	2^h
Juni	0^h
Juli	22^h

JULI

Hoch am Himmel beherrscht der *Hercules* die Szene im SO; das Sternbild erscheint aus mehreren Vierecken zusammengesetzt. Westlich des Meridians erkennen wir die geschwungene *Nördliche Krone,* an die sich nach rechts die langgestreckte Figur des *Bootes* mit dem orangefarbenen Arcturus halbhoch im SW anschließt.

Halbhoch grenzt im SO der *Schlangenträger* von unten an den *Hercules.* Er trägt die *Schlange* in seinen Händen: Der Schlangenkopf ragt bis zur Krone auf, der Schwanz stößt im SO an den *Adler.*

Horizontnah leuchtet im S der rötliche Antares, Hauptstern des *Skorpion.* Links davon steht der *Schütze,* dessen hellste Sterne die Umrisse einer Teekanne bilden. Nach SW hin erkennt man noch die *Waage,* einen Teil der *Jungfrau* mit Spica und den Schwanz der *Wasserschlange.*

Die Milchstraße mit ihren hellsten Teilen steigt im SO empor.

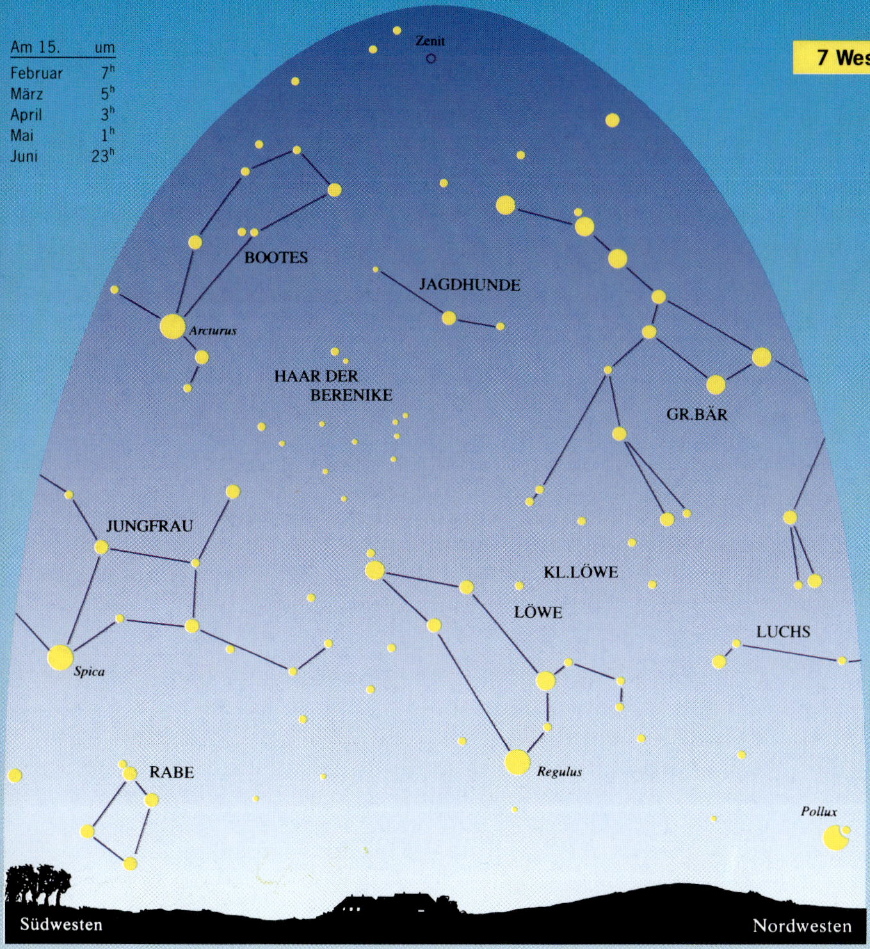

JULI

Hoch am Himmel finden wir nur wenige helle Sterne. Noch am nächsten an den Zenit reichen die Spitze des *Bootes* und die Deichsel des *Großen Wagen*. Darunter stehen die *Jagdhunde* – etwa auf gleicher Höhe mit dem orangefarbenen Arcturus im *Bootes*.

Halbhoch setzt sich die Sternleere des zenitnahen Raumes fort. Im *Haar* der *Berenice* liegt der galaktische Nordpol: Hier blicken wir senkrecht aus der Milchstraßenebene hinaus, trifft unser Blick nur auf wenige Sterne.

Horizontnah bereitet sich der *Löwe* auf den Untergang vor. Ihm folgt im SW die *Jungfrau* mit der weißlichen Spica; darunter ist gerade noch das kleine Viereck des *Raben* zu finden. Weit im NW leuchten die beiden *Zwillinge*, von denen nur Pollux auf dieser Karte enthalten ist. Darüber lauert der *Luchs*, der von den Vorderpranken des *Großen Bären* „bedroht" wird.

8 Nord

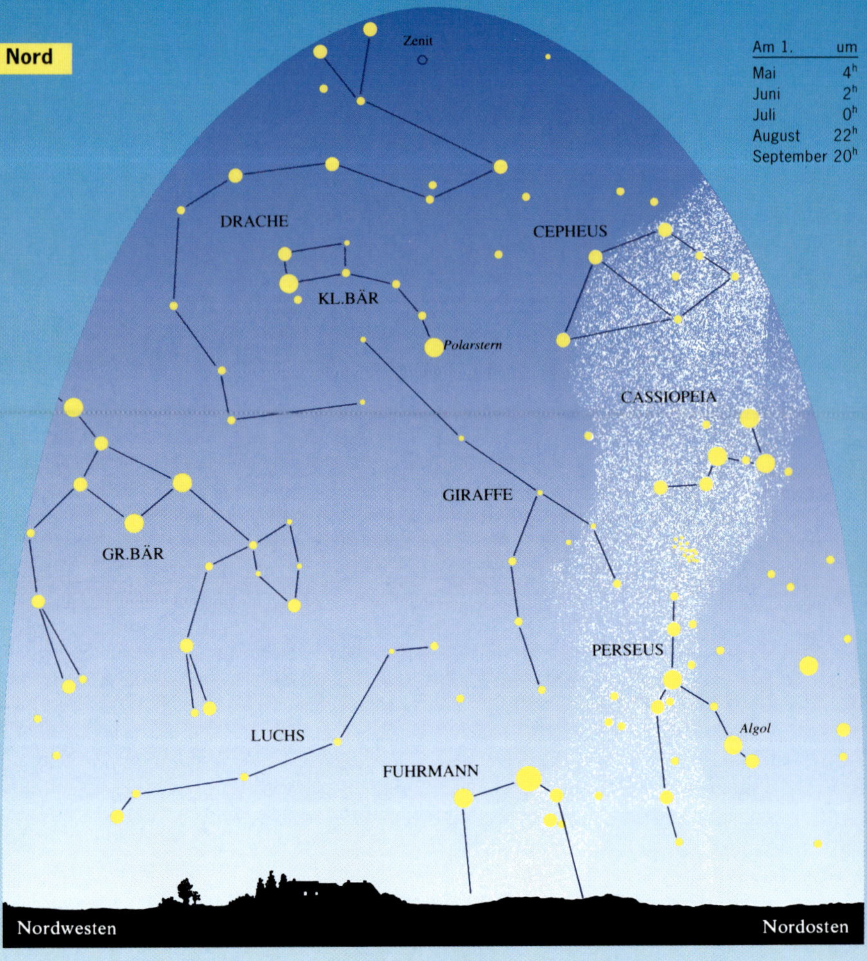

AUGUST

Hoch am Himmel schlängelt sich der weitläufige Drache entlang; sein durch ein kleines Sterndreieck markierter Kopf steht noch ziemlich nahe am Zenit. Der hintere Drachenteil umschließt den *Kleinen Bär/ Kleinen Wagen,* der sich vom Polarstern aus nach links oben erstreckt.

Halbhoch treffen wir im NO auf die *Cassiopeia* und – noch darüber – auf *Cepheus,* ihren Gemahl; seine Umrisse ähneln dem Giebel eines windschiefen Hauses. Zur Mitte hin folgt die *Giraffe,* die im NW bis fast an den *Großen Bären* heranreicht.

Horizontnah leuchtet Capella im *Fuhrmann,* der seine Tiefststellung durchlaufen hat und nun wieder im NO aufsteigt. Ihm folgt im NW der *Luchs.* Schon wieder vollständig zu sehen ist im NO der *Perseus* mit Algol; das Sternbild erinnert an ein auf dem Kopf stehendes Y.

Die Milchstraße steigt vom Nordpunkt steil nach rechts oben auf.

Am 15.	um
April	5^h
Mai	3^h
Juni	1^h
Juli	23^h
August	21^h

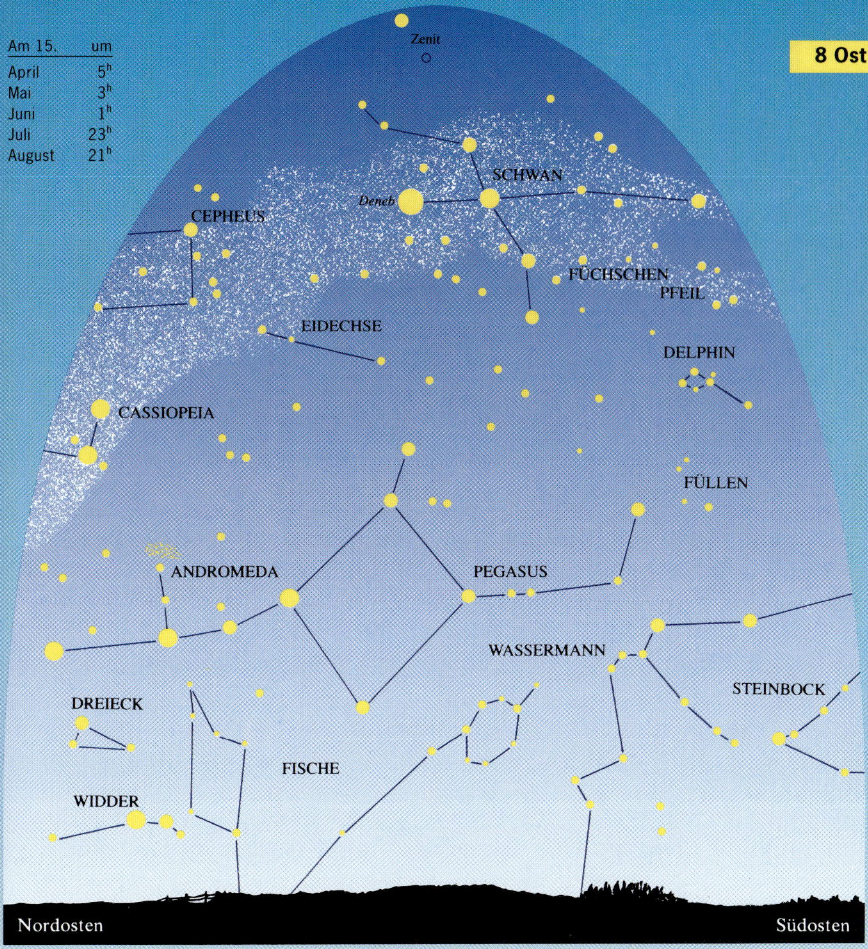

AUGUST

Hoch am Himmel hat der *Schwan* seine Schwingen ausgebreitet und segelt nach Süden davon. Deneb, der Schwanzstern, markiert eine Ecke im Sommerdreieck.
Halbhoch folgt mit dem *Pegasus* bereits das erste Herbststernbild in dieser Region. Das geflügelte Roß, das kopfüber am Himmel dahingleitet, streckt seine Vorderläufe weit in Richtung *Schwan,* während der Kopf im SO bis an den *Delphin* und das *Füllen* heranreicht. Zu erwähnen ist auch noch die *Eidechse,* die zwischen *Schwan, Cepheus* und *Pegasus* hindurchschlüpft.
Horizontnah rücken weitere Herbstfiguren nach: *Steinbock* und *Wassermann* im SO, die *Fische* im O und *Andromeda, Dreieck* und *Widder* im NO. Die *Andromeda* grenzt an den *Pegasus* und könnte fast für dessen Hinterläufe gehalten werden.
Die Milchstraße spannt sich von NO hoch durch den *Schwan,* wo sie durch Dunkelwolken zweigeteilt erscheint, nach S.

Am 1.	um
Mai	4^h
Juni	2^h
Juli	0^h
August	22^h
September	20^h

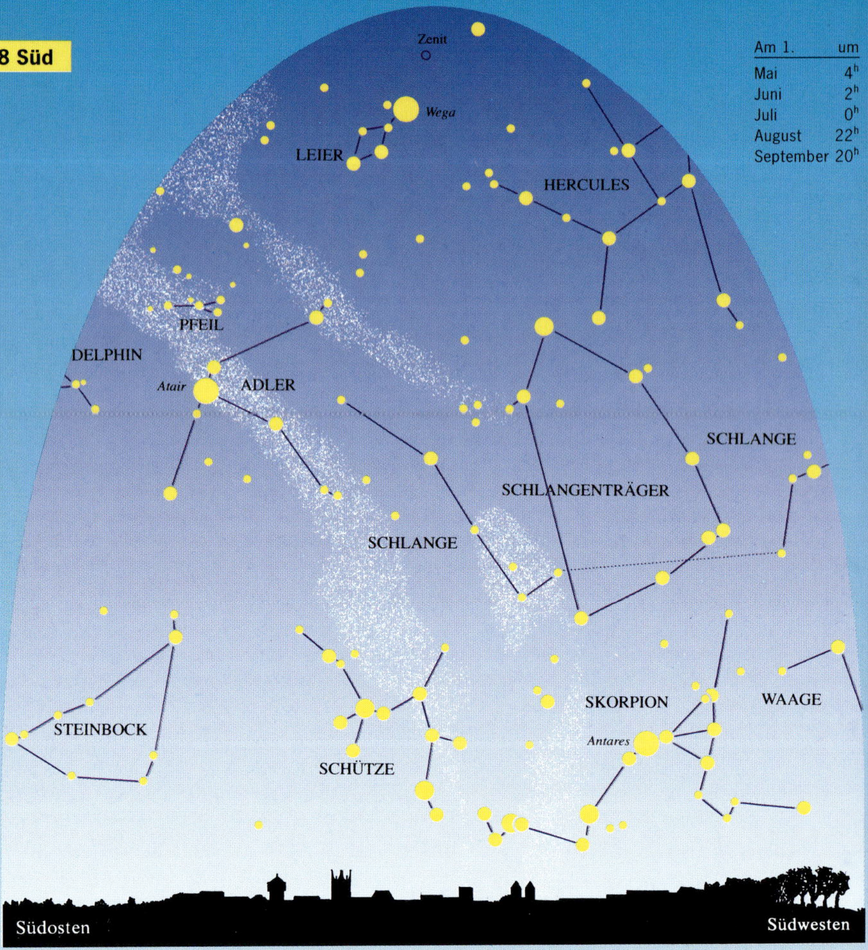

AUGUST

Hoch am Himmel leuchtet die helle Wega, Hauptstern der *Leier* und nördlichster Eckpunkt des Sommerdreiecks; das kleine Sternbild in Form eines Parallelogramms schließt sich nach links unten an. Rechts daneben beginnt der mächtige *Hercules* schon mit dem Abstieg.

Halbhoch dominiert im SW der *Schlangenträger,* eine große, aus wenig hellen Sternen umgrenzte Region relativer Sternleere. So erscheint die *Schlange* dann auch zweigeteilt: der Kopf rechts, der Schwanz links vom *Schlangenträger.* Noch weiter im SO steht der Adler mit Atair.

Horizontnah finden wir im SW noch den *Skorpion* mit Antares, im S den *Schützen* und im SO den *Steinbock* – alles Tierkreissternbilder. Über dem *Schützen* leuchtet im *Schild* eine hellere Milchstraßenwolke.

Die Milchstraße zeigt uns jetzt ihre für nördliche Regionen eindrucksvollsten Zonen im *Schützen* (Zentrum) und *Schild.*

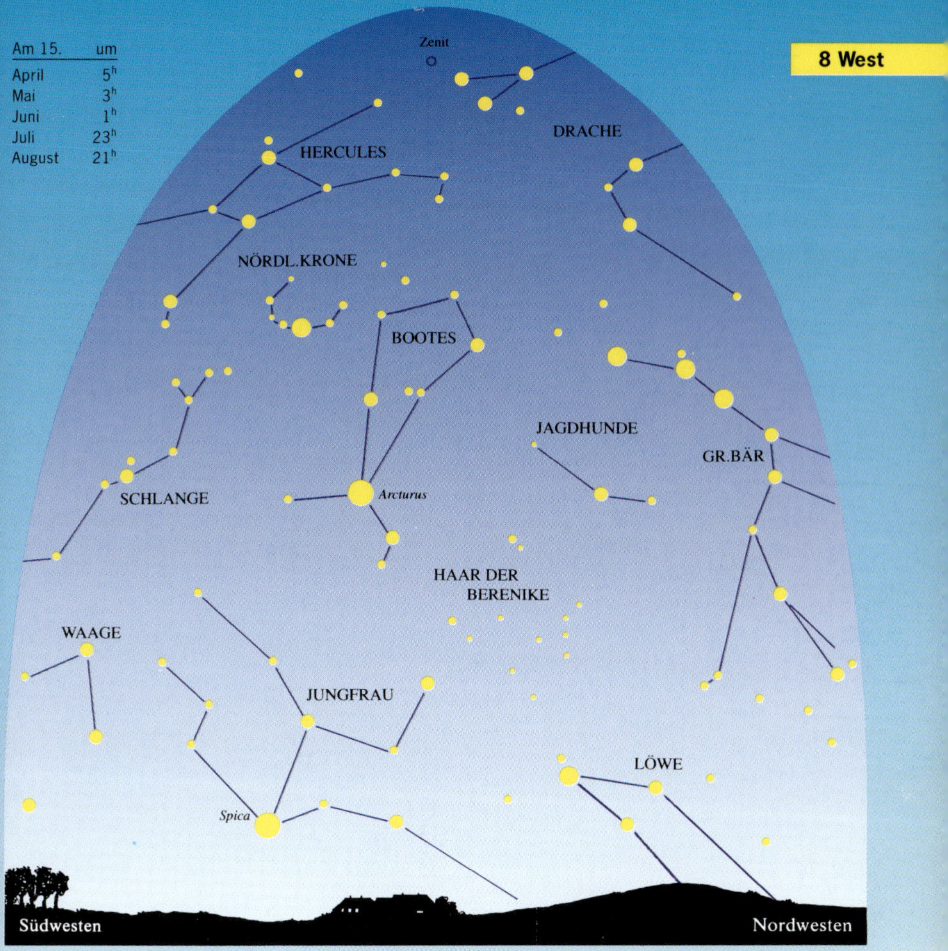

AUGUST

Hoch am Himmel wechselt der *Hercules* an den Westhimmel; noch reicht ein Bein des kopfüber stehenden Helden bis nahe an den Zenit, aber die nach unten ausgestreckten Arme sind schon nur noch etwa 50 Grad hoch. Rechts davon erkennen wir den Kopf des *Drachen.*

Halbhoch sinkt der Bärenhüter *Bootes* allmählich nach unten; seine Umrisse erinnern jetzt an einen Papierdrachen, mit dem orangefarbenen Arcturus am Schwanzansatz. Etwas höher noch leuchtet die *Nördliche Krone,* und links darunter ragt der *Kopf der Schlange* von Süden herüber. Weiter rechts erkennen wir die *Jagdhunde* und ganz im NW Teile des *Großen Bären/Großen Wagen.*

Horizontnah taucht die *Jungfrau* mit Spica langsam weg, gefolgt im SW von der *Waage.* Nach NW ragt noch der Hinterleib des *Löwen* über den Horizont, und darüber schimmert das *Haar der Berenice.*

9 Nord

Am 1.	um
Juli	2^h
August	0^h
September	22^h
Oktober	20^h
November	18^h

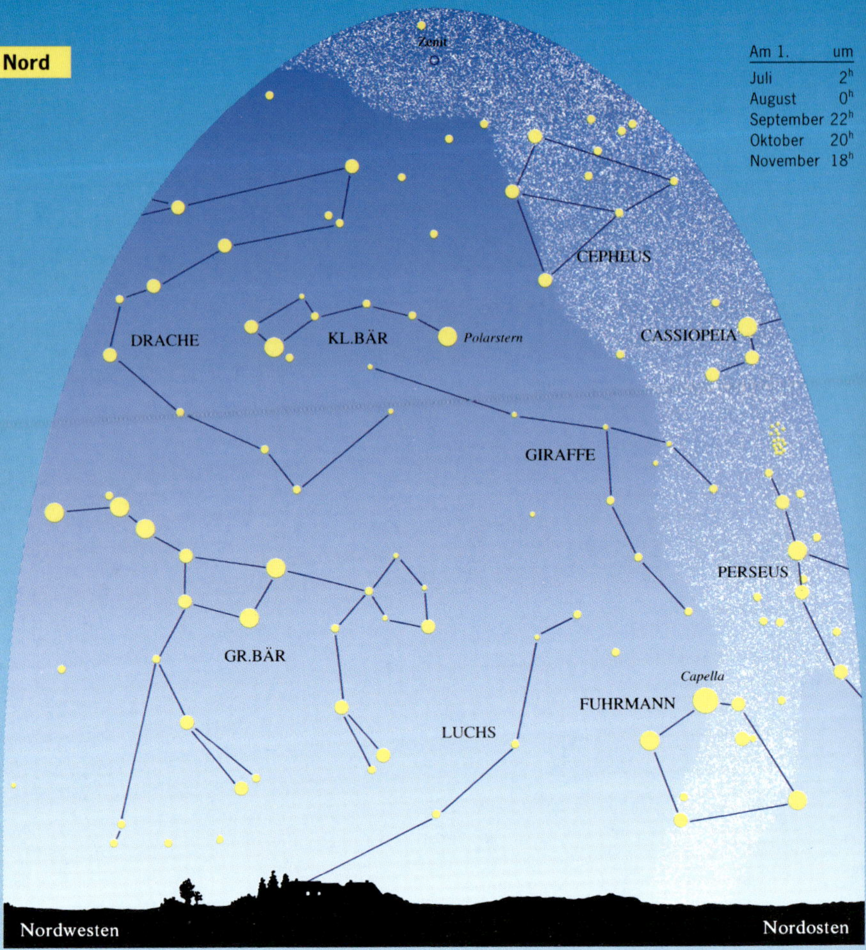

SEPTEMBER

Hoch am Himmel übernimmt der *Cepheus* das Zepter; der „windschiefe Hausgiebel" steht jetzt etwa auf der Spitze des Daches. Nach links grenzt das Sternbild an den *Drachen*, der seinen Kopf noch weit nach W reckt.

Halbhoch steht im Osten die *Cassiopeia*, die Gemahlin des *Cepheus*, die oft auch als Himmels-W bezeichnet wird. Ihre mittlere Spitze zeigt in Richtung zum Polarstern, von dem aus sich der *Kleine Bär/Kleine Wagen* westwärts wölbt. Rechts unterhalb des Polarsterns steht die *Giraffe*.

Horizontnah ist im NO der *Fuhrmann* mit Capella jetzt wieder vollständig zu erkennen. Rechts darüber steigt der *Perseus* immer höher, während im NW der *Große Bär/Große Wagen* seiner Tiefststellung entgegenstrebt: Die Bärengestalt scheint bereits mit Vorder- und Hinterbeinen auf dem Horizont zu stehen. Genau im N ragen noch ein paar Sterne vom *Luchs* empor.

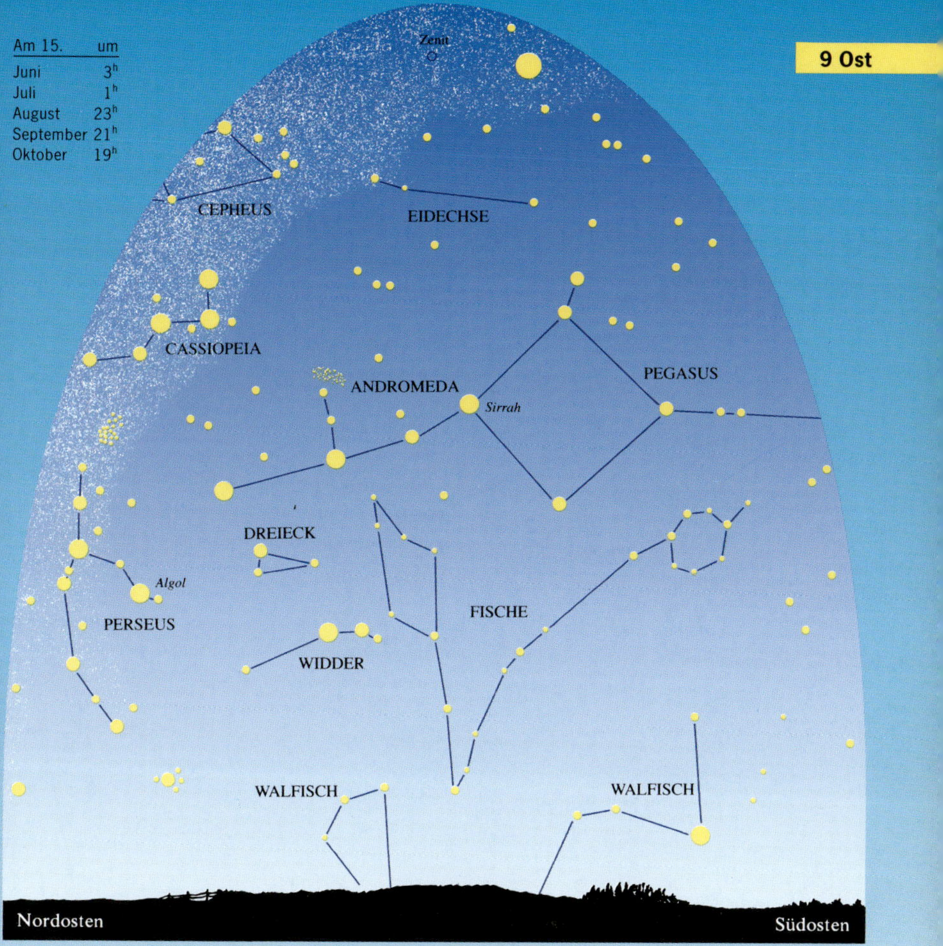

SEPTEMBER

Hoch am Himmel suchen wir vergeblich nach hellen Sternen; nur die *Eidechse* und der *Cepheus* sind hier zu finden.

Halbhoch füllt der *Pegasus* einen Großteil des Osthimmels aus. Sirrah, der linke obere Eckstern des Pegasus-Vierecks, gehört aber schon zur *Andromeda,* die sich nach links anschließt. Darüber erkennt man die markante Figur der *Cassiopeia.*

Horizontnah sind die beiden *Fische* jetzt vollständig. Die nicht sehr hellen Sterne sind zu einem riesigen, aufgestellten V gruppiert. Im NO stehen das *Dreieck* und der *Widder* und links daneben der *Perseus* mit Algol; die Umrisse dieser Figur erinnern an eine leicht verbogene Wünschelrute. Unterhalb der *Fische* kündigt sich der *Walfisch* an, das Meeresungeheuer, dem die Königstochter *Andromeda* geopfert werden sollte.

Die Milchstraße steigt im NO durch *Perseus* und *Cassiopeia* steil empor.

Am 1.	um
Juli	2^h
August	0^h
September	22^h
Oktober	20^h
November	18^h

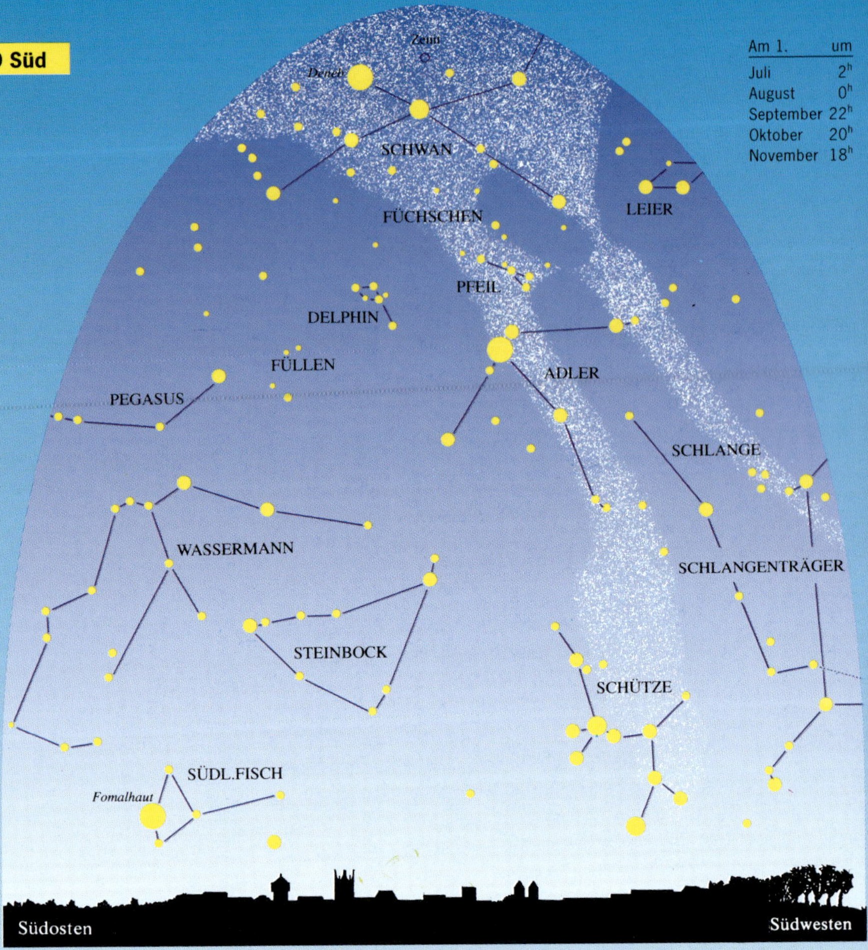

SEPTEMBER

Hoch am Himmel segelt der *Schwan* langsam nach SW. Rechts oberhalb des Schwanenkopfs erkennen wir noch das kleine Sternenparallelogramm der *Leier.*
Halbhoch hat der *Adler* mit Atair den Meridian überschritten, steht das Sommerdreieck aus Atair, Wega und Deneb in der günstigsten Beobachtungsposition. Links und oben grenzt der *Adler* an die „Füllsternbilder" *Pfeil* und *Delphin,* und auch *Füchschen* sowie *Füllen* gehören hierher.

Horizontnah wartet der *Steinbock* auf seine Kulmination, wie der *Wassermann* im SO kein sehr einprägsames Sternbild, das nur weniger helle Sterne enthält. Während im SW *Schütze* und *Schlangenträger* ihrem Untergang zustreben, ist tief im SO der *Südliche Fisch* mit dem weißlichen Fomalhaut aufgetaucht.
Die Milchstraße steigt vom Zenit nach SW herab und zeigt im *Schwan, Schild* und *Schützen* viel Strukturen.

Am 15.	um
Juni	3^h
Juli	1^h
August	23^h
September	21^h
Oktober	19^h

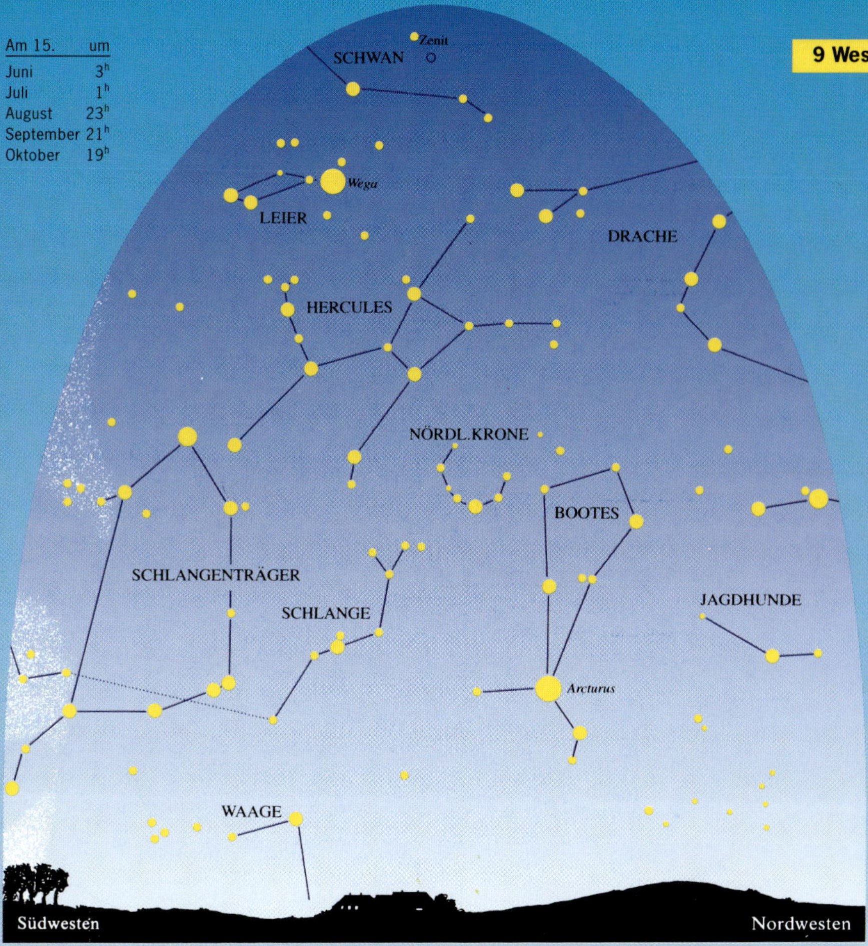

SEPTEMBER

Hoch am Himmel strahlt im SW die helle Wega, der fünfthellste Stern am irdischen Firmament. Im NW reckt sich ihm auf gleicher Höhe der Kopf des *Drachen* entgegen; der Drachenleib schlängelt sich nach einem Bogen in nördlicher Richtung nach NW herunter.

Halbhoch beherrschen *Hercules* und *Schlangenträger* die Szene im SW, wobei letzterer schon fast bis zum Horizont hinabreicht. In dieser Stellung wird deutlich, warum die Silhouette des *Hercules* gelegentlich auch mit den Umrissen eines Schmetterlings verglichen wird. Genau im W schwebt die *Nördliche Krone* neben der Spitze des Bärenhüters *Bootes*.

Horizontnah findet man noch letzte Reste von *Waage* und *Jungfrau* sowie im NW das *Haar der Berenice*. Darüber stehen die *Jagdhunde* und links davon der orangefarbene Arcturus im *Bootes*. Weiter links schließt sich der *Kopf der Schlange* an.

10 Nord

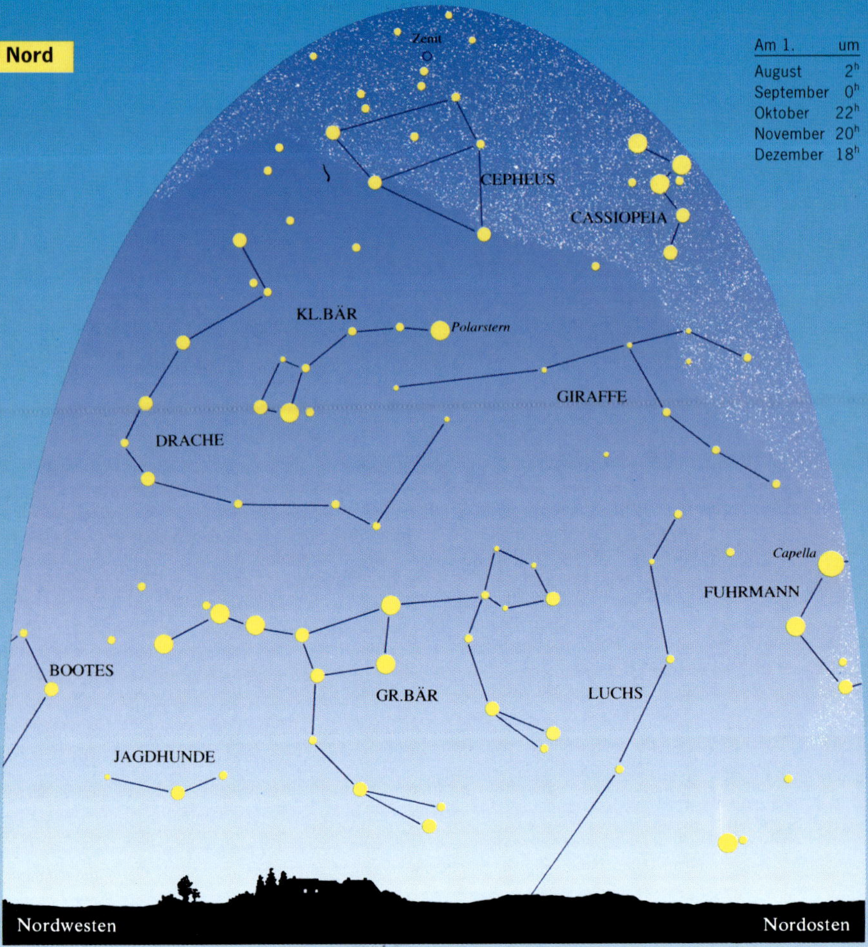

OKTOBER

Hoch am Himmel finden wir den *Cepheus,* dessen hellere Sterne sich zu den Umrissen eines windschiefen Hausgiebels zusammenfügen. Nach rechts schließt sich die *Cassiopeia* an, die jetzt fast wie eine unbeholfen gekritzelte 3 aussieht.

Halbhoch schwebt der *Kleine Bär/Kleine Wagen* links vom Polarstern. Nach NW grenzt er an den *Drachen,* der ihn von drei Seiten umgibt, nach NO an die *Giraffe* unterhalb der *Cassiopeia* befinden.

Horizontnah wandert der *Große Bär/Große Wagen* nach rechts – der Bär vorwärts, der Wagen, der sich aus dem hinteren Körper und dem – biologisch nicht korrekten – Schwanz zusammensetzt, dagegen rückwärts. Unter dem Bärenschwanz kauern die *Jagdhunde,* während rechts der *Luchs* unter dem Bärenkopf die Lücke bis zum *Fuhrmann* füllt.

Die Milchstraße verläuft vom Zenit steil zum NO herunter.

Am 15.	um
Juli	3^h
August	1^h
September	23^h
Oktober	21^h
November	19^h

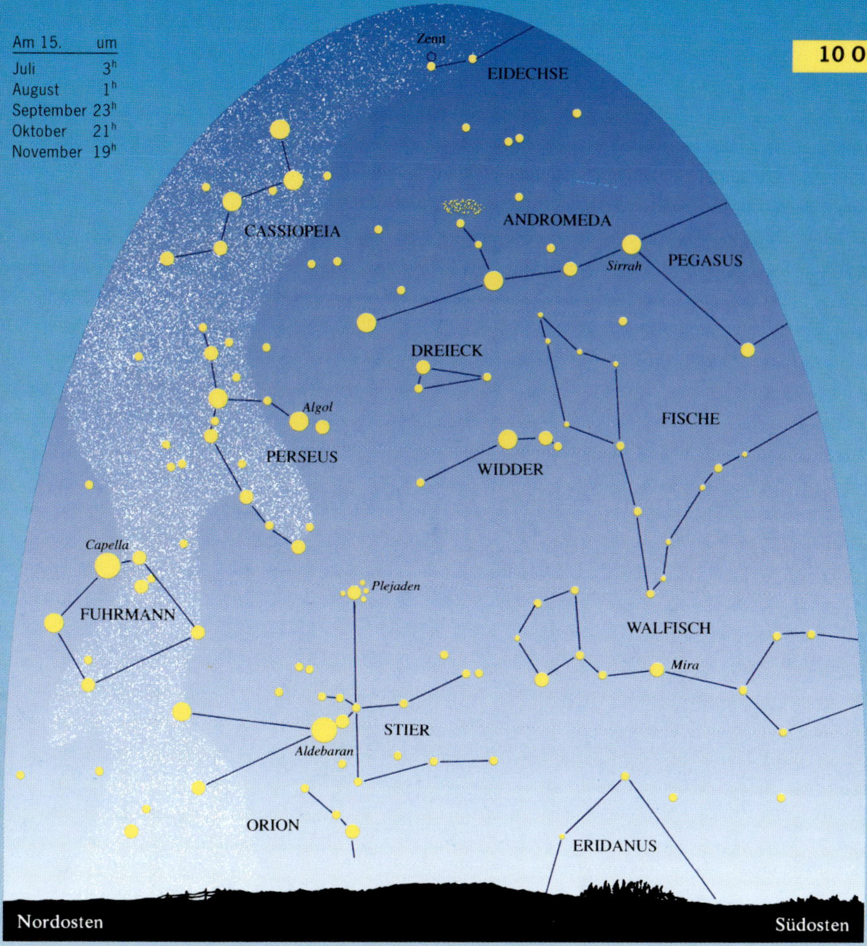

OKTOBER

Hoch am Himmel strebt die *Cassiopeia* ihrer oberen Kulmination entgegen. Ansonsten ist dieser Bereich ziemlich arm an helleren Sternen.

Halbhoch steigt im NO der *Perseus* aufwärts; die Umrisse des Sternbilds erinnern an ein auf dem Kopf stehendes, etwas verbogenes Y. Nach rechts finden wir die Lichterkette der *Andromeda,* die an der linken oberen Ecke des *Pegasus*-Vierecks endet; darunter folgen mit *Dreieck* und *Widder* zwei kleine, unscheinbare Sternbilder. Wenig auffällig sind auch die *Fische:* Der östliche liegt zwischen *Dreieck* und *Pegasus,* während der westliche schon weit nach Süden vorgerückt ist.

Horizontnah ist der *Walfisch* jetzt vollständig. Nach NO kündigt der *Stier* mit den beiden Haufen der Plejaden und Hyaden den Winter an, und auch Teile des *Orion* und *Eridanus* wagen sich bereits vor.

Die Milchstraße ragt im NO steil auf.

Am 1.	um
August	2^h
September	0^h
Oktober	22^h
November	20^h
Dezember	18^h

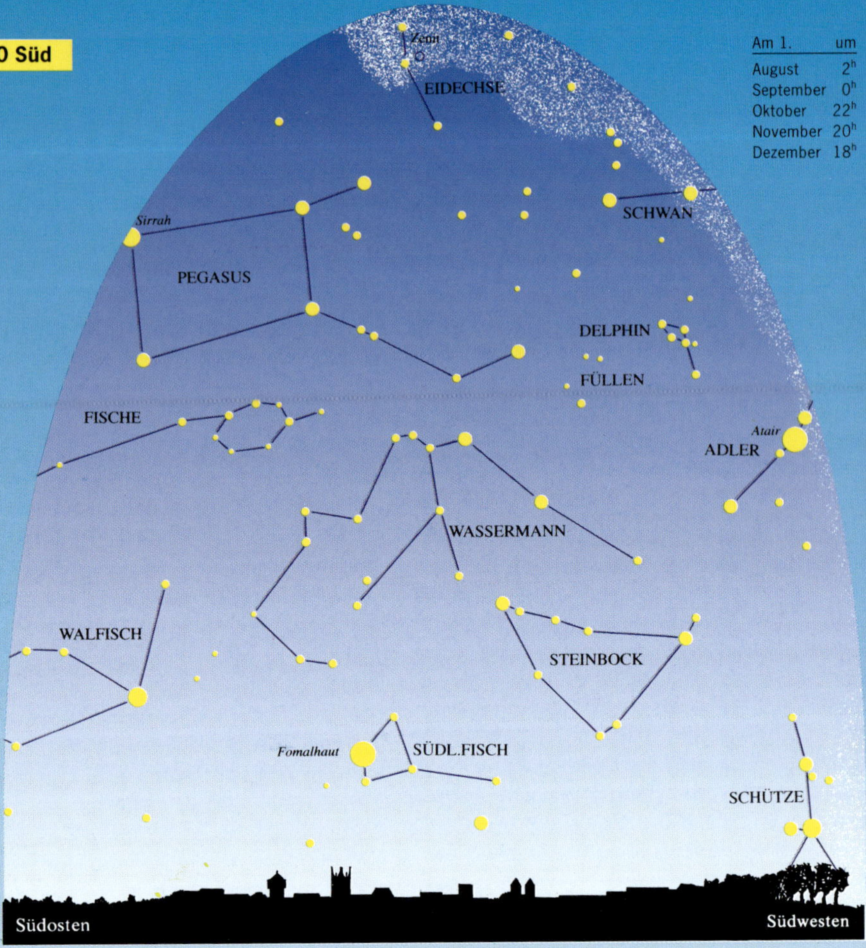

OKTOBER

Hoch am Himmel füllt die *Eidechse* den Bereich zwischen dem Schwanz des *Schwans,* dem *Pegasus* und dem *Cepheus.* Darunter übernimmt der *Pegasus* die Hauptrolle am Südhimmel.

Halbhoch finden wir im SW, gleichsam vor den Nüstern des *Pegasus,* die kleinen Sternbilder *Füllen* und *Delphin,* die nach rechts an den *Adler* grenzen. Unter dem Pegasus-Viereck wird der westliche *Fisch* durch einen kleinen Sternring angedeutet, und rechts darunter erhebt sich der *Wassermann* in einer an helleren Sternen armen Gegend.

Horizontnah leuchtet ziemlich einsam Fomalhaut, der Hauptstern im *Südlichen Fisch.* Das Sternbild erstreckt sich nach rechts bis unter den *Steinbock.* Im SW erkennt man noch Teile des *Schützen,* während im SO der *Walfisch* ins Blickfeld wandert.

Am 15.	um
Juli	3^h
August	1^h
September	23^h
Oktober	21^h
November	19^h

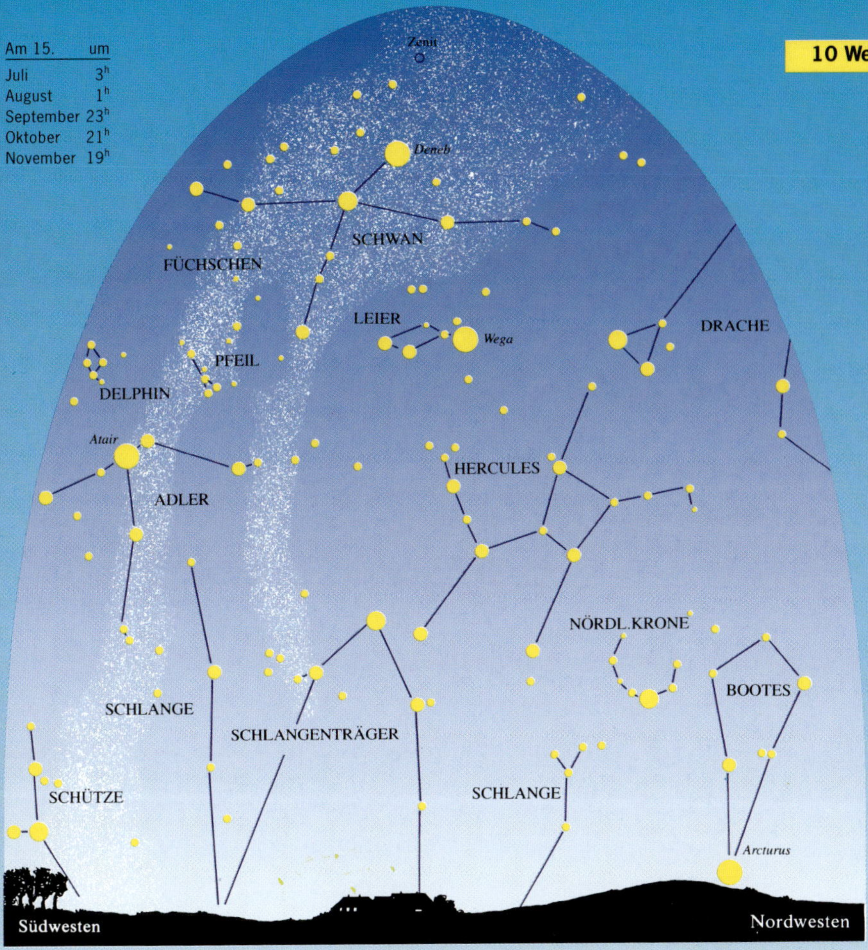

OKTOBER

Hoch am Himmel beherrscht der *Schwan* die Szene; sein langgestreckter Hals weist jetzt nach unten zum Horizont, und in dieser Stellung wird klar, warum das Sternbild mitunter auch „Kreuz des Nordens“ genannt wird.

Halbhoch leuchten im W die Wega, Hauptstern der kleinen *Leier,* und im SW Atair im *Adler.* Zusammen mit Deneb bilden sie das Sommerdreieck, das sich jetzt ganz auf den Westhimmel zurückgezogen hat. Der kopfüber dahinziehende *Hercules* streckt im NW eines seiner Beine dem Kopf des *Drachen* entgegen.

Horizontnah strebt die *Nördliche Krone* unterhalb von *Hercules* ihrem Untergang zu, während der Bärenhüter *Bootes* sowie der *Schlangenträger* mit der *Schlange* bereits teilweise verschwunden sind.

Die Milchstraße verläuft vom Zenit steil nach SW und zeigt im *Schwan* und *Schild* reiche Struktur.

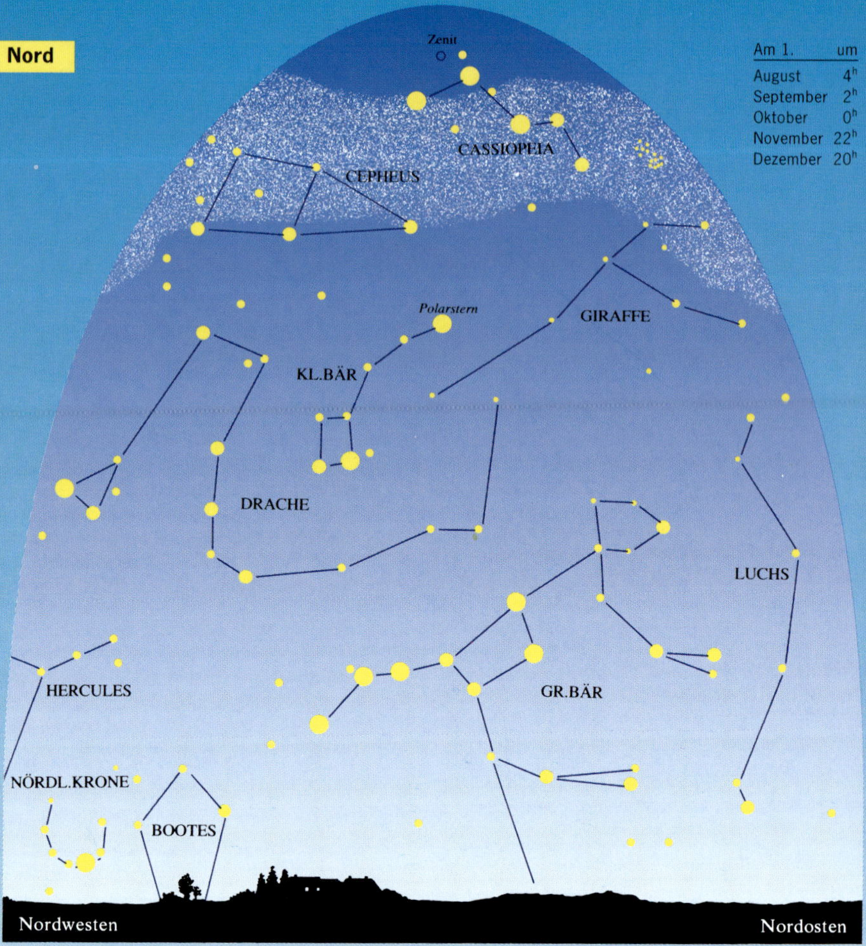

Am 1.	um
August	4^h
September	2^h
Oktober	0^h
November	22^h
Dezember	20^h

NOVEMBER

Hoch am Himmel ragt das Himmels-W *Cassiopeia* jetzt fast an den Zenit heran; in dieser Stellung gleicht das Sternenzickzack aber eher dem Buchstaben M. Nach links schließt sich der *Cepheus* an.

Halbhoch windet sich der *Drache* vom NW zunächst in Richtung *Cepheus,* um dann nach unten abzuknicken und den *Kleinen Bär/Kleinen Wagen* einzuschließen. Die beiden hinteren Kastensterne des *Kleinen Wagen* liegen jetzt fast parallel zum Horizont. Rechts vom Polarstern, dem Hauptstern des *Kleinen Bären,* beginnt die *Giraffe,* die bis weit nach NO reicht.

Horizontnah beginnt der *Große Bär/Große Wagen* wieder mit dem Aufstieg. Ihm voran eilt der *Luchs,* während die *Jagdhunde* unter der Wagendeichsel fast verschwunden sind, ein Schicksal, das im NW auch *Bootes* und die *Nördliche Krone* ereilt hat.

Die Milchstraße verläuft zenitnah durch *Cassiopeia* und *Cepheus.*

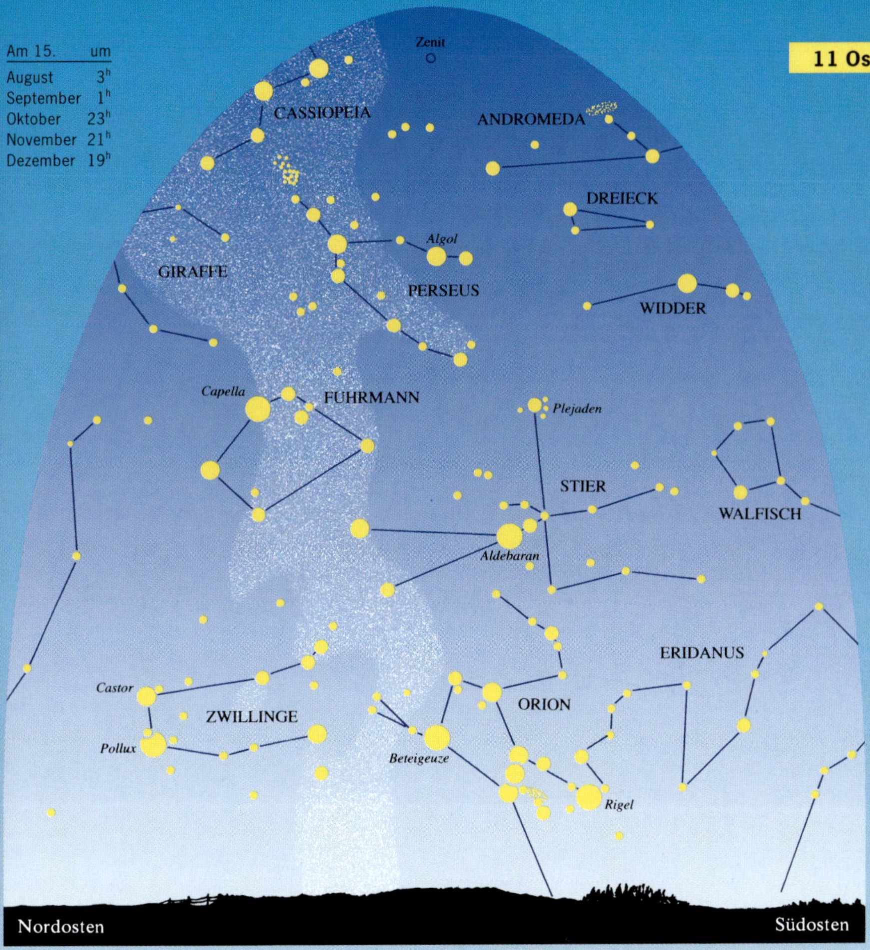

NOVEMBER

Hoch am Himmel ragen noch Teile der *Andromeda* in den Kartenausschnitt. In ihrer Nachbarschaft stehen das *Dreieck* und der *Widder*. Auch der *Perseus* hat diesen Bereich des Himmels fast erklommen.

Halbhoch folgt der *Fuhrmann* mit Capella dem *Perseus* auf dem Fuße, angetrieben scheinbar von den Hörnerspitzen des *Stiers*. Das rötliche Stierauge Aldebaran fällt mit dem linken Ende der v-förmigen Gruppe der Hyaden zusammen, gehört aber räumlich nicht dazu. Zwischen *Perseus* und *Fuhrmann* erkennt man noch die Beine der *Giraffe*, während weit im SO der Kopf des *Walfisches* zu sehen ist.

Horizontnah schicken sich die *Zwillinge* an, die Himmelsleiter zu besteigen. Der benachbarte *Orion* im O ist noch nicht ganz vollständig zu sehen, während vom Fluß *Eridanus* bei uns ohnehin stets einige Sterne verborgen bleiben.

Die Milchstraße steigt im NO empor.

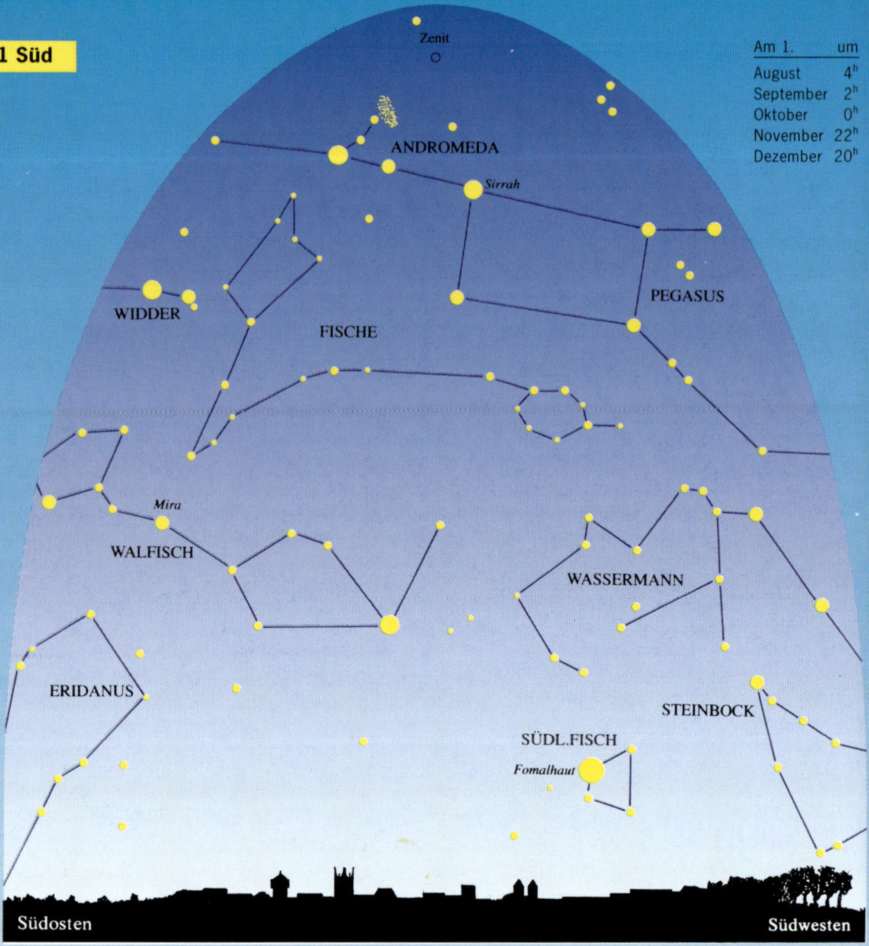

NOVEMBER

Hoch am Himmel treffen wir auf den weitläufigen *Pegasus* und Teile der *Andromeda,* die sich weiter nach SO fortsetzt.
Halbhoch wird das *Pegasus*-Viereck im SO und S von den *Fischen* begrenzt, die untereinander durch eine v-förmige Sternenkette verbunden erscheinen. Insgesamt ist diese Gegend arm an hellen Sternen, weil wir hier seitlich zwischen zwei Armen der Milchstraße hindurch nach „draußen" blicken.

Horizontnah leuchtet im SW noch Fomalhaut, der Hauptstern im unauffälligen *Südlichen Fisch.* Rechts daneben versinkt der *Steinbock,* während darüber der *Wassermann* den Abstieg begonnen hat. Nach links schließt sich der *Walfisch* an, unter dem noch einige Sterne des *Bildhauers* und des *Chemischen Ofens* über den Horizont lugen; beide zählen zu den südlichen Sternbildern, ebenso wie der Fluß *Eridanus,* der erst weit im Süden endet.

Am 15.	um
August	3^h
September	1^h
Oktober	23^h
November	21^h
Dezember	19^h

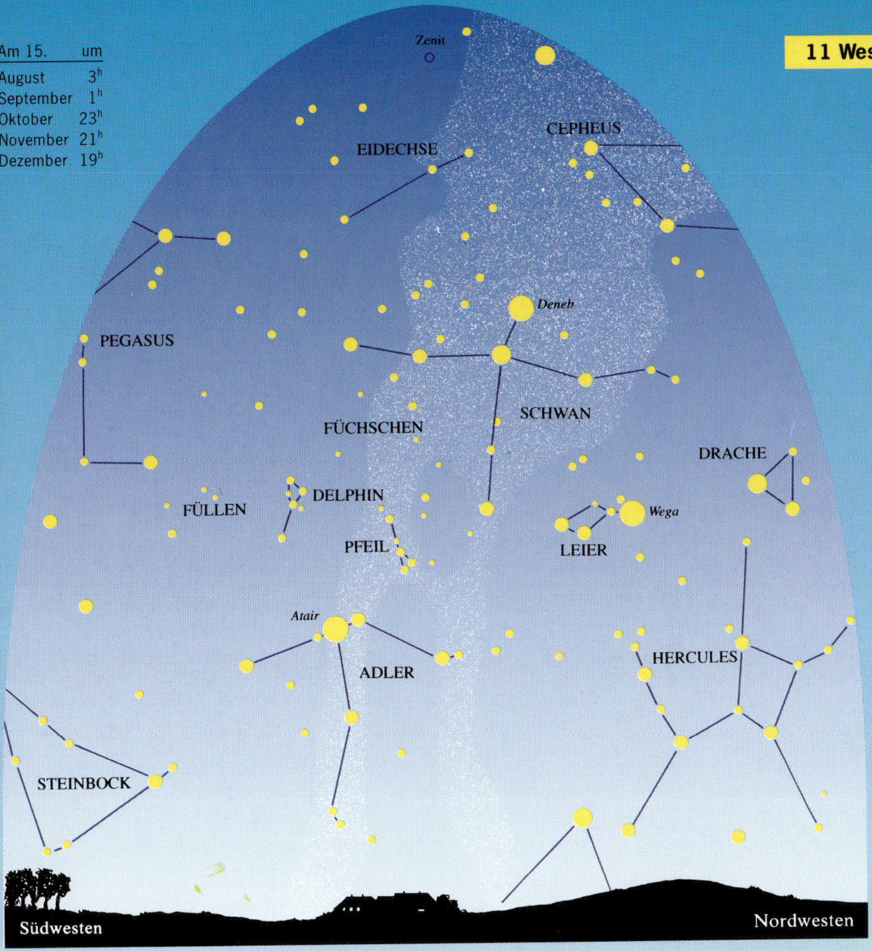

NOVEMBER

Hoch am Himmel verlieren sich die wenigen lichtschwachen Sterne der *Eidechse* fast; nur noch der Vorderlauf des *Pegasus* ragt von SW herüber, ein Teil des *Cepheus* von NW.
Halbhoch steuert der majestätisch dahinsegelnde *Schwan* allmählich dem Untergang entgegen. Nach rechts unten schließt sich das kleine Sternenparallelogramm der *Leier* mit der hellen Wega an, nach links der *Delphin,* der *Pfeil,* das *Füchschen* und das *Füllen,* die den Bereich bis zum Pegasus füllen.
Horizontnah scheint der *Adler* über dem Horst zu schweben, auf dem er sich bald niederlassen wird. Für den weitverzweigten *Hercules* im NW steht der Untergang unmittelbar bevor, und auch der *Steinbock* im SW ist schon teilweise versunken.
Die Milchstraße sinkt im W steil herunter und hüllt dabei den *Schwan* nahezu vollständig ein.

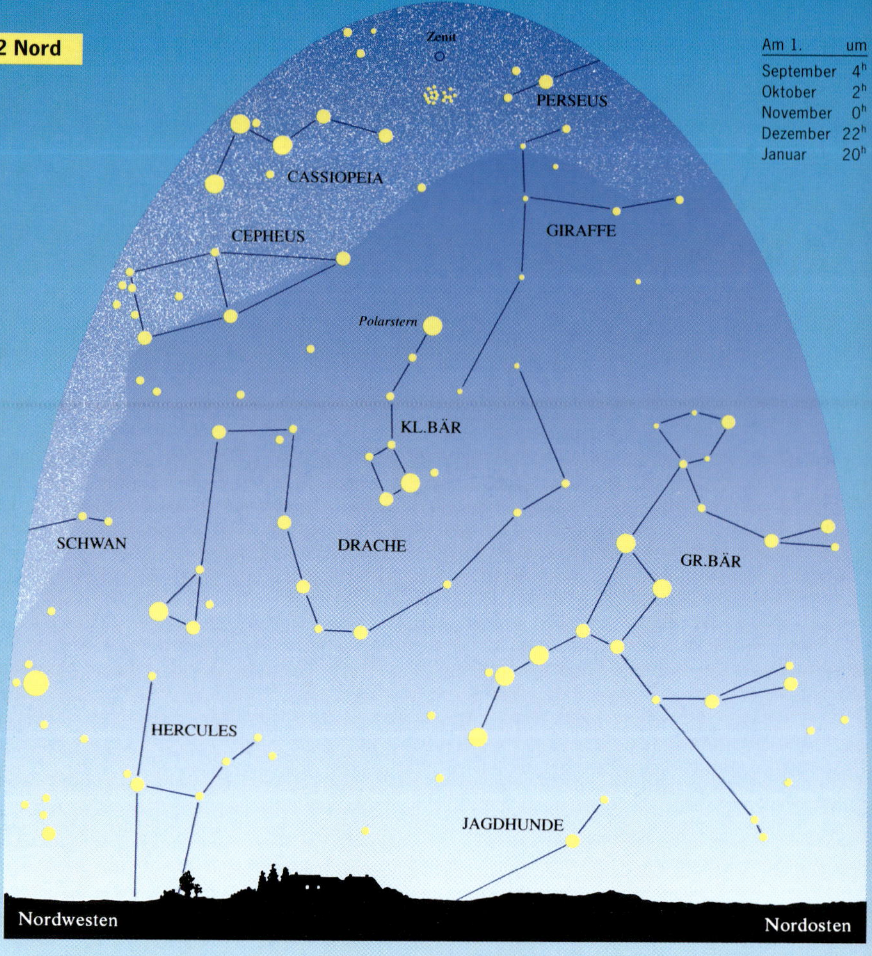

Am 1.	um
September	4^h
Oktober	2^h
November	0^h
Dezember	22^h
Januar	20^h

DEZEMBER

Hoch am Himmel hat die *Cassiopeia* ihre Kulmination überschritten und beginnt nun wieder mit dem Abstieg. Ihr folgt der *Perseus,* dessen Spitze im NO herüberragt. **Halbhoch** scheint der *Kleine Bär/Kleine Wagen* vom Polarstern herunterzuhängen. Etwas links darüber steigt der *Cepheus* herunter, während auf gleicher Höhe im NO die *Giraffe* ihren Hals dem Polarstern entgegenstreckt. Der verschlungene *Drache* grenzt diese Gruppe nach unten hin ab.

Horizontnah zeigt der geschwungene Bogen der Wagendeichsel jetzt etwa auf den Nordpunkt am Horizont; der umfassendere *Große Bär* erreicht im NO schon mittlere Höhen. Von Westen ragt eine Schwinge des *Schwans* herüber, während vom *Hercules* und den *Jagdhunden* nur noch letzte Reste zu erkennen sind. **Die Milchstraße** verläuft vom Zenit durch *Cepheus* und *Schwan* im NW bis herunter zum Westhorizont.

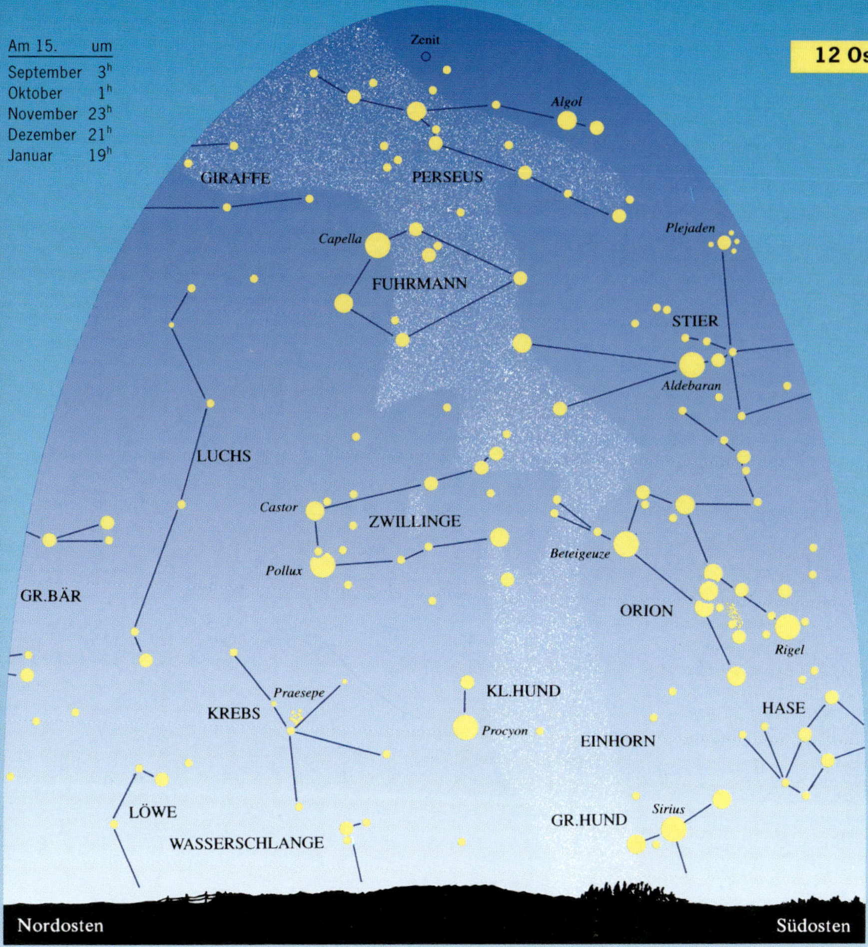

DEZEMBER

Hoch am Himmel steht der *Perseus,* dessen Umrisse an eine Wünschelrute erinnern. Ihm auf den Fersen folgt der *Fuhrmann* mit Capella.

Halbhoch sind weitere Wintersternbilder aufgezogen: der *Stier* mit den Plejaden und Hyaden, die *Zwillinge* mit Castor und Pollux sowie der *Orion* mit der rötlichen Beteigeuze und dem weißlichen Rigel. Links von den *Zwillingen* scheint der *Luchs* der *Giraffe* nachzustellen.

Horizontnah vervollständigen Procyon im *Kleinen Hund* und Sirius im *Großen Hund* das große Wintersechseck, zu dem außerdem noch Rigel, Aldebaran, Capella und Castor/Pollux gehören. Im SO steigt der *Hase* empor, zwischen *Großem* und *Kleinem Hund* steht das *Einhorn,* nach NO schließt sich der *Krebs* an, und *Wasserschlange* und *Löwe* zeigen ihre Köpfe.

Die Milchstraße verläuft vom Zenit herunter zum Südostpunkt.

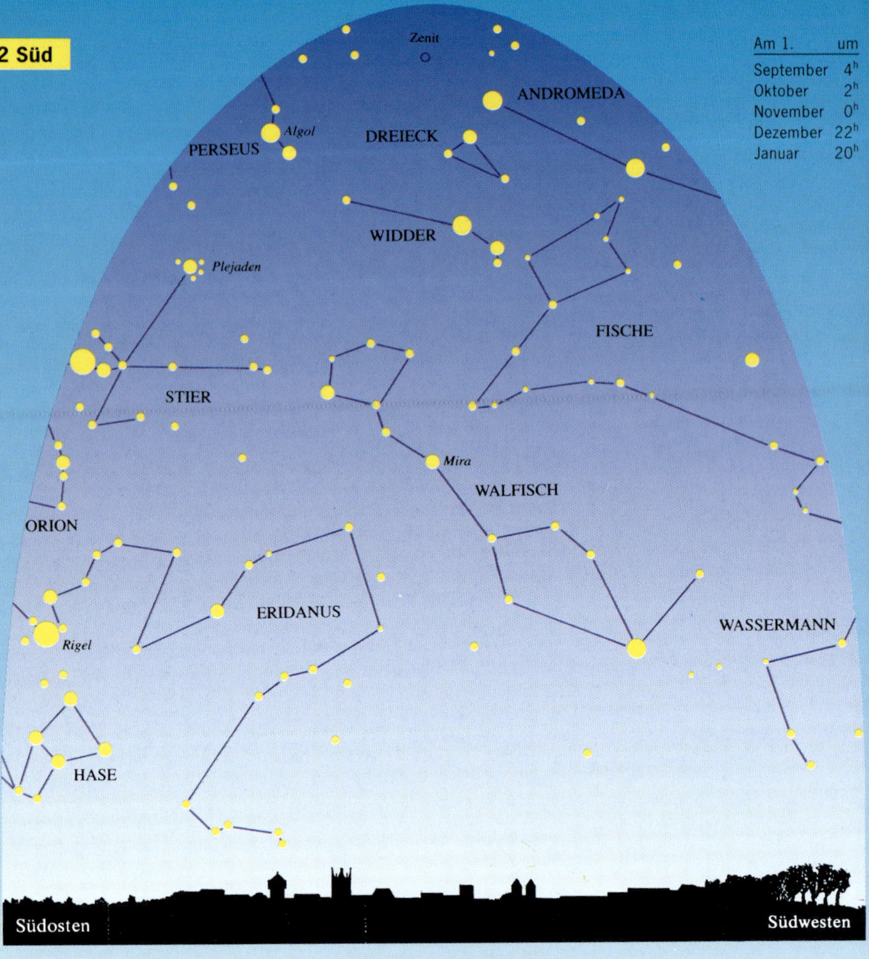

DEZEMBER

Hoch am Himmel begrenzen *Perseus* im SO und Teile der *Andromeda* im SW das sternarme Feld darunter, in dem nur die kleinen, unscheinbaren Figuren *Dreieck* und *Widder* stehen.

Halbhoch finden wir im S den Kopf des *Walfisches;* der langgestreckte Körper dieses Meeresungeheuers reicht bis weit nach SW. Darüber erstrecken sich die *Fische,* deren Verbindung durch eine v-förmige Kette aus lichtschwachen Sternen angedeutet wird. Von SO ragt noch der *Stier* mit den Plejaden herüber.

Horizontnah strömt der Fluß *Eridanus* in weitem Bogen gen Süden. Seine „Quelle" liegt unweit von Rigel im *Orion,* das Ende des Flusses dagegen bleibt bei uns immer unter dem Horizont. In einer Flußbiegung steht der *Chemische Ofen,* während sich der *Hase* nahe der Quelle laben möchte.

Die Milchstraße streift diesen Himmelsausschnitt nahe dem Zenit.

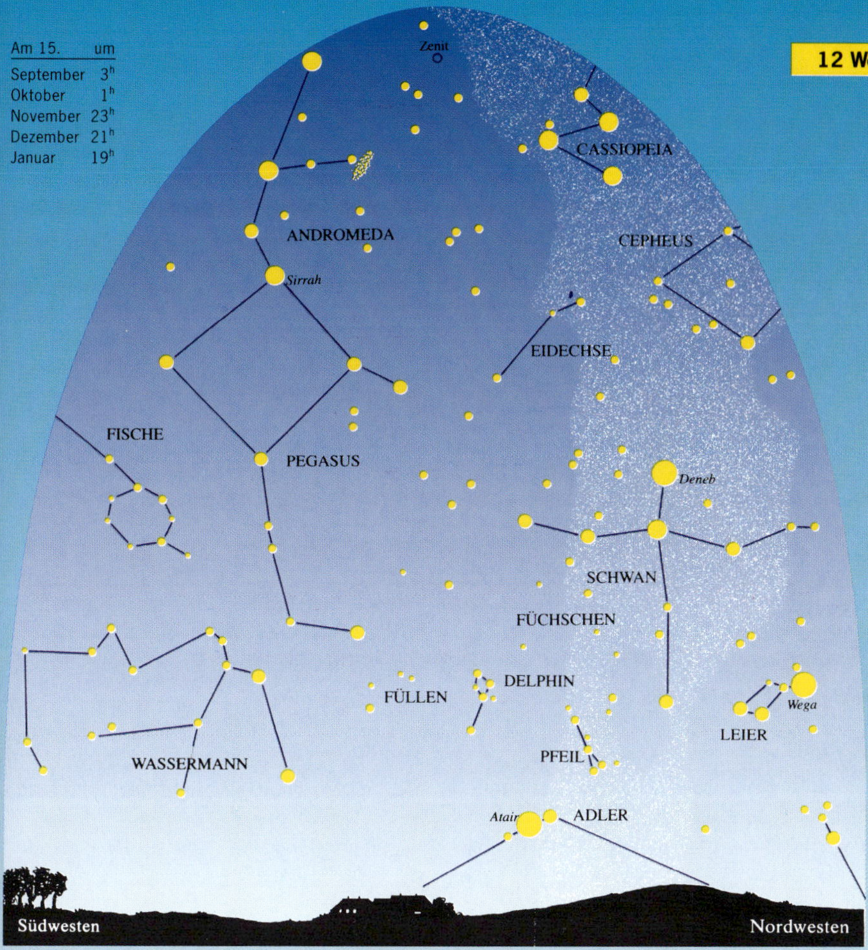

DEZEMBER

Hoch am Himmel reicht die *Andromeda* weit an den Zenit heran. *Cassiopeia,* ihre Mutter, ragt von rechts in diesen Himmelsausschnitt.

Halbhoch steht das *Pegasus*-Viereck jetzt scheinbar auf der rechten unteren Spitze, dort, wo der Hals des kopfüber am Himmel schwebenden geflügelten Rosses ansetzt. Nach rechts schließt sich die kleine *Eidechse* an, die den sternarmen Bereich bis zum *Schwan* im NW überbrückt.

Horizontnah streben die letzten Sommerbilder ihrem Untergang zu: der *Wassermann* im SW, rechts daneben der *Adler* und die kleinen Figuren *Delphin, Pfeil, Füllen* und *Füchschen* sowie im NW die *Leier* mit Wega und der *Schwan.* Im äußersten NW ragen noch letzte Reste des *Hercules* über den Horizont.

Die Milchstraße steigt steil im NW auf und zeigt im *Schwan* noch einige Strukturen, wird nach oben aber blasser.

Die Helligkeiten der Sterne

Die Helligkeiten der Sterne gibt man in sog. „Größenklassen" an, was nichts mit der wahren Größe der Sterne in Kilometer zu tun hat. Die lateinische Bezeichnung für Größenklasse lautet magnitudo, so daß man die Angabe der Sternhelligkeiten auch mit ^{m} abkürzt. Die Skala der Größenklassen ist im Grundsatz über 2000 Jahre alt und geht auf Hipparch (2. Jh. v. Chr.) zurück.

Die hellsten Sterne erhielten die 1. Größenklasse, die schwächsten, mit freiem Auge gerade noch sichtbaren Sterne die 6. Größenklasse. Dies ist natürlich eine sehr grobe Skala, die modernen Bedürfnissen nicht gerecht wird. So hat man später den Unterschied zwischen den Größenklassen genauer festgelegt: Er beträgt auf 5 Größenklassen 1:100. Damit ergibt sich pro Größenklasse ein Unterschied von 1:2,512. Für unsere Zwecke können wir auf 1:2,5 abrunden. Ein Stern 1. Größe (abgekürzt 1^m) ist also rund zweieinhalbmal heller als ein Stern 2. Größe (2^m). Dieser ist wieder zweieinhalbmal heller als ein Stern 3. Größe (3^m) usw. Ein Stern 1. Größe ist also 100mal heller als ein Stern 6. Größe (6^m). Da es eine Menge Sterne gibt, die nur noch mit Fernrohren gesehen oder fotografiert werden können, setzte man die Skala weiter fort. Mit einem Opernglas kommt man bis zu Sternen 7^m. Ein Feldstecher reicht je nach Lichtstärke bis 8^m oder sogar 10^m. Diese Werte nennt man „Grenzgröße". Ein Fernrohr mit 6 cm Objektivöffnung kann noch Sterne 11. Größe sehen, bei 20 cm Öffnung geht es bis 13^m. Voraussetzung ist natürlich immer ein klarer Himmel ohne störenden hellen Mondschein oder Stadtbeleuchtung. Die größten erdgebundenen Teleskope kommen unter Verwendung elektronischer Verstärker auf ungefähr 29^m. Ähnliches gilt für das Hubble Space Telescope außerhalb der Erdatmosphäre. Solche Sterne sind 1,6 Milliarden mal schwächer als die, die gerade noch mit freiem Auge zu erkennen sind. Auf der anderen Seite der Skala gilt es aber auch noch einige besonders helle Gestirne unterzubringen. Schon für die allerhellsten Sterne reicht nach der genauen modernen Festlegung die 1. Größenklasse nicht aus. So hat man die Größenklasse 0^m und negative Größenklassen eingeführt: –1^m, –2^m, –3^m usw. Man sieht also, die Helligkeitsskala der Gestirne geht eigentlich verkehrt herum: Je größer die Zahl, desto geringer die Helligkeit und umgekehrt. Ferner benutzt man zur feineren Unterteilung Dezimalstellen hinter dem Komma. So ist z. B. die Helligkeit von Regulus, dem Hauptstern im Löwen, 1,35^m oder die von Sirius, dem hellsten Stern des Himmels und Hauptstern im Großen Hund, –1,46^m. Bei den Planeten schwankt naturgemäß die Helligkeit. Venus kommt immerhin auf –4,5^m. Der Vollmond hat eine Helligkeit von –12,6^m, die Sonne leuchtet mit –26,9^m. Und dies ist natürlich der Endpunkt der Skala auf der „hellen" Seite.

Die Zahl der mit freiem Auge sichtbaren Sterne (bis einschließlich der 6. Größe) beträgt übrigens am ganzen Himmel nur etwa 6800. Nun steht aber nur jeweils die Hälfte des Himmels über dem Horizont. Ferner sind in der Nähe des Horizonts wegen der lichtverschluckenden Wirkung der Atmosphäre und des Dunstes keine schwachen Sterne mehr erkennbar. So lassen sich selbst unter günstigen Sichtverhältnissen mit freiem Auge bestenfalls 3000 Sterne beobachten! Diese Zahlen schnellen aber bei Fernrohrbeobachtungen gewaltig in die Höhe. So beträgt die Gesamtzahl der Sterne bis zur 13. Größenklasse, was mit normalen Amateurfern-

rohren gerade noch zu schaffen ist, bereits rund 10 Millionen!
Auf unseren Übersichtskarten auf den Seiten 18 bis 65 sind die Größenklassen der Sterne, um die Übersichtlichkeit zu wahren, in 5 Stufen angegeben, also grob von der 1. bis 5. Größenklasse; Sterne 6. Größe sind in diesen Karten kaum enthalten.
Anders ist es in unserem Sternbilder-Lexikon. Hier sind auch etwas schwächere Sterne bis 6^m sowie Sternhaufen und Nebel etwas unter der 6. Größe enthalten. Deren Helligkeiten sind im allgemeinen im Text erwähnt, und es wird oft angegeben, mit welchen Instrumenten dieses Objekt noch zu beobachten ist. Dies ist besonders wichtig bei kosmischen Nebeln und dichten Sternhaufen, vor allem Kugelhaufen. Die Angaben von Katalog zu Katalog schwanken oft kräftig. Überhaupt ist ein Nebel zum Beispiel mit der Helligkeit 8^m weniger gut zu erfassen als ein punktförmiger Stern derselben Helligkeit. Die oben angegebenen „Grenzgrößen" beziehen sich auf Sterne. Bei Nebelbeobachtungen sind Abstriche zu machen. Für die Sichtbarkeit von Nebeln ist es auch wichtig, wie groß deren Fläche ist. Ein flächenmäßig weit ausgedehnter Nebel ist natürlich viel schwieriger zu erkennen als ein dichterer Nebel mit derselben Gesamthelligkeit.
Diese „scheinbaren" Helligkeiten sagen allerdings nichts über die wirkliche Helligkeit oder Leuchtkraft der Sterne aus. Das liegt daran, daß die Intensität des Lichtes mit wachsender Entfernung immer schwächer wird. Wenn die Astronomen die Leuchtkraft eines Sterns (etwa im Vergleich zur Sonne) bestimmen wollen, müssen sie also die Entfernung berücksichtigen. Sie tun dies, indem sie – gleichsam in Gedanken – alle Sterne in eine Einheitsentfernung von etwa 32,6 Lichtjahre oder 10 Parsek rücken und dann die „absolute" Helligkeit berechnen: solche Angaben enthalten dann ein hochgestelltes M(^{M}).

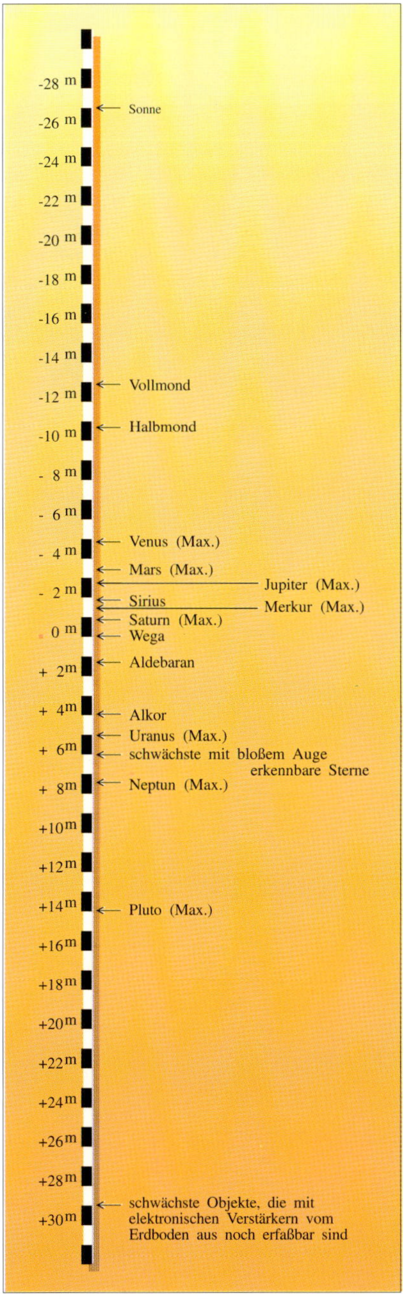

Die Größenklassen-Skala der Gestirne

Wie benutze ich die Karten des südlichen Sternhimmels?

Wie bereits auf Seite 16 beschrieben, reichen die Hauptkarten des Naturführers auf den Seiten 18–65 auch für Beobachtungen bis in den Mittelmeerraum, ja sogar mit Einschränkungen bis zur geographischen Breite der Kanarischen Inseln aus, wenn bestimmte Punkte beachtet werden. Anders ist es natürlich bei Beobachtungen auf der Südhalbkugel der Erde. Da wir aber sicher unvergleichlich mehr Leser und Benutzer des Naturführers in mittleren nördlichen Breiten haben, wollten wir uns bei den Südkarten auf das Wichtigste beschränken. Da die Veränderungen von einem Monat zum nächsten, gleiche Uhrzeit vorausgesetzt, nicht riesig groß sind, folgen die Karten in Zwei-Monatsabständen und sind dabei auf zwei Ansichten zusammengefaßt. Die erste Karte ist jeweils für die nördliche Himmelsrichtung und reicht etwa von Westen über Norden nach Osten. Die zweite Karte umfaßt die südliche Himmelsrichtung und erstreckt sich von Osten über Süden nach Westen.
Die Karten sind so gezeichnet, daß sie in etwas unterschiedlichen südlichen Breiten benutzt werden können: Im Süden ist der untere Rand der Karten für 35 Grad südliche Breite, im Norden für 15 Grad südliche Breite. Doch ist am Rand der Süd-Karten auch die Lage des Horizonts für 15 Grad südliche Breite, am Rand der Nord-Karten der Horizont für 35 Grad südliche Breite eingetragen.
Natürlich kann man – wie bei den Hauptkarten für mittlere nördliche Breiten – für ganz verschiedene Uhrzeiten und auch Tage eine nahezu passende Karte finden, wenn auch die Abstände hier etwas größer sind. Die angegebenen Uhrzeiten sind mittlere Ortszeit. Wir nehmen also die für unseren Aufenthaltsort gültige Zonenzeit und prüfen, ob wir etwas weiter östlich oder westlich davon liegen. Im ersteren Falle gilt die Karte früher als zum angegebenen Zeitpunkt, im zweiten Fall später, und zwar um 4 Minuten pro Grad Längenunterschied. Auf Sommerzeit oder andere Abweichungen wäre im Bedarfsfall allerdings noch zu achten!
Es ist ein weit verbreiteter Irrtum, man könne von der geographischen Breite Mitteleuropas aus den Südhimmel, d. h. die südliche Himmelshalbkugel, überhaupt nicht einsehen. Tatsächlich blickt man aber von 50 Grad nördlicher Breite aus bis 40 Grad südlich des Himmelsäquators, wenn wir bis zum mathematischen Horizont gehen.
Es dreht sich also nur um die Kalotte zwischen 40 Grad südlich des Himmelsäquators und dem Südpol des Himmels, wenn wir die Sternbilder meinen, die für Mitteleuropa niemals aufgehen. Vom Äquator der Erde aus gesehen gehen nach und nach die Sternbilder beider Himmelshalbkugeln, also des ganzen Himmels, auf und unter. Von dort aus können also sämtliche Sternbilder beobachtet werden – sieht man einmal von den kleinen Gebieten um den nördlichen und südlichen Himmelspol ab, die zu nahe am Nord- bzw. Südhorizont stehen.
Wechseln wir auf die Südhalbkugel der Erde, werden nach und nach die Sterne um den nördlichen Himmelspol herum völlig unsichtbar. Gehen wir auf 15 Grad Südbreite. Hier liegen etwa Lima in Peru (12,5 Grad Süd), La Paz in Bolivien (17 Grad Süd), Brasilia (16 Grad Süd), Süd-Angola und Süd-Moçambique, Nord-Australien, Neue Hebriden, Samoa. Hier bleiben alle

Welche Sternkarte für die Südhalbkugel der Erde brauche ich?

Mittlere Ortszeit	18.30	19.30	20.30	21.30	22.30	23.30	0.30	1.30	2.30	3.30	4.30	5.30
1. Januar		6				1				2		
15. Januar	6				1				2			
1. Februar				1				2				3
15. Februar			1				2				3	
1. März		1				2				3		
15. März	1				2				3			
1. April				2				3				4
15. April			2				3				4	
1. Mai		2				3				4		
15. Mai	2				3				4			
1. Juni				3				4				5
15. Juni			3				4				5	
1. Juli		3				4				5		
15. Juli	3				4				5			
1. August				4				5				6
15. August			4				5				6	
1. September		4				5				6		
15. September	4				5				6			
1. Oktober				5				6				1
15. Oktober			5				6				1	
1. November		5				6				1		
15. November	5				6				1			
1. Dezember				6				1				2
15. Dezember			6				1				2	

Sterne bis 15 Grad Abstand um den Himmelsnordpol unter dem Horizont; man sieht also z. B. den Kleinen Bären praktisch nicht mehr.

Auf 35 Grad südlicher geographischer Breite verschwindet die ganze Kalotte bis 35 Grad Abstand vom Nordpol des Himmels. Oder umgekehrt: Man sieht nur noch den Himmel bis 55 Grad nördlichem Abstand vom Himmelsäquator. Es fehlen z. B. zusätzlich der Große Wagen (nicht die Pranken des Großen Bären), Cassiopeia, Cepheus und Drache. Auf 35 Grad geographischer Südbreite liegen etwa Santiago de Chile (33 Grad Süd), Buenos Aires in Argentinien und Montevideo in Uruguay, Kapstadt in Südafrika (34 Grad Süd), Sydney in Australien (34 Grad Süd) und die Nordspitze von Neuseeland.

Auf der Südhalbkugel der Erde gehen die Gestirne zwar wie gewohnt im Osten auf und im Westen unter. Sie erreichen aber meist im Norden, nicht im Süden ihren Höchststand. Sie laufen damit nicht von links nach rechts, sondern von rechts nach links über den Himmel (wenn wir nach Norden blicken). Das gilt auch für die Sonne. Und unser Erdtrabant ist als zunehmender Mond links, als abnehmender Mond rechts beleuchtet. Der Mond steht also einfach verkehrt herum am Himmel. Man beachte aber die Übergangssituation in der Äquatorzone! Hier wandern zum Beispiel Sonne, Mond und Planeten häufig über den Zenit hinweg, und sie können sowohl im Süden wie im Norden ihren Höchststand haben.

Es gibt noch einen anderen wichtigen Umstand: Von nördlichen Breiten aus gesehen beschreiben alle Gestirne schräge Bahnen zum Horizont. Sie gehen im Osten schräg rechts aufwärts und im Westen schräg rechts abwärts Richtung Horizont. Auf der Südhalbkugel gehen die Gestirne im Osten schräg nach links aufwärts und im Westen schräg nach links abwärts. Je näher wir zum Äquator kommen, desto steiler verlaufen die Bahnen zum Horizont.

Am 1.	um
November	3.30^{h}
Dezember	1.30^{h}
Januar	23.30^{h}
Februar	21.30^{h}
März	19.30^{h}

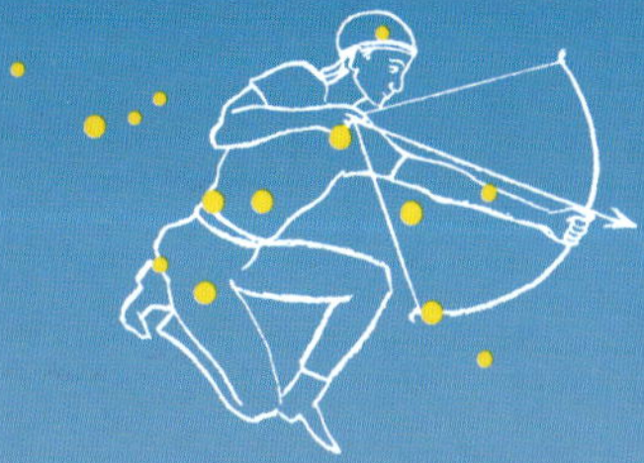

Durch den SCHÜTZEN läuft
die Sonne im *Dezember/Januar*
Beste Sichtbarkeit: *Juli*

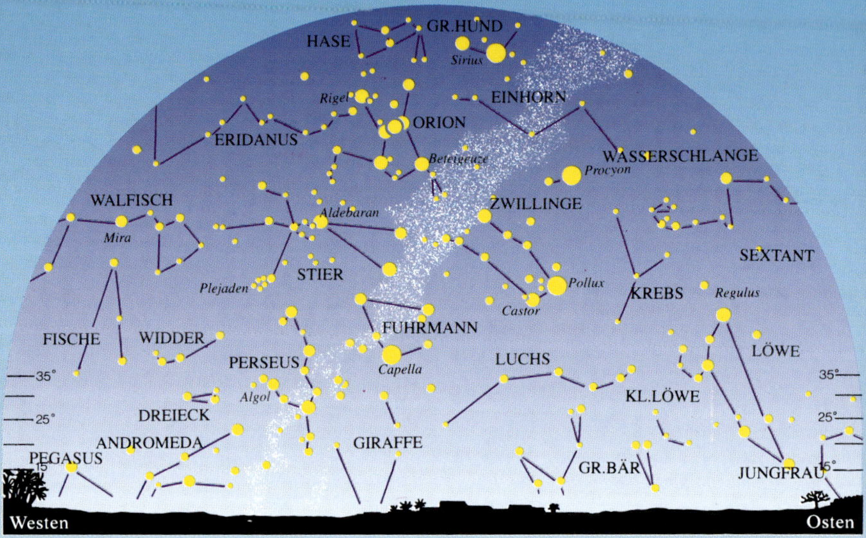

JANUAR/FEBRUAR

Hoch am Himmel steht kopfüber der Himmelsjäger *Orion:* Der Schulterstern Beteigeuze ist rechts unten, der Fußstern Rigel links oben. Die Verlängerung der Gürtellinie dazwischen zeigt nach rechts oben auf Sirius im *Großen Hund,* während die Verlängerung nach links unten zu Aldebaran im *Stier* führt. Am linken unteren Rand des *Stiers* steht das Siebengestirn (Plejaden).

Tiefer am Himmel finden wir im N Capella im *Fuhrmann.* Links darunter sehen wir – soweit wir nicht zu weit südlich des Äquators stehen – den *Perseus* und noch tiefer im NW auch die *Andromeda.* Nach NO hin folgen die *Zwillinge* und noch weiter rechts darüber Procyon im *Kleinen Hund.* Der tiefe NO- bis O-Himmel wird vom *Löwen* eingenommen, dessen Hauptstern Regulus etwa an seinem oberen Ende liegt.

Die Milchstraße steigt am Nordhimmel empor und zieht sich nach Osten bis zum *Hinterdeck des Schiffes.*

Am 15.	um
Oktober	4.30h
November	2.30h
Dezember	0.30h
Januar	22.30h
Februar	20.30h

Durch den STEINBOCK läuft
die Sonne im *Januar/Februar*
Beste Sichtbarkeit: *August*

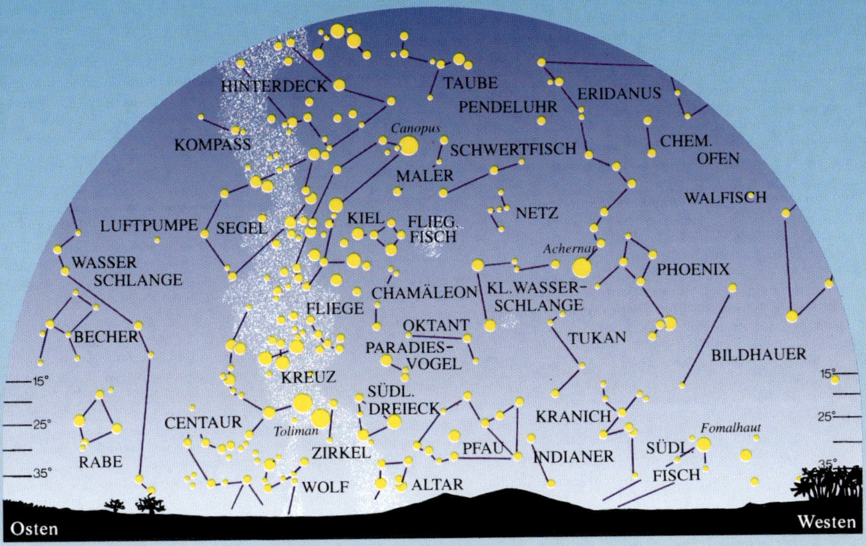

JANUAR/FEBRUAR

Hoch am Himmel leuchtet der helle Canopus im *Schiffskiel.* Die anderen Teile des Schiffes Argo – das *Segel* und das *Hinterdeck* – liegen links und links unterhalb von Canopus. Auch der *Schiffskiel* zieht von Canopus aus links abwärts, wo wir dann auch das *Kreuz des Südens* treffen.

Tiefer am Himmel steht im SO der *Centaur* mit Toliman; für Beobachter knapp südlich des Äquators ist er gerade erst aufgegangen. Weiter im O ragt die *Wasserschlange* mit *Becher* und *Rabe* auf. Im S bis SSW findet man das *Südliche Dreieck* und den *Pfau.* Im SW geht gerade der *Südliche Fisch* unter. Noch etwas höher entdecken wir Achernar als Hauptstern des *Eridanus,* der von weit oben kommt und beim Orion „entspringt". Links oberhalb und unterhalb von Achernar stehen die beiden Magellanschen Wolken.

Die Milchstraße steigt im Südosten steil empor.

Am 1.	um
Januar	3.30^h
Februar	1.30^h
März	23.30^h
April	21.30^h
Mai	19.30^h

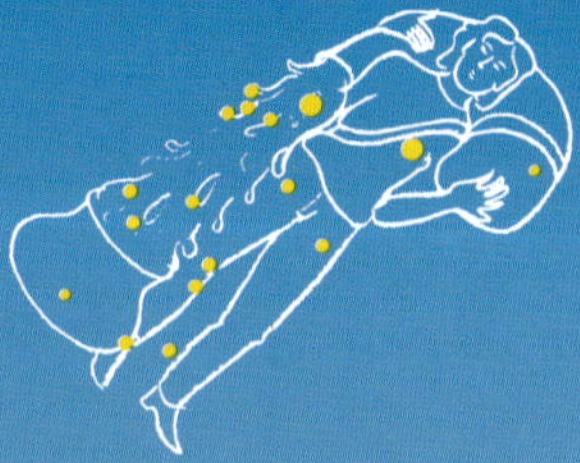

Durch den WASSERMANN läuft
die Sonne im *Februar/März*
Beste Sichtbarkeit: *September*

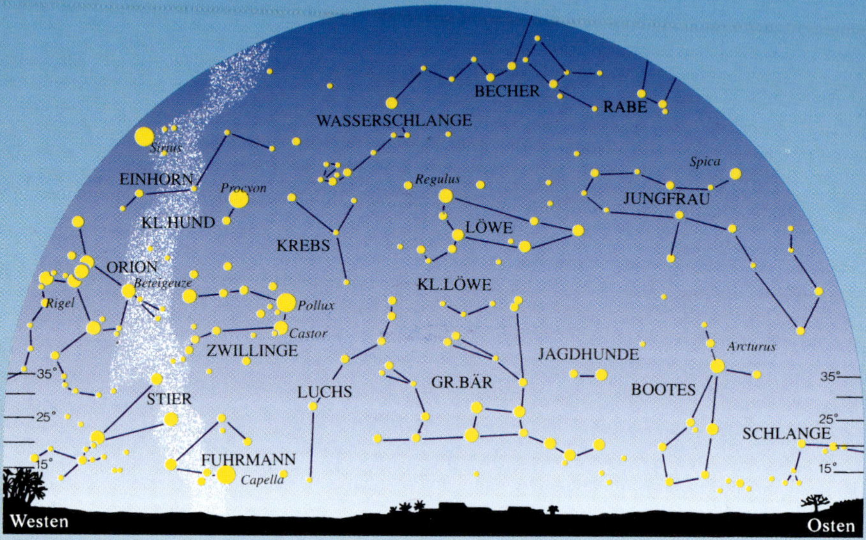

MÄRZ/APRIL

Hoch am Himmel schlängelt sich die *Wasserschlange* mit Alphard. Darunter erkennen wir den *Löwen* mit Regulus und im NO die *Jungfrau* mit Spica. Im NW leuchten noch die Wintersternbilder der Nordhalbkugel: Der *Große Hund* mit Sirius, der *Kleine Hund* mit Procyon und – schon tiefer – die *Zwillinge* mit Castor (unten) und Pollux (oben) sowie – weit im Westen – der *Orion,* dessen Gürtelsterne fast senkrecht übereinander stehen.

Tiefer am Himmel kann man im N die Pranken des *Großen Bären* und daneben die *Jagdhunde* erkennen, nicht allzu weit südlich des Äquators auch noch den *Großen Wagen.* Im NO steigt Arcturus im *Bootes* empor, während im NW der *Fuhrmann* mit Capella und der *Stier* mit Aldebaran versinken (für Beobachter weiter südlich sind sie bereits untergegangen).
Die Milchstraße ragt im NW auf und zieht westlich am Zenit vorbei.

Am 15.	um
Dezember	4.30^h
Januar	2.30^h
Februar	0.30^h
März	22.30^h
April	20.30^h

Durch die FISCHE läuft
die Sonne im *März/April*
Beste Sichtbarkeit: *Oktober*

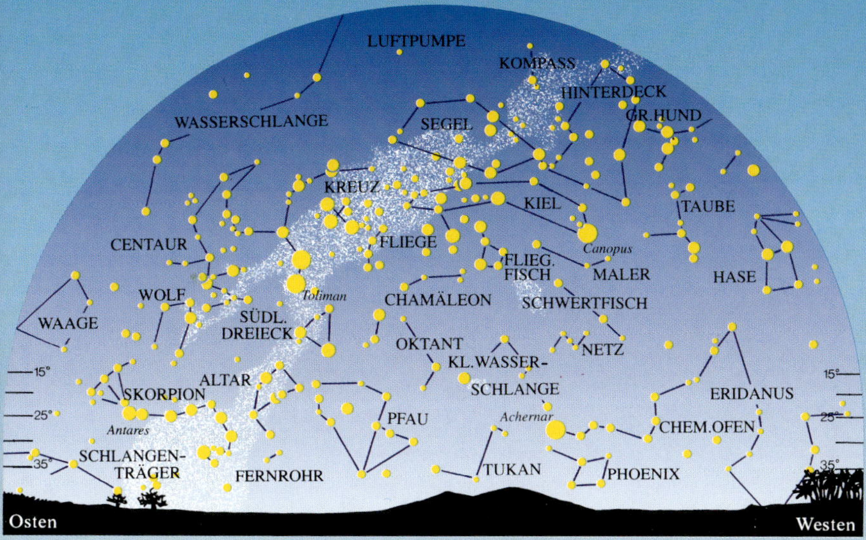

MÄRZ/APRIL

Hoch am Himmel finden wir kaum helle Sterne. Erst im Mittelfeld stehen die Teilfiguren des Schiffs *(Hinterdeck, Segel* und *Schiffskiel)* sowie das *Kreuz des Südens* und der *Centaur.*
Tiefer am Himmel erkennt man das *Südliche Dreieck* und den *Altar,* der im Osten an den *Skorpion* grenzt. Darüber steigt die *Waage* aufwärts. Unterhalb vom *Kreuz des Südens* führt der Weg durch die *Fliege* zum Himmelssüdpol im Sternbild *Oktant.* Rechts davon „schnappt" die *Kleine Wasserschlange* nach dem *Fliegenden Fisch,* während links der *Pfau* über den Horizont steigt. Im Westen versinkt der *Hase,* und auch der *Große Hund* wird nicht mehr lange zu finden sein.
Die Milchstraße spannt vom SO einen weiten, durch viele helle Sterne markierten Bogen bis zu Sirius im Westen. Näher zum Horizont schimmert im SSW die Große Magellansche Wolke im *Schwertfisch.*

Am 1.	um
März	3.30^h
April	1.30^h
Mai	23.30^h
Juni	21.30^h
Juli	19.30^h

Durch den WIDDER läuft
die Sonne im *April/Mai*
Beste Sichtbarkeit: *November*

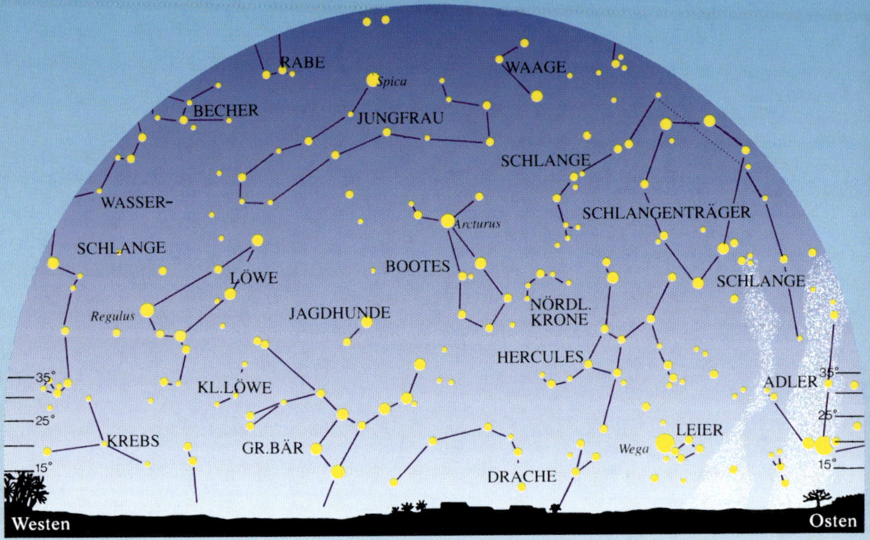

MAI/JUNI

Hoch am Himmel beherrscht die weißliche Spica in der *Jungfrau* die Szene. Links davon erkennen wir den *Raben*, während rechts darunter der orangefarbene Arcturus im *Bootes* leuchtet; der Bärenhüter steht hier kopfüber am Himmel. Weit im Osten hat auch die *Waage* schon eine beachtliche Höhe erreicht.

Tiefer am Himmel erkennt man im Osten den *Schlangenträger* samt *Schlange* und daneben *Hercules*, der hier aufrecht über den Himmel zieht: Seine Beine sind gegen den *Drachen* gerichtet, den linken Arm hat er gegen die *Schlange* erhoben, und mit dem rechten Arm scheint er gegen den *Adler* im O zu kämpfen; darunter steht die *Leier* mit Wega. Im N reckt der *Große Wagen* die Deichsel aufwärts, erkennt man von einem äquatornahen Standort auch noch die Hinterpranken des *Großen Bären* und den benachbarten *Krebs*. Im NW sinkt der *Löwe* kopfüber dem Untergang zu.

Am 15.	um
Februar	4.30h
März	2.30h
April	0.30h
Mai	22.30h
Juni	20.30h

Durch den STIER läuft
die Sonne im *Mai/Juni*
Beste Sichtbarkeit: *Dezember*

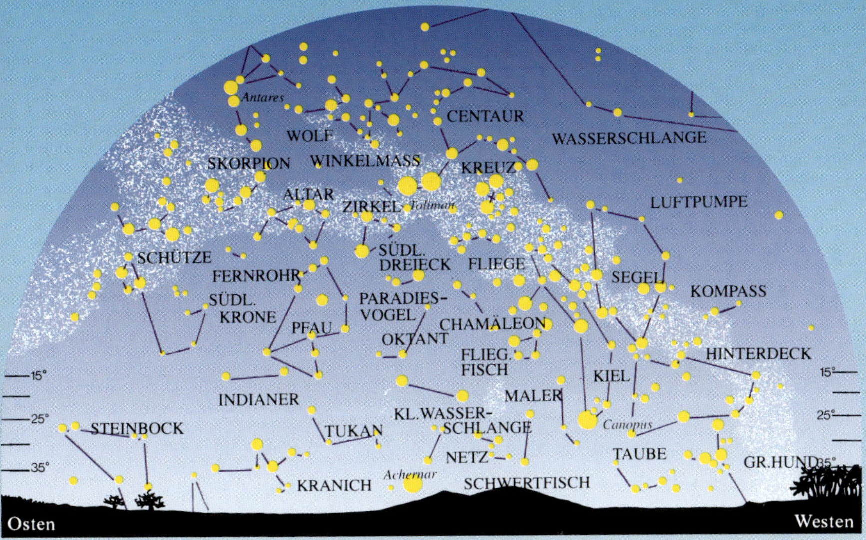

MAI/JUNI

Hoch am Himmel überquert der *Centaur* mit Toliman den Meridian; das Fabelwesen, halb Mensch, halb Pferd, ist gut zu erkennen: Toliman markiert die Vorderhufe, die Hinterhufe stehen westlich vom *Kreuz des Südens,* und der aufgereckte menschliche Oberkörper überragt im SO den nachfolgenden *Wolf.* Noch weiter im O ist der *Skorpion* jetzt vollständig zu sehen.

Tiefer am Himmel erkennen wir im O den *Schützen* und rechts davon die unscheinbaren Sternbilder *Altar, Südliches Dreieck* und *Fliege,* darunter den *Pfau* und den *Oktant,* der den Himmelssüdpol einschließt. Im SW treibt das riesige Schiff Argo rückwärts dem Untergang entgegen: Das *Hinterdeck* ist schon fast verschwunden, während der *Schiffskiel* und das *Segel* noch steil aufragen.

Die Milchstraße spannt sich halbhoch über den Südhimmel und präsentiert dort besonders sternreiche Wolken.

Am 1.	um
Mai	3.30^h
Juni	1.30^h
Juli	23.30^h
August	21.30^h
September	19.30^h

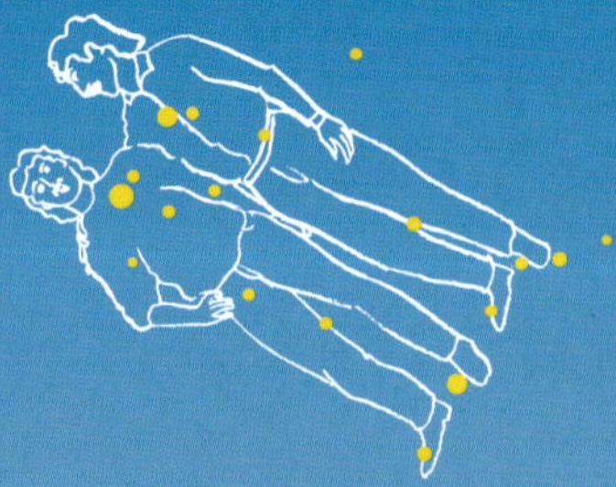

Durch die ZWILLINGE läuft
die Sonne im *Juni/Juli*
Beste Sichtbarkeit: *Januar*

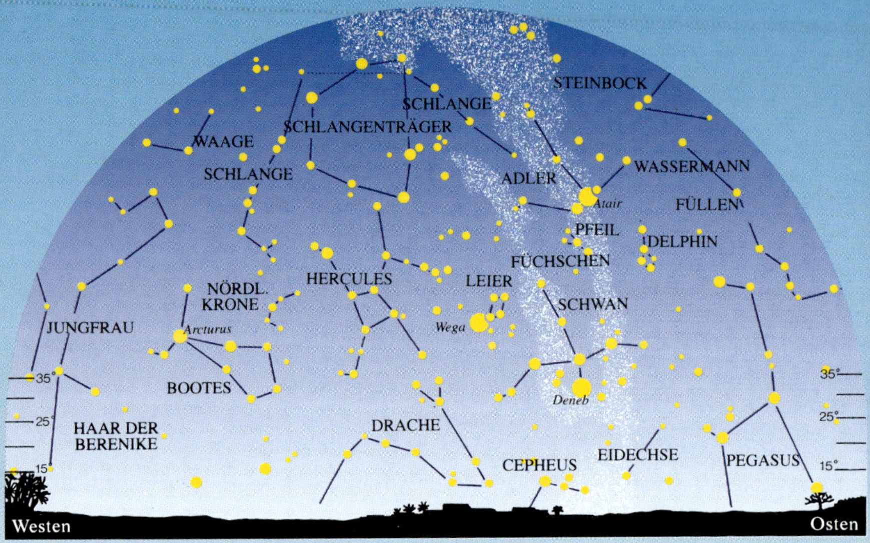

JULI/AUGUST

Hoch am Himmel steht der *Schlangenträger* mit der *Schlange,* rechts daneben der *Adler* mit Atair; er markiert von der Südhalbkugel aus den obersten Eckpunkt unseres Sommerdreiecks, das dort zur Winterzeit am Himmel steht. Im O steigen *Steinbock* und *Wassermann* empor, während im W *Jungfrau* und *Waage* heruntersinken.

Tiefer am Himmel erkennt man von links nach rechts den fast liegenden *Bootes,* die *Nördliche Krone,* den hier aufrecht stehenden *Hercules,* die kleine *Leier* mit der hellen Wega und den *Schwan,* der auf der Südhalbkugel der Erde himmelaufwärts fliegt. Darunter ragen im N der Vorderteil des *Drachen* und ein Teil des *Cepheus* über den Horizont; nach O schließen sich die *Eidechse* und der aufgehende *Pegasus* an.

Die Milchstraße ragt am NO-Himmel steil auf und wird nach oben hin immer heller: die Wolke im *Schild* und das Zentrum im *Schützen* sind besonders auffällig.

Am 15.	um
April	4.30h
Mai	2.30h
Juni	0.30h
Juli	22.30h
August	20.30h

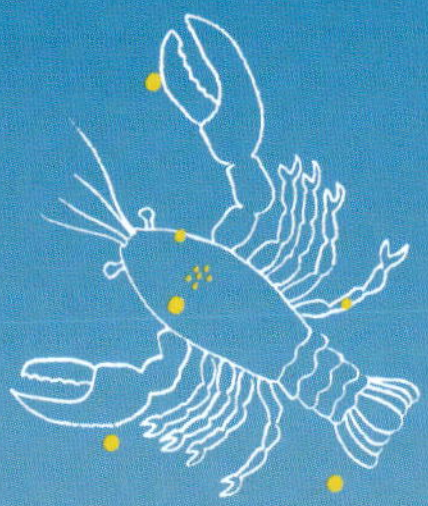

Durch den KREBS läuft
die Sonne im *Juli/August*
Beste Sichtbarkeit: *Februar*

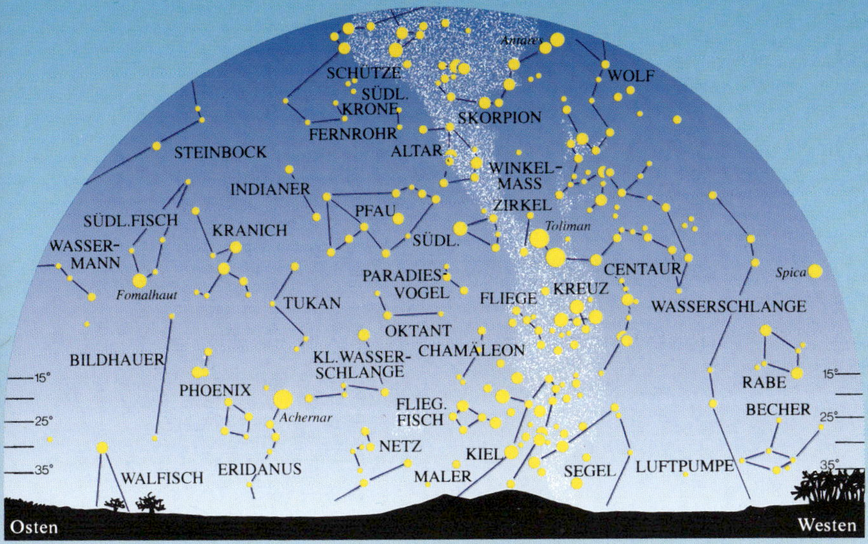

JULI/AUGUST

Hoch am Himmel finden wir den *Schützen,* die *Südliche Krone* und den eindrucksvollen *Skorpion* mit dem rötlichen Antares und dem aufgestellten Stachel. Auch der *Wolf* ist noch hoch im SW zu erkennen. Erwähnen sollte man auch einmal das unscheinbare Sternbild *Fernrohr,* das unterhalb des *Schützen* fast im Meridian steht.
Tiefer am Himmel leuchten viele helle Sterne, von Fomalhaut im *Südlichen Fisch* links über Toliman und Agena im *Centaur* und das *Kreuz des Südens* bis hin zu Spica in der *Jungfrau* im W. Dazwischen die Vogelfiguren *Kranich, Phoenix, Tukan, Pfau* und *Paradiesvogel,* der *Indianer* und die *Fliege* sowie einige Navigationsinstrumente *(Oktant, Sextant, Südliches Dreieck, Winkelmaß* und *Zirkel).* Im SO gewinnt Achernar im *Eridanus* an Höhe, während *Segel* und *Schiffskiel* im SW versinken.
Die Milchstraße ragt am SSW-Himmel steil empor.

Am 1.	um
Juli	3.30^{h}
August	1.30^{h}
September	23.30^{h}
Oktober	21.30^{h}
November	19.30^{h}

Durch den LÖWEN läuft
die Sonne im *August/September*
Beste Sichtbarkeit: *März*

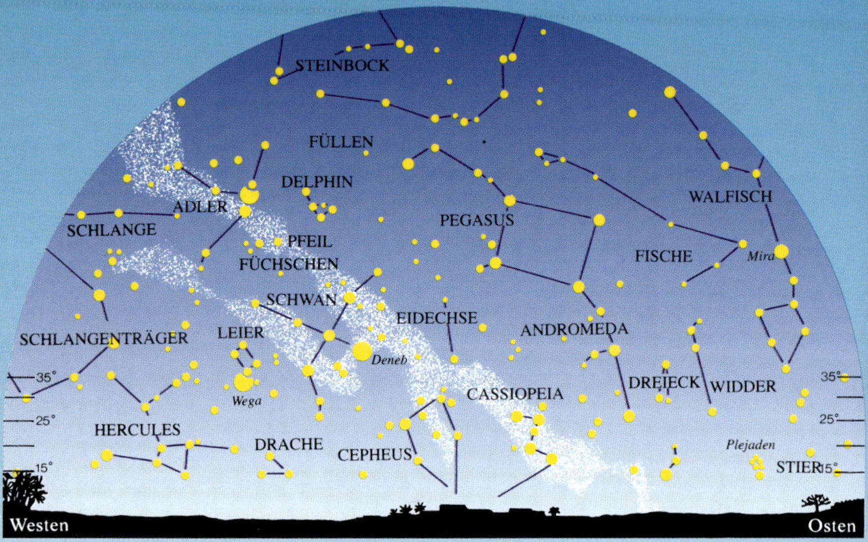

SEPTEMBER/OKTOBER

Hoch am Himmel finden wir die an hellen Sternen arme Region des nördlichen Herbsthimmels wieder: Jeder mit bloßem Auge sichtbare Planet setzt in den Tierkreissternbildern *Steinbock* und *Wassermann* einen auffälligen Glanzpunkt.

Tiefer am Himmel steigt im SO der *Pegasus* empor. Auf seinem Rücken „schwimmt" der westliche der beiden *Fische,* während der östliche Fisch zusammen mit *Widder, Dreieck* und der *Andromeda* noch tief im SO steht. Im O schließlich ragt auch der *Walfisch* schon weit nach oben. Im NW sinken *Leier, Schwan* und *Adler* langsam ihrem Untergang entgegen; Wega und Deneb sind weiter im Süden allerdings schon verschwunden. Beobachter näher am Äquator können dicht über dem N-Horizont auch noch *Cassiopeia* und *Cepheus* sowie Teile des *Hercules* erkennen.

Die Milchstraße steigt vom Nordpunkt halbhoch nach Westen auf.

Am 15.	um
Juni	4.30h
Juli	2.30h
August	0.30h
September	22.30h
Oktober	20.30h

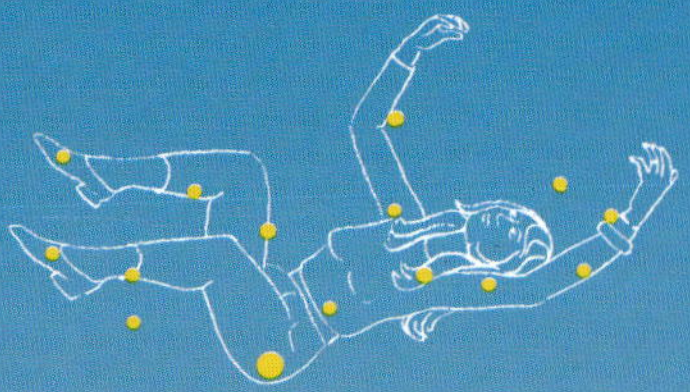

Durch die JUNGFRAU läuft
die Sonne im *September/Oktober*
Beste Sichtbarkeit: *April*

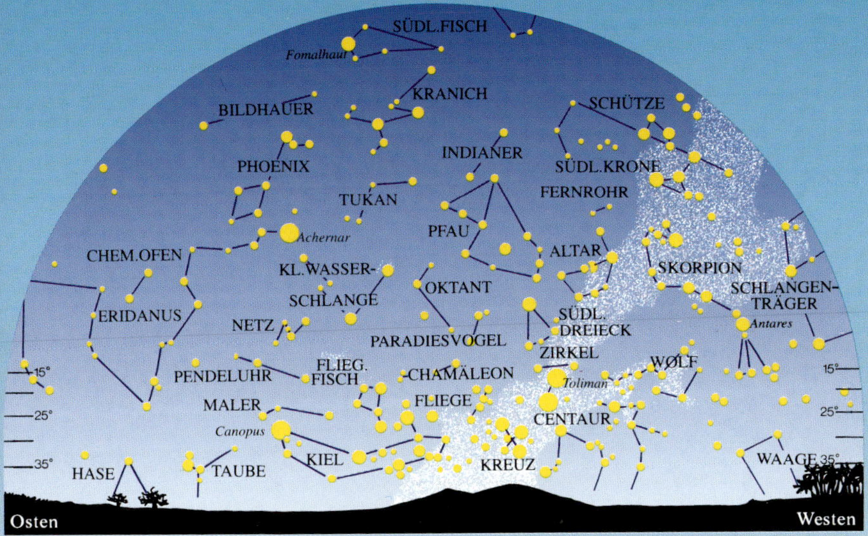

SEPTEMBER/OKTOBER

Hoch am Himmel leuchtet einsam Fomalhaut im *Südlichen Fisch,* da der *Steinbock* nur weniger helle Sterne enthält. Fast im Meridian schwebt der *Kranich,* einer der fünf Vögel am südlichen Firmament.
Tiefer am Himmel erkennen wir unter dem *Kranich* die anderen vier Vogelfiguren: *Phoenix, Tukan, Pfau* und näher am SW-Horizont den *Paradiesvogel.* Daneben stehen *Altar, Schütze* und *Skorpion,* während sich im SO die *Kleine Wasserschlange,* der *Schwertfisch* und der *Fliegende Fisch* tummeln; hier endet auch der Fluß *Eridanus* am hellen Achernar. Wer nicht zu dicht am Äquator beobachtet, sieht tief im SSO noch Canopus im *Schiffskiel,* tief im SSW das *Kreuz des Südens* und den *Centaur.*
Die Milchstraße steigt im SW hoch und zeigt im *Altar, Skorpion* und *Schützen* auffällige Sternwolken, vor denen sich einige Dunkelgebiete abzeichnen.

Am 1.	um
September	3.30^h
Oktober	1.30^h
November	23.30^h
Dezember	21.30^h
Januar	19.30^h

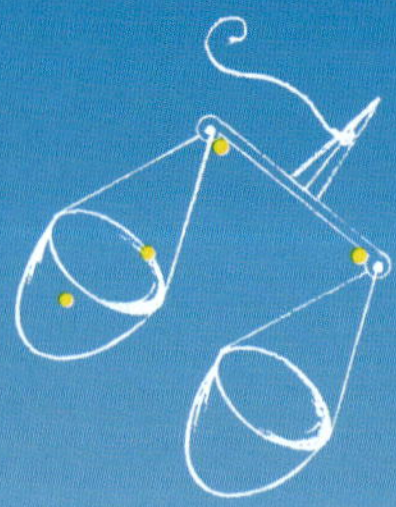

Durch die WAAGE läuft
die Sonne im *Oktober/November*
Beste Sichtbarkeit: *Mai*

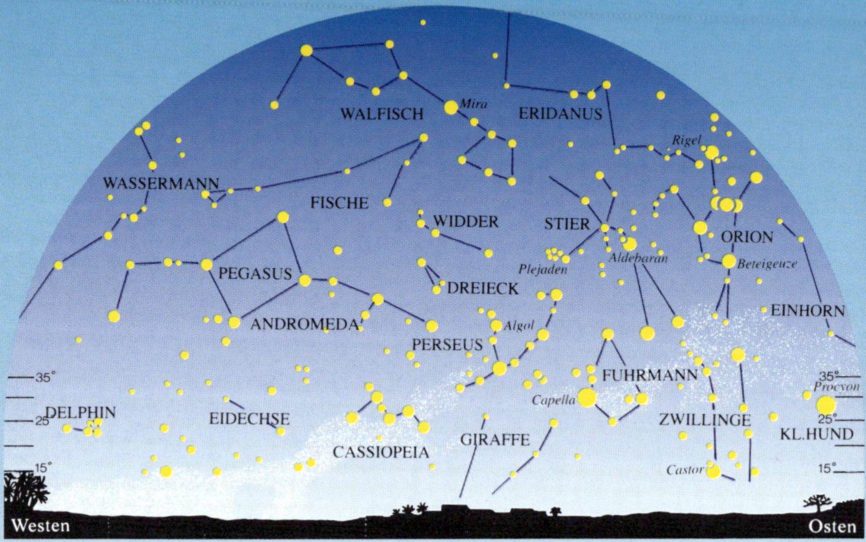

NOVEMBER/DEZEMBER

Hoch am Himmel blicken wir auf die sternarme Region unseres nördlichen Herbsthimmels, die einem „Feuchtbiotop" ähnelt: In dem Wasser, das der *Wassermann* im Westen ausschüttet, schwimmen *Walfisch* und *Fische,* und der Fluß *Eridanus* leitet das Wasser nach Süden.

Tiefer am Himmel finden wir im NW das geflügelte Roß *Pegasus,* an das sich rechts unten die Lichterkette der *Andromeda* anschließt; sie zeigt auf *Perseus,* das etwas verzerrt erscheinende Y. Tief über dem N-Horizont leuchtet die *Cassiopeia* als Himmels-„M". Im Osten ziehen die ersten Winterfiguren der Nordhalbkugel auf, die hier den Sommerhimmel bevölkern: Der *Stier* mit Aldebaran und der *Orion,* der kopfüber erscheint. Äquatornahe Beobachter können bereits den *Fuhrmann* und Teile der *Zwillinge* erkennen.

Die Milchstraße verläuft flach über dem N-Horizont.

Am 15.	um
August	4.30^h
September	2.30^h
Oktober	0.30^h
November	22.30^h
Dezember	20.30^h

Durch den SKORPION läuft
die Sonne im *November/Dezember*
Beste Sichtbarkeit: *Juni*

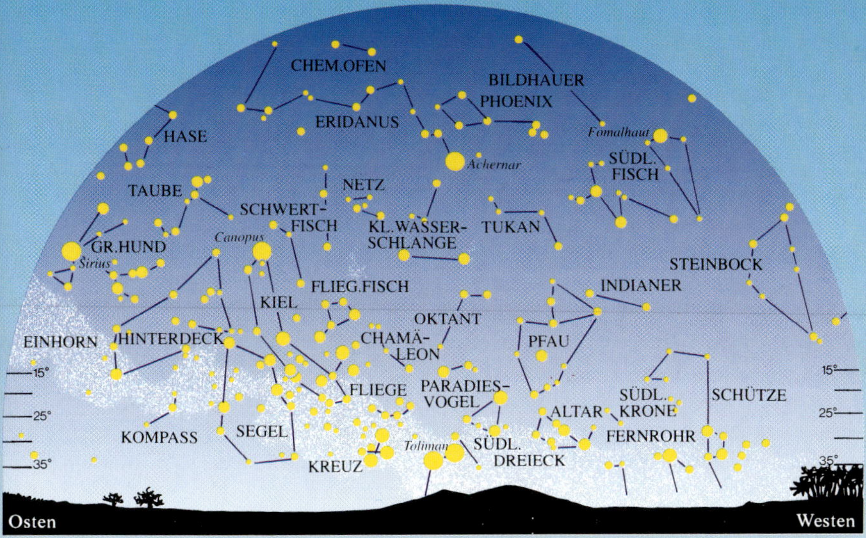

NOVEMBER/DEZEMBER

Hoch am Himmel schauen wir im Sternbild *Bildhauer* in Richtung zum galaktischen Südpol, also senkrecht aus der Milchstraßenebene heraus, wo wir auf keine hellen Sterne treffen.

Tiefer am Himmel überschreitet Achernar, Hauptstern im *Eridanus,* gerade den Meridian; rechts davon stehen *Phoenix* und *Tukan,* weiter im Westen leuchtet Fomalhaut, der Hauptstern im *Südlichen Fisch.* Vor der Flußmündung tummeln sich die *Kleine Wasserschlange* und der *Schwertfisch,* während weiter zum Horizont der *Fliegende Fisch* das aufsteigende Schiff begleitet, das aus *Schiffskiel* (mit Canopus, dem zweithellsten Stern), dem *Hinterdeck* und dem *Segel* besteht. Ganz im O leuchtet Sirius im *Großen Hund,* der hellste Stern am irdischen Firmament. Darüber erkennen wir noch die *Taube* und den *Hasen.* Unterhalb von Achernar finden wir die beiden Magellanschen Wolken.

Unser Mond

Unser Mond ist der einzige Himmelskörper, auf dem man bereits mit bloßem Auge Oberflächengebilde wahrnehmen kann. Die dabei vor allem in der Vollmondscheibe sichtbaren dunklen Flecke wurden früher vom Volksmund oft als „der Mann im Mond“ ausgedeutet. Eigentlich ist es ein schiefes Gesicht, das von uns aus gesehen nach links blickt. Aber es gibt auch noch andere Ausdeutungen: Ein Hase, der nach rechts aus einem Gebüsch herausspringt – Bauer und Bäuerin – zwei Kinder, die auf einem Balken einen Eimer Wasser tragen – ein Bauer mit einem Reisigbündel auf dem Rücken – die Bäuerin am Spinnrad – der preußische Adler – der Kuß im Mond. Zur Einübung vieler anderer astronomischer Beobachtungen hier ein Vorschlag: Man versuche einmal die Mondflecke, so wie sie sich für das bloße Auge zeigen, am besten bei Vollmond zeichnerisch wiederzugeben.
Bereits bei einer Beobachtung mit einem Fernglas oder kleinen Fernrohr zeigen sich aber so viele Einzelheiten auf unserem Mond, daß es immer schwieriger wird, den Mond ganz abzuzeichnen. Der Mond besitzt keine Atmosphäre und daher auch keine Wolken. So treten für uns die Mondlandschaften – vorausgesetzt, unser irdischer Himmel ist wolkenfrei – völlig klar zutage. Die Temperaturen klettern auf der sonnenbeschienenen Seite des Mondes auf +118 °C und sinken auf der Nachtseite auf –153 °C ab. Dies sind natürlich keine „Lufttemperaturen“, wie wir sie auf der Erde anzugeben pflegen, sondern die Temperaturen der Gesteine am Mondboden.

Rotation und Libration

Unser Mond hat eine mittlere Entfernung von 384 400 km von der Erde. Wegen der Ellipsenbahn schwankt aber der Abstand zwischen 356 000 km und 407 000 km und damit sein Winkeldurchmesser zwischen 29’26” und 33’30”. Mit einem Umlauf um die Erde dreht er sich auch einmal um sich selbst: Umlaufszeit und Rotationszeit sind gleich lang. Dies nennt man auch „gebundene Rotation“. So weist er der Erde stets dieselbe Seite zu, seine Rückseite kann von hier aus nie beobachtet werden. Doch gibt es kleine Schwankungen (Libration): Zwar ist die Rotationsgeschwindigkeit völlig gleichmäßig, nicht aber die Umlaufgeschwindigkeit um die Erde. In Erdferne läuft er am langsamsten, in Erdnähe am schnellsten. So kommen Rotation und Umlauf ein wenig außer Takt. Einmal sehen wir sozusagen ein wenig hinter das linke, dann wieder hinter das rechte Ohr. Der Mond wackelt scheinbar etwas hin und her, so daß wir nach und nach von der Erde aus etwas mehr als die Hälfte der Mondkugel, nämlich 59 %, überblicken können. Allerdings sind die randnahen Gebiete wegen der perspektivischen Verzerrung kaum richtig zu erkennen. Die Libration fällt aber trotzdem

Der Mond in Zahlen

Mittlere Entfernung	
von der Erde	384 400 km
in Erdnähe	356 000 km
in Erdferne	407 000 km
Durchmesser	3 476 km
Masse	1/81 Erdmasse
Dichte	3,3 g/cm³
Siderische Umlaufzeit	
(Stern – Stern)	27,32 Tg.
Synodische Umlaufzeit	
(Neumond – Neumond)	29,53 Tg.

deutlich auf: Die großen Maria erscheinen einmal mehr zum Westrand oder zum Ostrand hin verschoben.

Krater und Ringgebirge

Die auffälligsten Oberflächengebilde auf dem Mond sind die Krater. Die größeren nennt man oft Ringgebirge oder auch Wallebenen. Sie sind die Folge eines gewaltigen Bombardements, dem die Mondoberfläche besonders vor etwa 3 bis 4 Milliarden Jahren ausgesetzt war, als es noch viele Kleinkörper in unserem Sonnensystem gab. Die Zahl der Kollisionen nahm dann aber immer mehr ab. Trotzdem gibt es auch Krater, die erst vor einigen hundert Millionen Jahren entstanden. Es sind die sehr hellen Krater (z. B. Copernicus, Aristarch, Tycho), die auch über auffällige helle Strahlen verfügen, die radial vom Krater weg nach außen verlaufen.

Die größten Krater haben Durchmesser bis zu 200 oder 300 km (Bailly, Clavius, Schickard, Grimaldi). Nach unten gibt es kaum eine Grenze. Wenn auch wegen des schweren Schattenwurfs die Krater oft wie tiefe Löcher erscheinen, sie ähneln eher flachen Tellern. Das Verhältnis Wallhöhe zu Durchmesser beträgt bei mittelgroßen Kratern typischerweise etwa 1:15 bis 1:30. Der Durchmesser ist also 15- bis 30mal größer als die Wallhöhe. Große Wallebenen sind oft noch viel flacher, kleine Krater dagegen tiefer. Die ganze Spannweite reicht von 1:5 bis über 1:100. Die Krater erhielten Namen bekannter Astronomen, Mathematiker und Philosophen, auf der Mondrückseite auch von Physikern und Männern aus der Raumfahrt.

„Meere“ auf dem Mond

Die beschriebenen Dunkelflecke entpuppen sich übrigens als riesige dunkle Ebenen, von den Astronomen früher als „Maria“ (lat. Meere) bezeichnet, obwohl längst klar geworden ist, daß es auf dem Mond kein Wasser gibt. Die Maria wurden mit Phantasiebezeichnungen geschmückt. So bedeutet Mare Crisium aus dem Lateinischen übersetzt „Meer der Gefahren“, Mare Foecunditatis „Meer der Fruchtbarkeit“, Mare Frigoris „Meer der Kälte“, Mare Humorum „Meer der Feuchtigkeit“, Mare Imbrium „Regenmeer“, Mare Nectaris „Honigmeer“, Mare Nubium „Meer der Wolken“, Mare Serenitatis „Meer der Heiterkeit“, Mare Tranquillitatis „Meer der Ruhe“, Mare Vaporum „Meer der Dämpfe“ und Oceanus Procellarum „Ozean der Stürme“.

Der zunehmende Mond kurz nach dem Ersten Viertel. Süden ist oben. Aufnahme: S. Schimpf, Volkach

Seite 84/85: Große Mondkarte

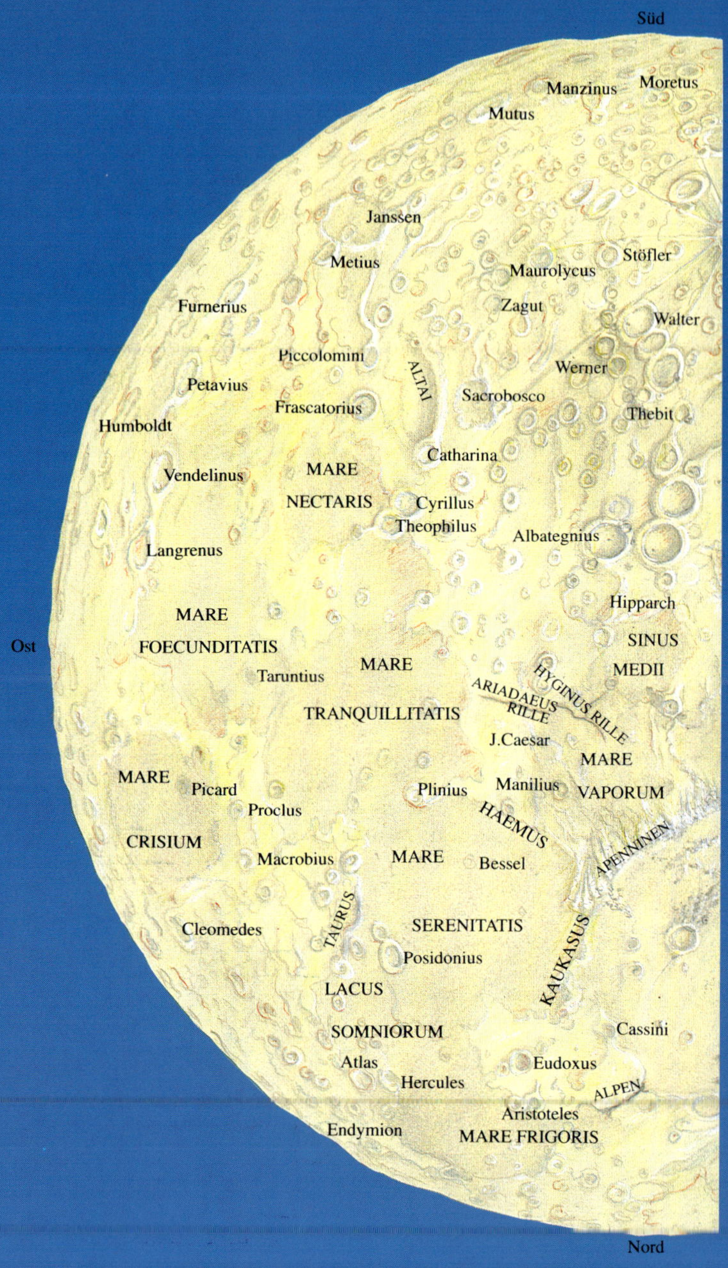

Süd
Manzinus
Moretus
Mutus
Janssen
Metius
Stöfler
Maurolycus
Furnerius
Zagut
Walter
Piccolomini
ALTAI
Werner
Petavius
Sacrobosco
Frascatorius
Thebit
Humboldt
Catharina
Vendelinus
MARE
NECTARIS
Cyrillus
Theophilus
Albategnius
Langrenus
Hipparch
MARE
FOECUNDITATIS
SINUS
MEDII
Ost
Taruntius
MARE
TRANQUILLITATIS
HYGINUS RILLE
ARIADAEUS RILLE
J.Caesar
MARE
VAPORUM
MARE
Picard
Plinius
Manilius
Proclus
HAEMUS
CRISIUM
APENNINEN
Macrobius
MARE
Bessel
TAURUS
Cleomedes
SERENITATIS
Posidonius
KAUKASUS
LACUS
SOMNIORUM
Cassini
Atlas
Eudoxus
Hercules
ALPEN
Aristoteles
Endymion
MARE FRIGORIS
Nord

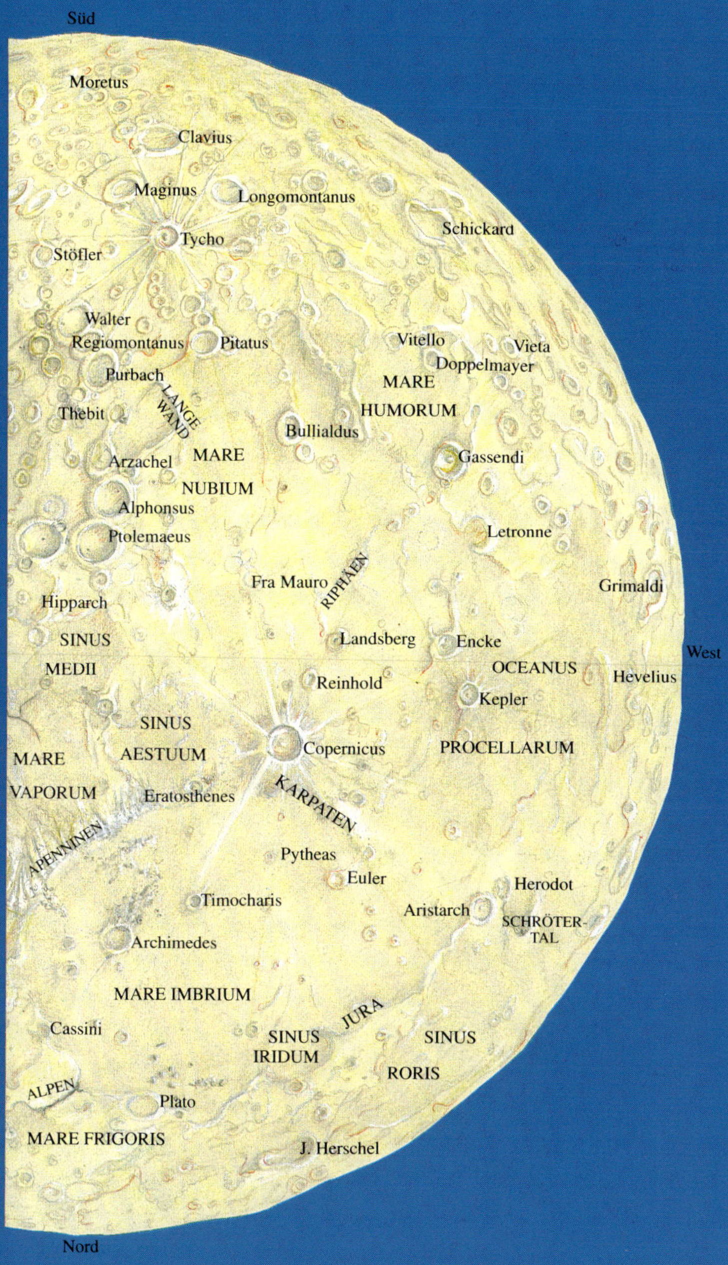

Süd
Moretus
Clavius
Maginus
Longomontanus
Tycho
Stöfler
Schickard
Walter
Regiomontanus
Pitatus
Vitello
Vieta
Doppelmayer
Purbach
LANGE WAND
MARE HUMORUM
Thebit
Bullialdus
Arzachel
MARE NUBIUM
Gassendi
Alphonsus
Ptolemaeus
Letronne
Fra Mauro
RIPHÄEN
Grimaldi
Hipparch
SINUS MEDII
Landsberg
Encke
West
OCEANUS PROCELLARUM
Hevelius
Reinhold
Kepler
SINUS AESTUUM
MARE VAPORUM
Copernicus
Eratosthenes
KARPATEN
APENNINEN
Pytheas
Euler
Herodot
Timocharis
Aristarch
SCHRÖTER-TAL
Archimedes
MARE IMBRIUM
JURA
Cassini
SINUS IRIDUM
SINUS RORIS
ALPEN
Plato
MARE FRIGORIS
J. Herschel
Nord

Gebirge auf dem Mond

Zahlreiche Kettengebirge zeigen sich vor allem um ausgedehnte Maria herum, besonders um das fast 1000 km große Mare Imbrium. Im Grunde sind die Maria genau wie die Krater und Ringgebirge auf den Aufsturz von Kleinkörpern zurückzuführen. Hier quoll aber nachträglich Magma an die Oberfläche und „überschwemmte" das Innere der Riesenkrater. Tatsächlich beobachtet man im Innern der Maria gar nicht selten teilweise „ertrunkene" ältere Krater.

Um das Mare Imbrium liegen die Karpathen, Apenninen, der Kaukasus, die Alpen und der Jura. Die höchsten Gipfel ragen bis zu einigen tausend Metern über

Das Gebiet der Ringgebirge Copernicus und Eratosthenes, des „Geisterkraters" Stadius und der Karpathen. Aufnahme: B. Flach-Wilken, Wirges

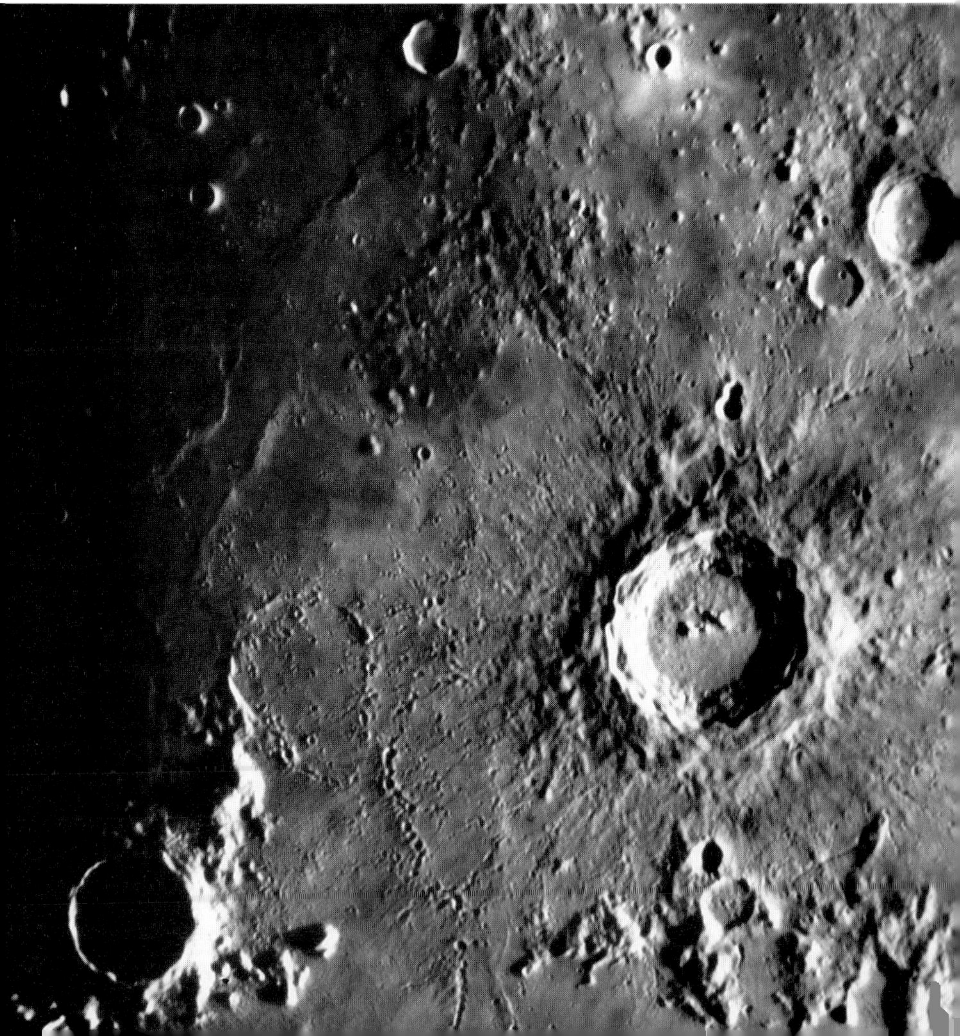

die Umgebung, in den Apenninen zum Beispiel bis 6000 m. Die Gebirge erhielten meist Namen irdischer Gebirge.
Schließlich entdeckt man auf dem Mond Rillen und Täler, die sich oft recht gewunden über die Oberfläche schlängeln. Am bekanntesten sind die Hyginus-Rille mit 340 km Länge und 230 m Tiefe und das Schröter-Tal, das 200 km lang und bis zu 1000 m tief ist. Quer durch die Alpen erstreckt sich das Alpental.

„Spaziergänge auf dem Mond"

Der Mond ist selbst für Besitzer ganz kleiner Fernrohre so reich an Einzelheiten, daß man auf ihm regelrechte „Spaziergänge" machen kann. Hier ein paar Beispiele besonders interessanter Landschaften (man sollte übrigens den Mond bei unterschiedlichen Phasen beobachten, da die Schatten- und Beleuchtungsverhältnisse oft zu recht wechselnden Bildern führen).
Eines der schönsten Ringgebirge ist **Copernicus**, nur wenig nordwestlich der Mondscheibenmitte. Der verhältnismäßig junge Krater mit seinem bei Vollmond auffälligen Strahlensystem hat einen Durchmesser von 90 km, die Wallhöhe erreicht 3 900 m. In seinem Innern sehen wir einige machtvolle Zentralberge. Der Wall fällt in einigen Stufen oder Terrassen nach innen ab. Man versäume nicht Copernicus zu beobachten, wenn die Tag-Nacht-Grenze (der sog. Terminator) gerade über ihn verläuft. Dann sehen wir zu geeigneter Zeit, wie das Kraterinnere noch (oder schon) in tiefem Dunkel liegt, der gesamte Kamm des Walls und die Gipfel der Zentralberge aber schon (oder noch) im Sonnenlicht strahlen. So können wir innerhalb weniger Stunden manchmal sehr eindrucksvoll einen Sonnenaufgang oder -untergang in diesem herrlichen Krater verfolgen. Östlich Copernicus liegt, am Beginn der **Apenninen,** der 60 km große Krater **Erathostenes,** der ebenfalls auf 3 760 m Wallhöhe kommt. Zwischen diesen beiden Ringgebirgen erkennt man ziemlich schemenhaft den recht flachen, alten und nahezu versunkenen 65 km großen Krater **Stadius.** Nördlich an diesen „Geisterkrater" schließt sich ein Feld merkwürdiger Ketten winziger Kraterchen an, die sich teilweise sogar noch über Stadius hinaus erstrecken. Es erschließt sich aber nur dem Beobachter mit einem Fernrohr über 6 cm Öffnung.
Ein anderes lohnendes Gebiet ist die Umgebung des Ringgebirges **Plato** am Westrand der Alpen. Plato hat einen Durchmesser von knapp 100 km. Sein Inneres ist ziemlich überflutet und eben; sein Wall erhebt sich daher um nur 2 400 m

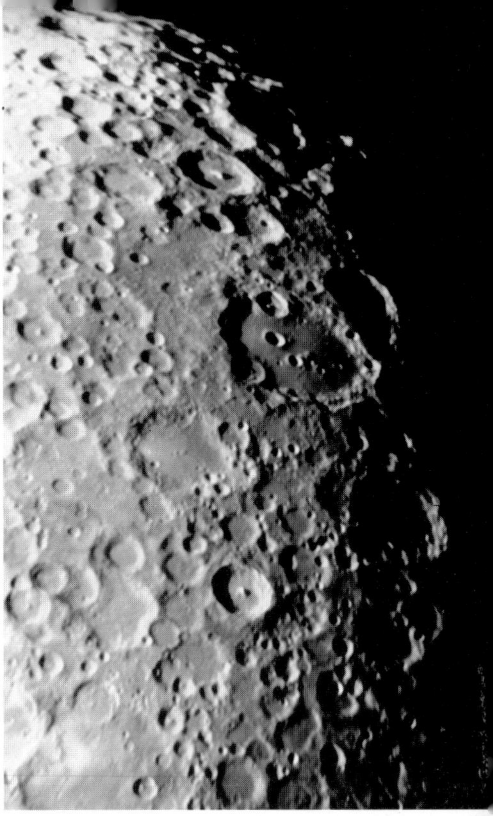

Südteil des Mondes. Etwas oberhalb der Bildmitte die Wallebene Clavius, darunter Tycho. Aufnahme: W. Lille, Stade

über den Kraterboden. Trotzdem lassen sich bei guten Luftverhältnissen und mit einem nicht zu kleinen Fernrohr einige Kraterchen im Innern ausmachen. Plato liegt direkt am „Nordufer“ des Mare Imbrium. Wir gehen von Plato aus nur ein wenig in dieses Mare hinein. Dort entdecken wir einige recht versprengt anmutende Berge und Bergklötze. Es sind die **Teneriffa**-Berge. Einige scheinen Reste eines früheren überfluteten Kraters zu sein. Etwas östlich davon finden wir den meist sehr hell erscheinenden Berg **Pico.** Er ragt 2 400 m über das Mare-Niveau herauf. Südöstlich Plato erstrecken sich die **Alpen.** Die Höhe ihrer Berge ist mit maximal 3 600 m noch nicht einmal bemerkenswert. Die Alpen sind aber berühmt wegen des Quertals, das sich fast genau über die Mitte dieses Gebirges erstreckt. Es wirkt wie ein gewaltiger Riß in ihm. Mit größeren Instrumenten findet man in ihm parallel laufend eine Rille. Am Ausgang des Alpentals liegt zum Mare Imbrium hin der **Montblanc,** einer der höchsten Berge in den Alpen. Gehen wir von Plato aus nach Westen, so kommen wir zu dem nahezu halbkreisförmigen **Jura.** Auch hier handelt es sich um einen riesigen, zur Hälfte ertrunkenen Kraterwall, an dessen Innenseite **Sinus Iridum,** die „Regenbogenbucht“, liegt. Der Jura ist maximal 3 900 m hoch. Beachtliche Berge liegen auch am Ende der Regenbogenbucht: Auf der Ostseite das Kap Laplace und auf der Westseite das Kap Heraklit.

Eine wunderbare **Rillen-Landschaft** sehen wir in der Nachbarschaft der Krater **Aristarch** und **Herodot.** Diese Gegend liegt in der Grenzregion zwischen Mare Imbrium und Oceanus Procellarum im nordwestlichen Quadranten der Mondscheibe. Aristarch hat einen Durchmesser von fast 50 km und stellt praktisch das hellste Objekt auf dem Mond dar, was besonders bei Vollmond auffällt. Die Tiefe dieses Kraters beträgt etwa 1 700 m. Im Innern steht ein Zentralberg. Aristarch ist auch Ausgang eines Strahlensystems. Herodot ist dagegen viel dunkler, knapp 40 km groß und 1 300 m tief. Er besitzt keinen Zentralberg. Das Innere ist ziemlich flach. In Herodot beginnt das wohl berühmteste Tal des Mondes, das Herodot-Tal, das aber oft auch nach seinem Entdecker Johann Hieronymus Schröter (1787) das **Schröter-Tal** genannt wurde.

Unweit südlich der Mitte der Mondscheibe gibt es eine ganze Reihe großer Ringgebirge oder Wallebenen. Am auffälligsten ist **Ptolemäus.** Es ist ein im Verhältnis zu seinem Durchmesser ziemlich flacher Krater, dessen Wälle teilweise recht eingefallen sind. Sein Alter dürfte schon deswegen recht hoch einzuschätzen sein. Der Durchmesser beträgt 150 km, seine Wallhöhe „nur“ 2 900 m. Das Innere erscheint in kleinen Fernrohren fast topfeben. Nur ein kleinerer Krater fällt nach Osten hin auf. Er heißt übrigens Lyot. Weitere Einzelheiten zeigen sich erst in etwas größeren Fernrohren: Da erkennt man Unmengen kleinerer Krater und Gruben. Nach Süden hin schließt sich der Krater **Alphonsus** an; sein Wall grenzt direkt an Ptolemäus. Der Durchmesser beträgt 115 km. Der manchmal etwas unterbrochene Wall kommt auf maximal 3 000 m Höhe. Im Gegensatz zu Ptolemäus verfügt Alphonsus über einen großen Zentralberg und einige Bergrücken im Innern. Auf einer nur wenig nördlicheren Breite als Ptolemäus, aber etwas nach Osten hin, liegt **Hipparch.** Auch dies ist ein ziemlich flaches, zugeschüttetes Ringgebirge. Der Durchmesser beträgt 150 km, die Wallhöhe maximal 3 300 m. Am Nordostrand des Kraters, aber noch in seinem Innern, liegt der Krater Horrocks. Außerdem gibt es noch einige andere Krater und Berge. Südlich Hipparch folgt ein vierter Riesenkrater: **Albategnius.** Der Durchmesser beläuft sich auf 136 km. Von den drei zuvor genannten Formationen verfügt er über den höchsten Wall. Rund 4 400 m Höhe werden erreicht. Das Innere ist ziemlich dunkel. Am Südwestrand liegt der 30 km große Krater Klein mit Zentralberg. Auch Albategnius selbst zeigt einen wuchtigen Berg in seiner Mitte. Ptolemäus, Hipparch, Alphonsus und Albategnius zusammen bilden ein leicht verschobenes Viereck, etwa eine Raute.

Eines der seltsamsten Gebilde auf dem Mond ist die **Lange Wand** oder meist lateinisch als **Rupes Recta** bezeichnet. Sie liegt auf der Südhalbkugel des Mondes im südöstlichen Teil des Mare Nubium, etwa auf derselben Breite wie der 55 km große und 3 200 m tiefe Krater Thebit. Bei günstiger Beleuchtung erscheint die Lange Wand wie ein Strich. Bei genauerem Zusehen ist sie aber doch nicht ganz so gerade, wie es ihr Name vermuten läßt. Es ist eine 96 km lange Verwerfung auf dem Mond. Auf der westlichen Seite liegt das Niveau bis zu 400 m tiefer als auf der östlichen Seite. Im Süden endet die Wand etwas flacher in einem kleinen Gebirgs-Massiv. Der Krater Thebit zeigt auf der zur Langen Wand hin gelegenen Seite übrigens noch zwei kleinere Krater, die sich alle gegenseitig überlappen.

Ganz weit im Süden liegt der Riesenkrater **Clavius.** Er ist 225 km groß. Sein Wall erreicht eine Höhe von maximal 4 900 m. Am Nordwall liegt der Krater Porter, am Südwall Rutherford. Selbst kleine Fernrohre zeigen hier eine Fülle von Einzelheiten.

Doch sei nicht der Krater **Tycho** vergessen. Er liegt wieder etwas nördlich Clavius in einem reich strukturierten Hochland. Der 85 km große Krater mit seinem bis zu 4 500 m hohen Wall ist ziemlich jung und sehr hell, was besonders bei Vollmond auffällt. Dann erkennt man auch, daß Tycho Ausgangspunkt des größten Strahlensystems auf dem Mond ist. Bei schwacher Vergrößerung sieht es dann fast so aus, als ob ein Riese mit einem Hammer an dieser Stelle auf den Mond aufgeschlagen hätte und dieser nach allen möglichen Richtungen aufsplitterte.

Ebenfalls auf der Südhalbkugel, diesmal aber wieder weiter nach Osten hin, liegen die drei Krater **Theophilus, Cyrillus** und **Catharina** am Rande des Mare Nectaris. Theophilus gehört zu den schönsten Kratern auf dem ganzen Mond. Er besitzt einen sehr gut erhaltenen, bis zu 6 800 m hohen Wall. Im Zentrum des 100 km großen Kraters befindet sich ein wuchtiger Zentralberg, eigentlich sogar ein ganzes Gebirge. Theophilus überlappt ein wenig im Süden den Kraterwall von Cyrillus, der deswegen älter sein muß. Tatsächlich wirkt dieser Krater stärker zerfallen. Der Durchmesser beträgt 93 km, die Wallhöhe 3 200 m. Im Innern liegen einige Erhebungen, aber ein eigentlicher Zentralberg ist nicht vorhanden.

Etwas weiter südlich folgt dann Catharina mit 97 km Durchmesser und 2 800 m Höhe. Zwischen Catharina und Cyrillus entdeckt man ein breites Tal. Schließlich soll noch auf eine Landschaft des Mondes hingewiesen werden, die mehr zum Ostrand hin liegt: das **Mare Crisium.** Es ist das erste Detail, das man bereits ohne Fernrohr kurz nach Neumond, wenn also die Mondsichel noch recht schmal ist, sieht. Um im Bilde des „Mondhasen“ zu bleiben: Es stellt die Ohren, die Löffel des Hasen dar. Das Mare Crisium gehört zu den kleinsten Maria auf dem Mond und sieht eigentlich eher wie ein Riesenkrater aus. Tatsächlich sind ja auch die Maria durch den Aufsturz von kosmischen Körpern entstanden, die dann später im Innern durch Lava weitgehend überflutet wurden. Das Mare Crisium hat eine Länge von 560 km und eine Breite von 450 km, ist also nicht genau kreisrund. In seinem Innern erkennt man eine Reihe kleinerer Krater. Am auffälligsten ist der Krater Picard, der sich nahe dem Westrand des Mare befindet. Etwas westlich außerhalb des Mare liegt ein weiterer, eigentlich selbst gar nicht so auffälliger Krater: **Proclus** mit 30 km Durchmesser und 2 700 m Tiefe. Proclus ist aber Sitz eines Strahlensystems, das zwar ebenso nicht zu den größten auf dem Mond zählt, aber recht reizvoll ist. Einige Strahlen überqueren auch das Mare Crisium.

Die Sonne

Unsere Sonne ist ein gasförmiger Himmelskörper, der zu etwa 75% aus Wasserstoff, zu 23% aus dem Edelgas Helium und zu lediglich 2% aus schwereren Elementen wie Kohlenstoff, Stickstoff, Sauerstoff, Silicium oder Eisen besteht. An ihrer Oberfläche herrscht eine Temperatur von etwa 5 500 Grad C. Nach innen hin nehmen Druck, Dichte und Temperatur gewaltig zu. Im Mittelpunkt der Sonne ist es 15 Mill. Grad C heiß, die Dichte erreicht 160 g/cm^3 und der Druck 22 000 Billionen Pascal.

Im Kernbereich um das Zentrum der Sonne, in dem die Temperatur etwa 10 Mill. Grad C übersteigt, verwandelt sich der Wasserstoff in Helium, wobei Energie freigesetzt wird. Dabei verliert die Sonne pro Sekunde 4 Mill. Tonnen Masse. Diese wird nach der berühmten Formel Albert Einsteins $E = m \cdot c^2$ in Energie verwandelt. In dieser Formel bedeutet E die freigesetzte Energie, m die Masse und c die Lichtgeschwindigkeit 300 000 km/sec.

Die Sonne am 27.12.1991. Aufnahme: W. Lille, Stade

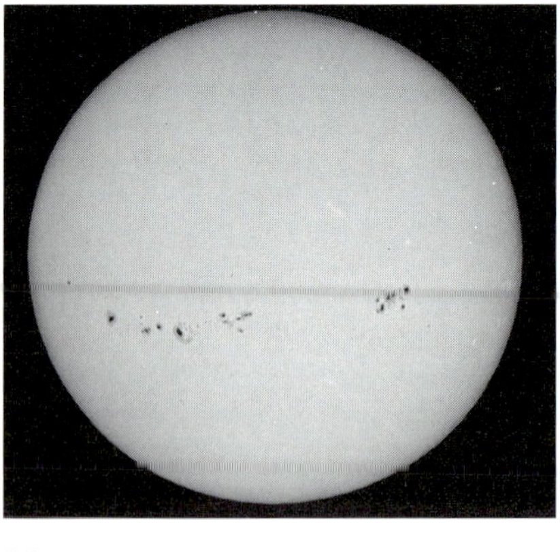

Die Gesamtausstrahlung der Sonne beläuft sich auf fast $4 \cdot 10^{23}$ Kilowatt, also eine 4 mit 23 Nullen. Jeder Quadratmeter der Sonnenoberfläche liefert dabei über 60 000 Kilowatt. So vermag die Sonne über rund 10 Mrd. Jahre zu strahlen. Bisher erreichte die Sonne ein Alter von 4,6 Mrd. Jahren.

Die Sonne in Zahlen

Mittlere Entfernung	
von der Erde	149 598 000 km
in Sonnennähe	147 100 000 km
in Sonnenferne	152 100 000 km
Durchmesser	1 392 000 km
Masse	332 270 Erdmassen
Dichte	1,4 g/cm^3

Sonnenbeobachtungen mit dem Fernrohr

Beobachtungen der Sonne mit einem Fernrohr bedürfen besonderer Vorsicht. Ein ungeschützter Blick in die Sonne – bereits mit freiem Auge, erst recht mit einem lichtsammelnden Fernrohr – ist für unsere Augen gefährlich. Einfache Filter oder Dämpfgläser, die man auf das Okular des Fernrohrs aufschraubt, sind nur bei Instrumenten mit sehr kleiner Öffnung (bis etwa 5 oder 6 cm) empfehlenswert. Zu schnell könnten die Gläser durch die Hitze zerplatzen und die Sonnenstrahlen ungeschützt unser Auge treffen. Wie groß die Hitzeentwicklung hinter einem auf die Sonne gerichteten Fernrohr ohne Filter ist, können wir leicht erkennen, wenn wir ein Stück Papier hinter das Okularende halten. Es wird sich schnell entzünden. Man sollte also bei der Anwendung von einfachen Okularfiltern auch ein kleines

Fernrohr in Abständen von einigen Minuten von der Sonne wegdrehen und es wieder etwas auskühlen lassen.
Empfehlenswerter sind dünne, mit Aluminium oder Gold beschichtete Polyesterfolien, wie sie oft billig als sog. „Rettungsfolien“ angeboten werden. Man stülpt sie über das Objektiv eines Linsenfernrohrs oder den vorne offenen Tubus eines Spiegelteleskops. Sie absorbieren rund 99,9% der auftreffenden Strahlung. So erwärmt sich das Fernrohr-Innere erst gar nicht.
Noch besser hinsichtlich der Bildqualität sind Objektivfilter, wie sie von einigen Firmen angeboten werden, die aber dann auch entsprechend teurer sind. Es sind planparallele Glasplatten, die ebenfalls mit einer Alu-Schicht bedampft sind. Die optische Qualität ist besser als bei den oft ungleichmäßigen und z. T. sogar mit winzigen Löchern versehenen Folien.
Aber es gibt noch eine andere, sehr bequeme und völlig ungefährliche Methode: Man projiziert das Sonnenbild mittels Fernrohr auf einen Projektionsschirm, der etwa 50 bis 100 cm hinter dem Okularende angebracht ist. Auf ein Filter kann man verzichten. Mit dem Okularauszug stelle man das Bild dann entsprechend scharf. Doch wende man auch hier das Fernrohr gelegentlich von der Sonne ab, damit sich dieses nicht zu sehr aufheizt.
Wie bei einer Diaprojektion, so fällt auch bei der Sonnenprojektion das Sonnenbild um so größer aus, je größer der Projektionsabstand ist. Man ist also nicht auf stark vergrößernde, oft weniger scharfzeichnende Okulare angewiesen. Im Gegenteil, man nehme ein Okular mit einer schwachen Vergrößerung. Will man das Sonnenbild größer haben, gehe man eben mit dem Projektionsschirm weiter vom Fernrohr weg. Eine Blende, die man über den Tubus des Fernrohrs stülpt, soll dafür sorgen, daß der Projektionsschirm im Schatten liegt und nur von dem Licht getroffen wird, das durch das Fernrohr geht.

Wie man die Sonne mit einem Fernrohr projiziert

Zu einfachen Sonnenbeobachtungen eignet sich sogar ein Fernglas, und zwar sowohl für die Direktbeobachtung mit Filtern als auch für die Projektionsmethode. Im letzteren Falle muß allerdings, um Doppelbilder zu vermeiden, die eine Hälfte des Fernglases abgedeckt werden.

Sonnenflecken

Von Ausnahmen abgesehen zeigt die Sonne eigentlich immer mehr oder weniger große Flecken. Sie besitzen oft eine komplizierte Struktur. Während die kleinsten Flecken als Punkte erscheinen, zeigen größere einen dunklen Kern (Umbra) und darum einen weniger dunklen Hof (Penumbra). Häufig schließen sich die Flecken zu großen Gruppen zusammen. Die größten haben eine Länge bis zu 200 000 oder 300 000 km. Sie können dann auch mit bloßem Auge mit Dämpfglas oder bei horizontnahem Stand der Sonne, wenn diese stark abgeschwächt ist, sogar ohne Dämpfglas als schwarze Punkte ge-

sehen werden. Die Flecken verändern sich dauernd. Alte vergehen, neue entstehen. Die Lebensdauer einer Fleckengruppe beträgt meist nur einige Tage, bei größeren Gruppen im Extremfall auch mehrere Monate. Die Entwicklung einer großen Sonnenfleckengruppe mit einem kleinen Fernrohr zu verfolgen, gehört zu den interessantesten Beobachtungen, die ein Amateurastronom anstellen kann.
Sehr schnell beobachtet man aber, daß sich die Flecken infolge der Sonnenrotation systematisch von Ost nach West über die Sonnenscheibe bewegen. Die Sonne rotiert am Äquator in 25 Tagen, zu den Polen hin bis zu über 30 Tagen. Wegen der Erdbewegung um die Sonne, die in Richtung der Sonnenrotation erfolgt, erscheint aber diese von uns aus gesehen etwas verzögert. Am Äquator sind es dann etwa 27 Tage.
Langfristige Sonnenbeobachtungen zeigen eine Schwankung in der Häufigkeit von Sonnenflecken von durchschnittlich etwa 11 Jahren an, die berühmte Sonnenfleckenperiode. Das letzte Sonnenfleckenmaximum war 1989/90. In der Regel dauert der Abstieg vom Maximum zum Minimum etwas länger als der Anstieg zum Maximum. Die Sonnenfleckenkurve ist also etwas asymmetrisch. Die Höhe der einzelnen Maxima ist ebenfalls recht verschieden. Die Maxima der letzten Jahrzehnte fielen übrigens meist verhältnismäßig hoch aus.
Außerdem zeigen die Zonen, in denen überhaupt Sonnenflecken vorkommen, mit der 11-Jahres-Periode eine systematische Verschiebung. Allgemein stellt man zunächst fest, daß es zwei Fleckenzonen beiderseits des Äquators gibt; in höheren mittleren Breiten, sowie in den Polzonen der Sonne gibt es keine Flecken. Einige Zeit vor dem Fleckenminimum tauchen in etwa 40 Grad Nord- oder Südbreite erste Flecken des sog. „neuen Zyklus“ auf. Diese Zonen verschieben sich Richtung Äquator und erreichen – bei zunehmender Fleckenzahl – im Fleckenmaximum etwa 15 Grad Nord- und Südbreite. Dann verschieben sie sich noch weiter Richtung Äquator und verschwinden schließlich dort. Zuvor aber schon tauchen wieder in mittleren Breiten die Flecken des nächsten Zyklus auf. So sind über einige Zeit hinweg je zwei Fleckenzonen vertreten. Diese Verschiebungen nennt man auch das Spörer'sche Gesetz.

Fackeln auf der Sonne

In den Sonnenflecken liegt die Temperatur tiefer als auf der ungestörten Sonnenoberfläche, bei etwa 4000 Grad C. Die Flecken sind also eigentlich gar nicht völlig dunkel. Könnte man sie herausreißen und an den Nachthimmel versetzen, wären sie viel heller als der Mond! Außer den Flecken gibt es aber auch überhitzte Gebiete, die Fackeln mit einer Temperatur von fast 7000 Grad C. Man erkennt sie am besten in der Nähe des Sonnenrandes. Fackeln sind oft mit Sonnenflecken verbunden; es gibt aber auch isolierte Fackelherde.
Schließlich entdeckt man bei ruhiger Luft, wenn das Sonnenbild einmal gestochen scharf erscheint, über die gesamte Sonnenscheibe hinweg eine feine körnige Struktur, die Granulation. Jedes „Korn“ ist etwa so groß wie Mitteleuropa und hat nur eine Lebensdauer von wenigen Minuten. Die Granulation geht auf ein ständiges „Brodeln“ der Gasmassen an der Sonnenoberfläche zurück: Heiße, leichtere Gasballen steigen in die Höhe, kühlen sich dort ab und fallen wieder in tiefere Schichten zurück.
Die Flecken sind schwieriger zu erklären. Sicher ist, daß sie mit starken Magnetfeldern verbunden sind, die sogar das Ursprüngliche des ganzen Vorgangs darstellen. Die Abkühlung und damit die Flecken sind nur eine Begleiterscheinung.

Eruptionen und Protuberanzen

Flecken, Fackeln und Granulation sind Erscheinungen auf der Oberfläche der

Sonne, die man besser Photosphäre nennen sollte, da es sich ja nicht um die Oberfläche eines festen Himmelskörpers handelt. Über der Photosphäre liegt die Chromosphäre, die nur mit besonderen instrumentellen Hilfsmitteln zu beobachten ist. In ihr machen sich die Flecken kaum mehr bemerkbar. Auffälliger sind dagegen die Fackeln und ganz besonders die Flares – eruptive Vorgänge in oder über aktiven Fleckengebieten. Sie dauern nur wenige Stunden, oft nur Minuten an.

Wenn man die Sonnenscheibe mit einer Kegelblende im Strahlengang des Teleskops abdeckt und so gewissermaßen eine künstliche Sonnenfinsternis erzeugt oder ein spezielles Filter benutzt, zeigen sich am Sonnenrand Protuberanzen – Gaswolken, die sich meist längs magnetischer Feldlinien auf- und niederbewegen, oft aber auch eruptiv in die Höhe schießen. Dabei treten Geschwindigkeiten von mehreren hundert km/sec auf. Mit dem Filter, das nur das Licht des Wasserstoffs durchläßt, sieht man die Protuberanzen auch als dunkle Linien vor der Sonne.

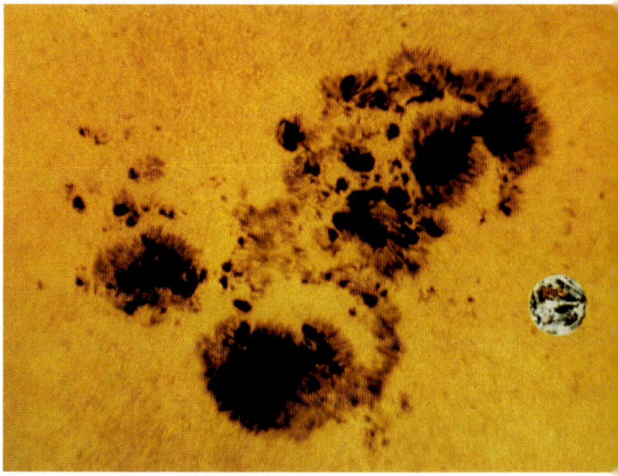

Eine große Sonnenfleckengruppe vom 4.7.1988. Zum Vergleich die Größe der Erde. Aufnahme: W. Lille, Stade; Montage: Fa. Baader-Planetarium, Mammendorf

Sonnen-Protuberanzen am 16.8.1988. Aufnahme: W. Lille, Stade

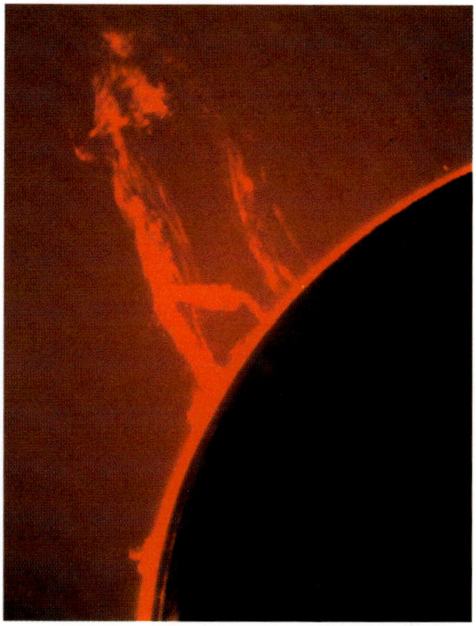

Die Protuberanzen bewegen sich in die Sonnenkorona hinein, die äußerste Gashülle der Sonne, die während einer totalen Sonnenfinsternis auch mit freiem Auge sichtbar wird (s. S. 15).

Viele Vorgänge auf der Sonne stehen in Beziehung zu irdischen Phänomenen. Dazu gehören Störungen im Kurzwellenverkehr, dem erdmagnetischen Feld sowie die Polarlichter.

Polarlichter sind zu Zeiten starker Sonnenaktivität mitunter auch von Mitteleuropa aus sichtbar. Hier zeigen sie sich oft als rote Vorhänge in Richtung Nordwest und Nord. Es kommen aber auch bewegliche farbige Strahlen und fahnenartige Lichtflecke (Draperien) vor. Die Zone größter Polarlichthäufigkeit verläuft über Süd-Grönland, Süd-Island, Nord-Skandinavien, Nord-Sibirien, Mittel-Alaska und Nord-Kanada. Dort ist bei einer großen Polarlichterscheinung meist der ganze Himmel betroffen – ein gewaltiges Schauspiel.

Sonne
Merkur
Venus
Erde
Mars
Jupiter
Saturn
Uranus
Neptun
Pluto
Neptun
Pluto

as Planetensystem

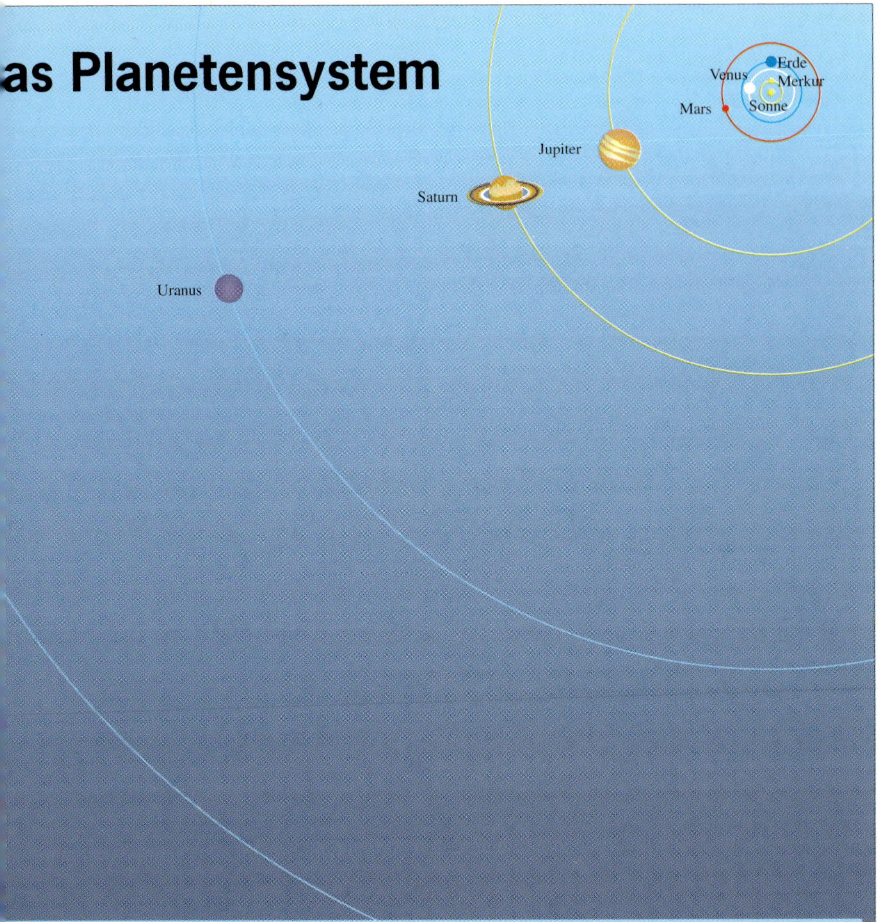

Planet	mittl. Entfernung von der Sonne in Mill. km	Umlaufzeit	Äquatordurchmesser in km	Masse (Erde=1)
·Ierkur	57,9	87,97 d	4.878	0,055
·/enus	108,2	224,70 d	12.102	0,815
·Erde	149,6	365,26 d	12.756	1
·Mars	227,9	686,98 d	6.794	0,107
·upiter	778	11,86 a	142.984	317,894
·aturn	1.427	29,46 a	120.536	95,184
·Jranus	2.871	84,01 a	51.118	14,537
·Neptun	4.497	164,79 a	49.528	17,132
·Pluto	5.914	247,68 a	2.302	0,0025

Merkur

Merkur verbirgt sich meist so sehr im Strahlenbereich der Sonne, daß er nur schwer zu beobachten ist. Er besitzt praktisch keine Atmosphäre. Auf seiner Tagseite steigen die Temperaturen bis auf über +350 °C. Nachts fällt die Temperatur auf –180 °C. Bisher untersuchte nur Mariner 10 den Planeten, konnte aber nur ungefähr die Hälfte der Merkuroberfläche erfassen. Auf den ersten Blick zeigt Merkur eine große Ähnlichkeit mit dem Mond. Die größten Krater kommen auf einen Durchmesser von mehreren hundert km. Besonders auffallend ist Caloris Planitia, ein Becken mit 1300 km Größe.

Krater wie auf dem Mond

Die Merkurkrater erhielten Namen nach Künstlern, z. B. Shakespeare, Sophokles, Strindberg, Dürer, Heine, Stravinsky, Mussorkskij, Vivaldi, Homer, Rodin, Gluck, Holbein, Monet, Michelangelo, Mozart, Bartok, Schönberg, Balzac, Schubert, Renoir, Bach oder Rubens. Beethoven ist mit 625 km Durchmesser die größte Ringformation nach dem Caloris-Becken.

Mittels Radar wurde die Rotationszeit des Merkur bestimmt. Merkur dreht sich in 59 irdischen Tagen einmal um seine Achse. Während dieser Zeit läuft für einen gedachten Beobachter auf Merkur irgendein Stern einmal um den ganzen Himmel herum (Sterntag). Ein Sonnentag auf Merkur dauert aber 176 irdische Tage oder zwei Merkurumläufe um die Sonne.

So bewegen sich die unteren Planeten von der Erde aus gesehen um die Sonne

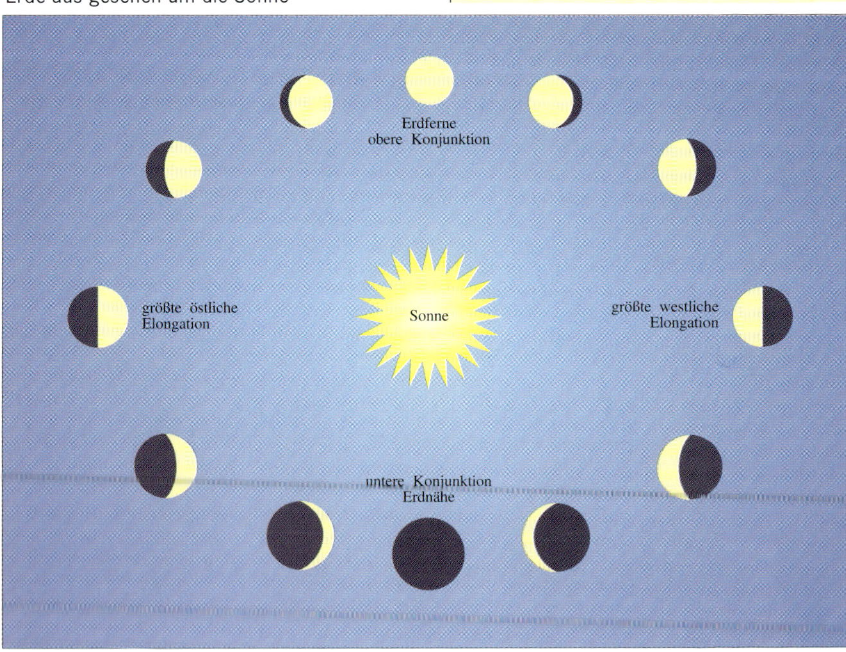

Wie wir die unteren Planeten beobachten können

Unter den unteren Planeten versteht man die beiden Planeten, die sich innerhalb der Erdbahn um die Sonne bewegen: Merkur und Venus. Von der Erde aus gesehen erreichen sie niemals einen so großen Winkelabstand von der Sonne, daß sie während der ganzen Nacht beobachtet werden können. Merkur entfernt sich maximal bis 27°, Venus bis 47° von der Sonne. Diese Planeten sind also stets nur kurze Zeit vor Sonnenaufgang oder nach Sonnenuntergang sichtbar.

Stehen Merkur und Venus von der Erde aus gesehen hinter der Sonne, sind sie unsichtbar: **Obere Konjunktion mit der Sonne.** Ebenfalls unsichtbar sind sie bei ihrem Durchgang zwischen Sonne und Erde: **Untere Konjunktion mit der Sonne.** Ganz selten laufen die Planeten dabei über die Sonnenscheibe hinweg (Merkur- oder Venusvorübergang).

Abends ergibt sich eine Sichtbarkeit, wenn sie auf der linken, östlichen Seite der Sonne stehen. Den größten dabei erreichbaren Winkelabstand von der Sonne nennt man **größte östliche Elongation von der Sonne.** Entsprechend führt eine Stellung rechts oder westlich der Sonne zu einer Morgensichtbarkeit. Größter Winkelabstand von dem hellen Tagesgestirn ist hier die **größte westliche Elongation von der Sonne.** Venus kann in der größten Elongation bis zu $4^1/_2$ Stunden vor der Sonne aufgehen oder nach ihr untergehen. Bei Merkur sind es nur bis zu 2 Stunden. Doch nicht alle Elongationen des Merkur führen zu einer Sichtbarkeit. Wichtig ist, daß der Planet deutlich nördlicher als die Sonne im Tierkreis steht. Allgemein gilt folgende Merkregel: Eine östliche Elongation ist nur zwischen etwa Mitte Januar und Ende Mai günstig. In einer westlichen Elongation ist Merkur dagegen nur zwischen etwa Anfang August und Anfang Dezember zu beobachten.

Merkur und Venus zeigen im Fernrohr Phasen wie unser Mond. In der unteren Konjunktion ist „Neumerkur" oder „Neuvenus", in der oberen Konjunktion „Vollmerkur" oder „Vollvenus". Etwa zur Zeit der größten östlichen oder westlichen Elongation von der Sonne erscheinen diese Planeten halbbeleuchtet. Zwischen diesen Stellungen und der unteren Konjunktion bieten uns die beiden Planeten eine Sichelgestalt an. Im Gegensatz zum Mond sind aber Merkur und Venus ganz unterschiedlich weit entfernt. Venus steht in Erdnähe 40 Mill. km, in Erdferne 260 Mill. km von uns weg. Bei Merkur sind die Unterschiede geringer. Beobachten wir also Venus während ihrer Sichtbarkeit als Abendstern, nimmt zwar die Phase dauernd ab, gleichzeitig nimmt aber der Scheibendurchmesser zu. Zeigt Venus eine schmale Sichel, so ist diese schon mit einem Fernglas zu erkennen. Etwa um diese Zeit ist Venus auch am hellsten („größter Glanz").

Der Planet Merkur im Fernrohr

Venus

Beobachtet man Venus mit einem Fernrohr, so entdeckt man auf ihr keinerlei Einzelheiten. Venus besitzt eine vollkommen geschlossene Wolkendecke. Ein Sterntag dauert auf Venus 243 irdische Tage. Dabei erfolgt die Rotation von Ost nach West, nicht von West nach Ost wie bei fast allen Planeten. Ein Sonnentag dauert auf Venus allerdings nur etwas mehr als ein halbes „Venusjahr", nämlich 117 Erdentage.
Venus erhielt von der Erde mehrfach Besuche von sowjetischen und amerikanischen Sonden. Am erfolgreichsten war aber die amerikanische Sonde Magellan, die mit Hilfe von Radar ab Sommer 1990 die Venusoberfläche mit einer Auflösung von etwa 100 bis 200 m abtastete.

Die Venusatmosphäre

Die Venusatmosphäre ist so dicht, daß am Boden des Planeten ein Druck herrscht, der 90mal größer ist als auf der Erde. Die Temperatur beträgt +470 °C, und zwar ziemlich unabhängig, ob wir uns auf der Tag-oder Nachtseite, am Äquator oder an den Polen befinden. Die Unterschiede sind fast belanglos. Dieser gewaltige Treibhauseffekt ist vor allem eine Folge des hohen Kohlendioxidanteils der Atmosphäre mit etwa 95%. Der Rest entfällt auf Spuren von Stickstoff, Kohlenmonoxid, Wasserdampf, Schwefeldioxid, einige Edelgase u.a.
Die Venuswolken liegen zwischen etwa 45 und 75 km, teilweise bis 100 km hoch. In ihnen gibt es auch Schwefelsäuretröpfchen und sogar Schwefelsäureregen. Doch verdampfen diese Tröpfchen wegen der hohen Temperaturen bald wieder, ohne auf die Venusoberfläche zu fallen. Die hohen äquatorialen Wolken rotieren übrigens im Gegensatz zur festen Venuskugel bereits in etwa 4 Tagen. Das entspricht einer Windgeschwindigkeit von 100 m/sec.

Kurz vor und nach der unteren Konjunktion zeigt Venus eine hauchdünne Sichel. Gelegentlich greifen dabei die Sichelspitzen sogar über. Aufnahme: P. Riepe, Bochum

Die Oberfläche

Ältere Radarabtastungen in den 70er und 80er Jahren zeigten zunächst zwei Hochländer auf Venus: Aphrodite Terra hat mit seiner Ausdehnung von 9700 x 3200 km knapp die Größe von Afrika und erstreckt sich fast genau parallel südlich zum Venusäquator. Es enthält einige Gebirge nach Osten und Westen hin, dazwischen eine Senke. Ishtar Terra liegt weit im Norden und entspricht der Größe nach etwa Australien. In diesem Hochplateau finden sich auch die höchsten Berge auf Venus, die Maxwell Montes; sie ragen 10800 m über das mittlere Venusniveau. Ein kleineres Hochland ist die Beta-Region mit zwei großen Schildvulkanen: Rhea Mons und Theia Mons mit etwa 4000 m Höhe.
Im ganzen ist Venus viel flacher als die Erde. Die hohen Maxwell Montes dürfen darüber nicht hinwegtäuschen. Das größte Tiefbecken auf Venus ist Atalanta Planitia auf der Nordhalbkugel. Mit einer Größe, die ungefähr dem Golf von Mexiko entspricht, hat es eine Tiefe von 1400 m unter

dem mittleren Venusniveau. Ungefähr 70% der ganzen Venusoberfläche sind riesige Ebenen, 10% entfallen auf die Hochländer und 20% auf Senken.

Ergebnisse der Magellan-Sonde

Die Magellan-Sonde zeigte, daß die Geologie des Abend- und Morgensterns eigentlich recht aufregend ist. Und dies, obwohl die Kruste der Venus nicht wie die Erdkruste aus einzelnen Platten besteht, an deren Grenzen plastisches Material aus den Tiefen aufquillt und die Platten auf die Seite schiebt – ein ganz wesentlicher Vorgang der Veränderungen auf unserem Heimatplaneten. Die Venuskruste besteht nur aus einer einzigen Platte. Doch gibt es eine Menge von Vulkanen, vor allem Schildvulkanen, die an Schwachzonen der Kruste, den „hot spots", liegen. Aktive Vulkanausbrüche konnten allerdings zunächst nicht mit Sicherheit nachgewiesen werden. Dasselbe gilt auch für Gewitter in der Venusatmosphäre als Folge von Vulkanausbrüchen. Es existieren auch ausgedehnte Verwerfungen und Bruchzonen.

Besonders überraschend war die Entdekkung zahlreicher Meteoriten- oder Einschlagkrater. Man sollte zunächst annehmen, daß die dichte Venusatmosphäre die Einschläge von Meteoriten oder Asteroiden verhindern müßte. Dies ist auch für kleinere Körper der Fall, und so findet man auf Venus keine Einschlagkrater mit einem Durchmesser unter etwa 3 km. Größere in die Venusatmosphäre eindringende Brokken kommen aber doch nahezu heil hindurch und schlagen auf Venus auf.

Daß aber auf Venus so viel mehr derartiger Krater anzutreffen sind als auf unserer Erde, liegt daran, daß die Tektonik und Verwitterung am Venusboden langfristig schwächer ausgeprägt ist als bei uns. So können sich alte Krater längere Zeit erhalten. Tatsächlich scheinen die Venuskrater bis zu 800 Millionen Jahre oder älter zu sein. Auf der Erde sind die ältesten noch leidlich erkennbaren Einschlagkrater nur einige Dutzend oder einige wenige hundert Millionen Jahre alt. Das Ries in Süddeutschland, das lange Zeit gar nicht als Krater dieser Art erkannt wurde, ist nur knapp 15 Mill. Jahre alt und doch schon beachtlich verwittert.

Die Berge, Täler, Krater und anderen Einzelheiten auf Venus wurden nach berühmten Frauen benannt, zunächst aus der antiken Sage, dann aber auch aus Kunst, Wissenschaft und anderen Bereichen des Lebens. Ihren Nachruhm auf der Venus durften sie aber weder mit militärischen noch spezifisch nationalen Heldentaten erkämpft haben. Heilige aus Religionen der Gegenwart und Politikerinnen waren ebenfalls unerwünscht.

So wurde zum Beispiel Golubkina, ein 34 km großer Einschlagkrater, nach der russischen Bildhauerin Anna Golubkina benannt. Der Krater Mead ehrt die amerikanische Anthropologin Margret Mead. Oder um nochmals in die antike Mythologie und Geschichte zurückzugreifen: Es gibt einen 100 km großen Krater Cleopatra. Die Ebene Guinevere heißt nach der Gattin des König Artus, der Krater Aurelia nach der Mutter von Julius Cäsar.

Magellan-Radarbild der Venusoberfläche mit von Lava überflutetem Einschlagkrater

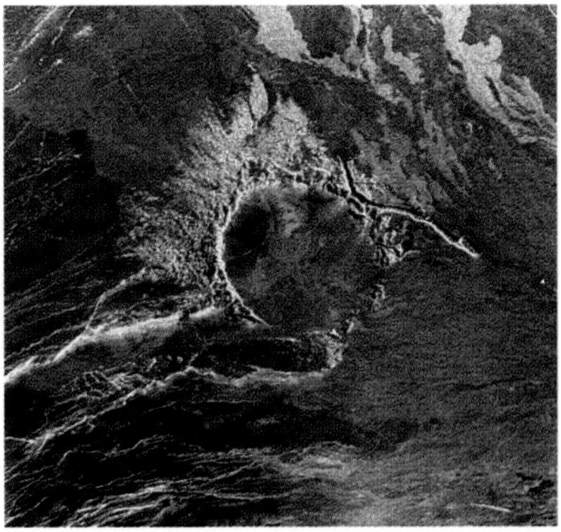

Mars

Mars ist nur etwas mehr als halb so groß im Durchmesser wie unsere Erde. Trotzdem gilt er als der Planet, auf dem man von der Erde aus die meisten Oberflächeneinzelheiten mit dem Fernrohr sehen kann. So gibt es bereits seit über hundert Jahren regelrechte Marskarten, und viele Landschaften auf Mars tragen noch heute Namen, die aus dieser Zeit stammen. Ein besonders auffälliges Gebilde ist zum Beispiel Syrtis maior, die Große Syrte. Es erscheint als dunkles Dreieck und kann unter günstigen Bedingungen bereits mit einem 5 cm-Rohr gesehen werden. Dasselbe gilt auch für die weißen Polkappen.

Jahreszeiten und Rotation

Der Äquator des Mars ist mit 25½ Grad gegen die Bahnebene fast genau so stark geneigt wie der Erdäquator mit 23½ Grad. So sind die Mars-Jahreszeiten ähnlich ausgeprägt wie bei uns, dauern aber wegen der längeren Umlaufzeit fast doppelt so lang. Die Temperaturen erreichen tagsüber am Äquator 15° bis 20 °C, fallen aber nachts auf −70 °C ab. Am tiefsten sinken die Temperaturen in der Polarnacht: Auf −130 °C. Ein Sterntag dauert 24 Std. 37 Min., ein Sonnentag zwei Minuten länger.

So sieht Mars in einem guten Fernrohr aus. Deutlich zeichnen sich einige Oberflächeneinzelheiten und die Süd-Polkappe (oben) ab.

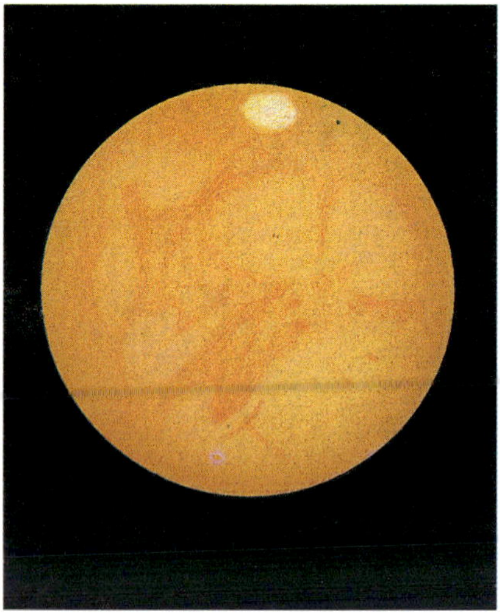

Die Atmosphäre

Am Marsboden beträgt der atmosphärische Druck 0,6 bis 0,7% des irdischen Luftdrucks. Der Hauptbestandteil der Atmosphäre ist mit 95% Kohlendioxid. Der Rest entfällt auf Stickstoff, Argon, sowie Spuren von Sauerstoff, Wasserdampf, Kohlenmonoxid usw. Die N-Polkappe besteht aus gefrorenem Wasser, die S-Polkappe aus gefrorenem Kohlendioxid.
Ein erheblicher Teil der Marsoberfläche ist von Sand- und Staubwüsten bedeckt. Manchmal wirbeln Winde diese feinen, puderartigen Staubmassen auf, und es entstehen gewaltige Sandstürme, die sogar von der Erde aus als orangefarbene Flecke zu sehen sind. Daneben gibt es aber auch weißliche Wolken aus Kohlendioxid- oder Wasser-Eiskristallen.

Schildvulkane

Der rötliche Mars wurde bereits von mehreren Raumsonden besucht. Zu erwähnen sind vor allem die amerikanischen Sonden Mariner 4, 6, 7 und 9, sowie Viking 1 und 2. Ein großer Teil der Marsoberfläche zeigt Einschlagkrater ähnlich dem Mond. Die Namen gehen meist auf Astronomen und Physiker zurück, z. B. Kepler, Huygens, Herschel, Lowell, Cassini oder Maraldi. Ein riesiges Becken ist Hellas mit einer Größe von 1600 x 2000 km; es dürfte ebenfalls auf den Einsturz eines Riesenmeteoriten zurückgehen. Der tiefste Teil des Beckens liegt 4000 m unter dem mittleren Niveau.
Die hervorstechendste Oberflächenstruktur sind riesige Schildvulkane, die heute

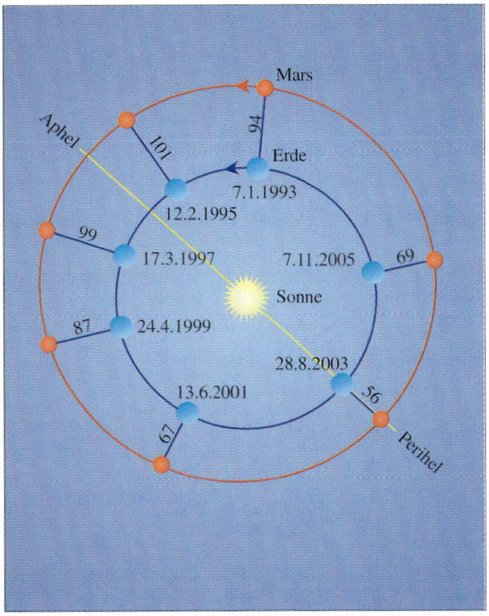

Die unterschiedlichen Oppositionen des Mars in den Jahren 1993 bis 2005.

Mosaik der Marsoberfläche aus Fotos der Raumsonde Viking

nicht mehr tätig sind. Besonders eindrucksvoll ist Olympus Mons. Seine Höhe beträgt 26 000 m, sein Basisdurchmesser fast 600 km; selbst die Gipfelcaldera ist noch 80 km groß. Seine Lavaströme können noch über Hunderte von km verfolgt werden. Nicht weit entfernt liegen auch die Vulkane der Tharsis Montes: Arsia Mons, Pavonis Mons und Ascraeus Mons. Das ganze Tharsis-Gebiet ist ein Wulst der Marskruste, der sich etwa 6 000 m über das mittlere Marsniveau erhebt.

Canyons und trockene Flußtäler

Auffallend ist auch das Canyon-System Valles Marineris mit einer Länge von über 4 000 km. Die größte Breite erreicht 200 km, die Tiefe 7 000 m. Daneben gibt es auch alte und gewundene Flußbetten. Tatsächlich muß Mars in einer früheren, wärmeren Klimaepoche flüssiges Wasser an seiner Oberfläche gehabt haben.
Viking 1 und 2 untersuchten am Marsboden die Gesteine und sollten mit drei unterschiedlichen Experimenten auch organisches Leben auf Mars nachweisen. Die Versuche fielen aber negativ aus. Es gilt daher heute als wenig wahrscheinlich, daß selbst einfachstes Leben auf unserem Nachbarplaneten existiert. Das gilt auch für die anderen Planeten.

Phobos und Deimos – die beiden Marsmonde

Asaph Hall entdeckte 1877 die beiden Marsmonde Phobos und Deimos. Es sind wahre Zwerge, die in kleinen Fernrohren nicht zu erkennen sind. Phobos ist eine riesige „Kartoffel" von 28 x 23 x 20 km, Deimos eine von 16 x 12 x 10 km Größe. Phobos besitzt eine sehr rauhe Oberfläche mit seltsamen, parallel zueinander verlaufenden, rund 500 m breiten Furchen, aber auch beachtliche Einschlagkrater; der größte, Stickney, hat einen Durchmesser von 10 km. Deimos ist an seiner Oberfläche ruhiger. Phobos ist 9 270 km, Deimos 23 400 km von Mars entfernt. Die Umlaufzeiten betragen 7 Std. 39 Min. bzw. 30 Std. 21 Min.

Jupiter

Jupiter ist als größter Planet bereits für ganz kleine Fernrohre ein dankbares Objekt. Sogar ein Fernglas zeigt seine vier hellsten Satelliten als helle Punkte zu beiden Seiten des Planeten. Innerhalb einiger Stunden und Tage kann man ihre Bewegungen oder Erscheinungen verfolgen: Verfinsterungen beim Eintritt der Satelliten in den Jupiterschatten, Bedeckungen durch die Jupiterscheibe, Vorübergänge vor Jupiter usw. Deswegen sieht man von der Erde aus oft weniger als vier Monde.

Die Galileischen Monde

Die bereits von Galilei 1610 entdeckten hellsten Monde heißen Io, Europa, Ganymed und Kallisto. Ihre Abstände von Jupiter betragen 422 000, 671 000, 1 070 000 und 1 883 000 km, ihre Umlaufzeiten 1,8 Tg., 3,6 Tg., 7,2 Tg. und 16,7 Tg., ihre Durchmesser 3 632 km, 3 126 km, 5 276 km und 4 820 km. Ihre Oberflächen sind recht verschieden und konnten mit Hilfe der Raumsonden Voyager 1 und 2 gut erforscht werden.

Io zeigt einen ausgeprägten aktiven Vulkanismus. Beim Vorüberflug der Voyager-Sonden wurden gleich mehrere Ausbrüche fotografiert. Europa bietet einen mit gewaltigen Rissen durchzogenen Eispanzer. Ganymed besitzt zahlreiche Einschlagkrater. Krater mit hellen Strahlensystemen zeigen, daß diese nicht sehr alt sein können. Doch gibt es auch ältere Krater. Kallisto ist von einer Unmenge von Kratern geradezu „gesättigt“.

Die mittlere Dichte der vier Monde nimmt von innen nach außen systematisch ab: Io hat noch eine Dichte von 3,5 g/cm^3, Kallisto bietet nur noch 1,8 g/cm^3. Das bedeutet, daß die Monde nach außen hin einen immer mächtigeren Eismantel und eine Kruste aus Eis haben. Die übrigen 12 Jupitermonde sind mit Amateurfernrohren nicht zu beobachten.

Der Planet Jupiter mit seinen Wolkengürteln im Fernrohr

Die Wolkengürtel des Jupiter

Schon ein kleines Fernrohr von etwa 5 oder 6 cm Öffnung zeigt in der Regel auf Jupiter zwei Wolkenstreifen, die parallel zum Äquator verlaufen und deswegen auch Nördliches und Südliches Äquatorialband (NEB und SEB) genannt werden. Größere Instrumente enthüllen noch sehr viel mehr atmosphärische Einzelheiten, die in ständiger Veränderung sind, einmal, weil sie sich wirklich im Verlauf von Stunden oder Tagen verändern, teils auch wegen der raschen Rotation des Planeten. Jupiter's Rotationszeit beträgt am Äquator nur 9 Std. 51 Min., in den Breiten ab etwa 9 Grad Nord oder Süd 5 Minuten mehr. Die rasche Rotation führt auch zu einer starken Abplattung, die immerhin 1:16 beträgt. Schon im kleinen Fernrohr kann man deutlich sehen, daß die Planetenscheibe nicht kreisförmig, sondern elliptisch erscheint.

Ein besonders bemerkenswertes Gebilde auf Jupiter ist der Große Rote Fleck (GRF). Er ist im Durchmesser über doppelt so groß wie unsere Erde, ein Wirbel in der Jupiteratmosphäre, der vermutlich schon seit mindestens 300 Jahren existiert.

Blick in das Innere von Jupiter

Die Jupiteratmosphäre besteht vor allem aus Wasserstoff, Helium, Methan, Ammoniak und Spuren anderer Stoffe. An der Wolkenobergrenze herrscht eine Temperatur von etwa –140 °C. Nach innen hin nehmen Temperatur und Druck stark zu. Der innere Aufbau des Jupiter – und auch der anderen Riesenplaneten Saturn, Uranus und Neptun – weicht völlig von dem der sog. erdähnlichen Planeten Merkur, Venus und Mars ab. Das geht schon aus der mittleren Dichte hervor, die z. B. bei Jupiter nur 1,3mal größer als die von Wasser ist, also 1,3 g/cm^3. Jupiter besitzt nur einen vergleichsweise winzigen Kern aus Gesteinen und vielleicht auch Eisen. Ansonsten geht die Wasserstoffatmosphäre nach innen unter der Wirkung des gewaltigen Drucks in den flüssigen Zustand über. In einer bestimmten Tiefe ist der Wasserstoff sogar elektrisch leitend („metallischer Wasserstoff").

Jupiter besitzt unter allen Planeten des Sonnensystems das stärkste Magnetfeld und Strahlungsgürtel, in denen Teilchen aus dem Sonnenwind eingefangen und gespeichert werden; sie sind immerhin 10 000mal stärker als die berühmten Van-Allen-Strahlungsgürtel der Erde.

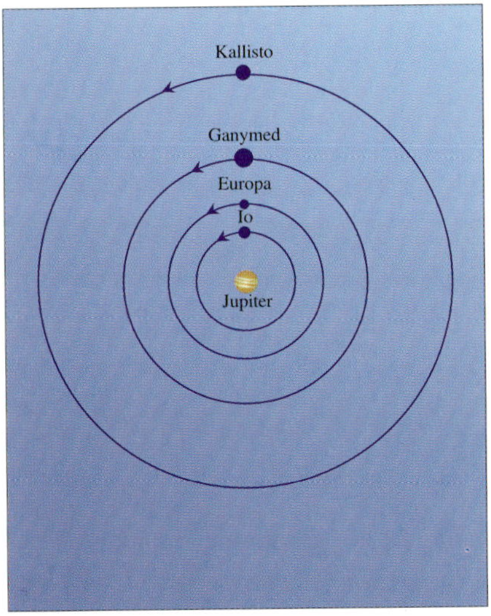

Die Bahnen der Galilei'schen Jupitermonde

Die Sichtbarkeit der oberen Planeten

Obere Planeten sind alle Planeten, die außerhalb der Erdbahn um die Sonne laufen. Stehen sie etwa hinter der Sonne, in **Konjunktion mit der Sonne,** sind sie unsichtbar. Die beste Beobachtungsmöglichkeit ergibt sich, wenn die Erde zwischen dem Planeten und der Sonne hindurchläuft. Dann steht der Planet der Sonne am Himmel gegenüber und kann die ganze Nacht gesehen werden: Er geht abends bei Sonnenuntergang auf der gegenüberliegenden Seite, also etwa im Osten auf, und morgens bei Sonnenaufgang etwa im Westen unter. Um Mitternacht erreicht er im Süden seinen Höchststand: Der Planet steht in **Opposition zur Sonne.**

In der Opposition kommt uns ein oberer Planet am nächsten. Bei den ferneren Planeten macht der Unterschied nicht viel aus. Bei Mars ist er aber gewaltig. Außerdem ist die Marsbahn stark exzentrisch. Fällt eine Marsopposition in eine Zeit, in der Mars in Sonnenferne (im Aphel) steht, sinkt der Abstand auf 101 Mill. km. Steht er in der Opposition in Sonnennähe (Perihel), schrumpft die Entfernung auf 56 Mill. km. Andererseits wächst der Abstand Mars-Erde in einer Konjunktion und bei einer Marsstellung im Aphel auf 400 Mill. km. Kurz vor und nach einer Opposition ist ein oberer Planet von der Erde aus gesehen auch rückläufig.

Saturn

Saturn ist der klassische Ringplanet. Schon ein ganz kleines Fernrohr genügt, um den Ring wenigstens andeutungsweise zu erkennen: 5 cm Öffnung und 30- bis 40fache Vergrößerung. Der Ring wurde schon 1610 von Galilei und kurze Zeit später auch von anderen frühen Fernrohrbeobachtern des 17. Jahrhunderts bemerkt, aber für Monde oder irgendwelche undeutbare Anhängsel des Saturn gehalten. Erst der niederländische Astronom Chr. Huygens deutete 1656 die Erscheinung geometrisch richtig. Eigentlich setzt sich der Ring aus mehreren Ringen zusammen: der äußere Ring A, der mittlere Ring B, sowie die inneren Ringe C (Florring) und D; Ring D kann nur mit den allergrößten Fernrohren ausgemacht werden, und auch der Ring C ist für Amateurfernrohre nicht erreichbar. Das Ringsystem, wie es von der Erde aus gesehen werden kann, hat einen Durchmesser von 278 000 km. Die Ringe A und B sind durch die sog. Cassini-Teilung getrennt. Sie hat eine Breite, die fast exakt dem Durchmesser unseres Mondes entspricht, und kann schon mit einem Fernrohr von 8 bis 10 cm Durchmesser und 150- bis 200facher Vergrößerung erkannt werden. Größere Fernrohre zeigen noch ein paar weitere Teilungen, besonders die Encke-Teilung (Bleistiftlinie) auf Ring A.

Je nach Position des Saturn zur Erde sehen wir einmal mehr auf die Nordseite und dann wieder auf die Südseite des Ringes. Die größte Neigung des Ringes zur Sichtlinie Erde-Saturn kann dabei 27° erreichen. Es kommt während eines Saturnumlaufs um die Sonne auch zweimal vor, daß wir genau auf die Kante des Ringes blicken. Da der Ring höchstens eine Dicke von ein paar hundert Metern hat, verschwindet zumindest in kleinen Fernrohren der Ring scheinbar ganz. Das tritt in den Jahren 1995 und 2009 ein. Im Jahre 2002 ist die Südseite des Ringes am stärksten der Erde zugeneigt.

Der Ring besteht aus unzähligen kleinen Brocken, meist aus Eis. Die Raumsonden Voyager 1 und 2 zeigten, daß es Tausende weiterer Teilungen gibt. Damit sieht der Saturnring auf den Voyager-Aufnahmen wie eine riesige Schallplatte aus. Außerdem fand man z. B. in der Cassini-Teilung, aber auch in anderen Teilungen, mehrere ganz schmale Ringe. Die Teilungen sind also ein wenig vorgetäuscht: es sind nur Bereiche, in denen die Ringe weniger dicht aufeinanderfolgen. Außerhalb des A-Ringes existieren noch der schmale F-Ring, dessen Teilchen von den beiden Schäferhundmonden Prometheus und Pandora zusammengehalten werden, und die recht diffusen G- und E-Ringe. Besonders merkwürdig sind die ebenfalls von den Voyager-Sonden entdeckten „Speichen" im Ring B. Es sind radiale Streifen, die viel länger erhalten bleiben, als man eigentlich erwarten dürfte, denn an sich bewegen sich die äußeren Ringteilchen langsamer um Saturn als die inneren Teilchen. Vermutlich hängen sie mit einer elektrischen Aufladung winziger Ringteilchen zusammen, die dadurch längere Zeit „wolkenartig" zusammengehalten werden.

Von den Satelliten ist Titan bereits mit einem guten Fernglas oder 5 cm-Fernrohr leicht sichtbar. Seine Helligkeit liegt in einer günstigen Opposition bei 8^m. Dieser größte Saturnmond hat einen Durchmesser von 5150 km und besitzt eine Atmosphäre aus Stickstoff. Seine Umlaufzeit um Saturn beträgt knapp 16 Tage. Aber auch Rhea (Helligkeit knapp über 10^m) ist noch in ganz kleinen Fernrohren sichtbar. Dieser 1530 km große Mond läuft in $4\frac{1}{2}$ Tagen um Saturn. Die wichtigsten Satelliten in der Reihenfolge von innen nach außen sind: Atlas, Prometheus, Pandora, Epimetheus, Janus, Mimas, Enceladus, Tethys, Dione, Rhea, Titan, Hyperion, Japetus und Phoebe. Daneben gibt es noch einige kleine Möndchen, die auf der Bahn eines größeren laufen (koorbitale Satelliten). Solche Monde gibt es auf der Bahn von Mimas, Tethys und Dione. Anfang 1992

Saturn mit seinem Ringsystem, wie es von der Erde aus im Fernrohr erscheint

waren insgesamt 18 Trabanten sicher bekannt. Außerdem gibt es im Ringsystem vermutlich auch viele größere Brocken, die man als Mini-Möndchen oder „Moonlets" bezeichnen könnte.

Viele der größeren Saturnmonde zeigen an ihrer Oberfläche beachtliche Einschlagkrater: Auf dem nur 390 km großen Mimas hat der Krater Herschel einen Durchmesser von 130 km! Der Krater Odysseus auf Tethys ist 400 km groß, Tethys selbst nur 1050 km. Hier müssen gewaltige Brokken mit den Satelliten zusammengestoßen sein. Daneben fallen Anzeichen für eine innere Aktivität auf, die teilweise auf ein Aufheizen durch Gezeitenwirkungen von Nachbarsatelliten zurückgeht. So findet man z. B. auf Enceladus seltsame Fließmuster: Hier trat vielleicht aus dem Innern plastisches Eis an die Oberfläche.

Die mittlere Dichte fast aller Saturnsatelliten liegt wenig über 1 g/cm^3. So bestehen sie in ihrem Innern vor allem aus Eis mit Beimengungen von Gesteinen. Auch die Oberfläche setzt sich oft aus Eis zusammen. Enceladus wirft z. B. 90% des auftreffenden Sonnenlichts zurück und kann deswegen nur von einer gleichmäßig stark reflektierenden Reifschicht überzogen sein. Der äußerste Saturnmond Phoebe wurde vermutlich eingefangen. Er bewegt sich rückläufig um den Planeten.

Auf Saturn selbst sind Strukturen nicht so leicht zu erkennen wie auf Jupiter, doch handelt es sich auch hier um Wolkenformationen. Gelegentlich treten auch einmal hellere weiße Flecke auf, offenbar ungefähr im 29,5-Jahres-Rhythmus des Saturnlaufs. Letztmals war dies im Jahre 1990 der Fall. Auffallend ist aber die Abplattung des Saturns: Sie ist unter allen Planeten mit 1:9 am stärksten. Der Äquatordurchmesser beträgt 120 000 km, der Poldurchmesser dagegen nur 108 000 km! Die mittlere Dichte ist mit 0,7 g/cm^3 unter allen Planeten am kleinsten. Der innere Aufbau ähnelt aber dem des Jupiter. Doch enthält die Saturnatmosphäre etwas weniger Helium als Jupiter. Die Rotationszeit der Atmosphäre ist recht unterschiedlich: Am Äquator beträgt sie 10 Std. 14 Min., nimmt aber nach Norden und Süden hin mit bis zu über einer halben Stunde stark zu. Auch über ein Magnetfeld verfügt Saturn.

Uranus, Neptun und Pluto

Wilhelm Herschel entdeckte 1781 den ersten teleskopischen Planeten, der später Uranus getauft wurde. Er hat eine Helligkeit um die 6. Größe herum und könnte daher bei guter Sicht schon mit freiem Auge, erst recht aber mit einem Opernglas oder Fernglas gesehen werden.
Voraussetzung ist eine gute Kenntnis seiner Position, damit er nicht mit einem Fixstern verwechselt wird. Er erscheint als winziges, grünlich-blaues Scheibchen, auf dem allerdings von der Erde aus nur mit größeren Instrumenten überhaupt etwas zu erkennen ist. Auch seine größten Monde Miranda, Ariel, Umbriel, Titania und Oberon sind Amateurfernrohren nicht zugänglich. Voyager 2 fand außerdem noch 10 weitere Mini-Monde, so daß heute immerhin 15 Uranussatelliten bekannt sind. Außerdem besitzt Uranus ein Ringsystem: Es besteht aus mindestens 9 sehr schmalen Einzelringen, die von der Erde aus nicht direkt sichtbar sind.
Uranus selbst hat einen Aufbau, der wiederum den anderen Riesenplaneten Jupiter und Saturn ähnelt. Er zeigt aber auf den Raumsondenaufnahmen weniger Einzelheiten. Uranus dreht sich in $17^1/_4$ Std. um seine Achse. Außerdem ist die Achse um 98° gegen die Senkrechte geneigt, liegt also fast genau in der Bahnebene; damit rotiert Uranus rückläufig.
Neptun wurde 1846 von J. G. Galle auf der Grundlage von Bahnbestimmungen, die U. J. Leverrier aus Störungen in der Uranusbahn ableitete, entdeckt. Die Helligkeit des Neptun liegt knapp über der 8. Größe. Er erscheint noch kleiner und ebenfalls grünlich-bläulich. Voyager 2 photographierte auf ihm bemerkenswerte Wolkenstrukturen, darunter den „Großen Dunklen Fleck", der im Verhältnis zum Planetendurchmesser fast genau dieselbe Größe hat wie der „Große Rote Fleck" auf Jupiter und auch sonst viele Ähnlichkeiten zeigt. Daneben entdeckte man z. B. Cirruswolken, die Schatten auf darunterliegende Wolkenfelder warfen. Die Rotationszeit beträgt knapp über 16 Std. Im übrigen reiht sich Neptun in das Muster der Riesenplaneten ein. Zwei Satelliten – Triton und Nereid – konnten schon von der Erde aus gefunden werden. Durch Voyager 2 kamen 6 neue hinzu. Auf Triton (2720 km Durchmesser) fand man geysirartige Erscheinungen, die auf einen Vulkanismus mit gefrorenem oder flüssigem Stickstoff hindeuten. Ferner besitzt Triton eine dünne Atmosphäre.
Pluto wurde 1930 von C. W. Tombaugh entdeckt. Es ist der kleinste der 9 großen Planeten. Auf seiner stark exzentrischen Bahn läuft er zeitweise, wie z. B. zwischen 1979 und 1999, innerhalb der Neptunbahn und erreicht dann eine Helligkeit von $13{,}6^m$, was aber trotzdem für normale Amateurfernrohre zu wenig ist. Auch der einzige Plutomond Charon ist zu schwach. Sein Durchmesser beträgt 1200 km. Damit ist er aber immerhin im Verhältnis zu seinem Mutterplaneten der größte Satellit in unserem Sonnensystem.

Neptun mit seinem „Großen Dunklen Fleck", aufgenommen von Voyager 2

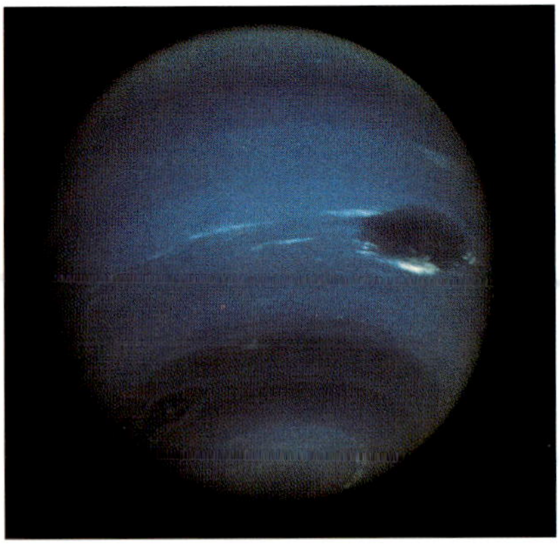

Kleinplaneten

Neben den neun großen Planeten von Merkur bis Pluto gibt es aber noch eine

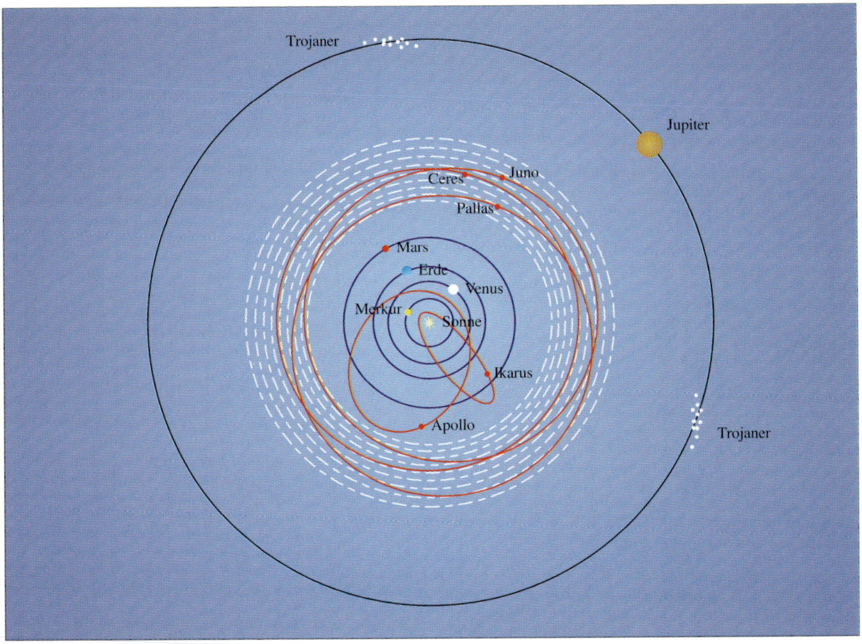

Die Bahnen einiger typischer Kleinplaneten um die Sonne

Vielzahl von Kleinplaneten (Asteroiden, Planetoiden). Der erste Kleinplanet wurde 1800/1801 von G. Piazzi entdeckt und Ceres genannt. Bis 1807 kamen Pallas, Juno und Vesta hinzu. Erst 1845 und 1847 folgten Astraea und Hebe. Seither riß die Entdeckungsflut nicht mehr ab. Anfang 1992 waren bereits über 5000 Objekte numeriert und weitgehend mit Namen versehen. Die Gesamtzahl aller Kleinplaneten dürfte in die Zehntausende gehen. Ceres ist mit rund 932 km Durchmesser am größten. Die meisten sind aber nur wenige Kilometer groß. Einige Kleinplaneten können bereits mit dem Feldstecher aufgespürt werden. Vesta erreicht in einer günstigen Opposition sogar über 6^m und ist damit bei genauer Kenntnis seines Ortes gerade noch mit freiem Auge sichtbar.

Die meisten Kleinplaneten bewegen sich zwischen Mars und Jupiter um die Sonne. Doch überkreuzt eine ganze Anzahl von dieser eigentlichen Kleinplanetenzone aus die Marsbahn oder die Erdbahn nach innen. Einige kommen sogar noch näher an die Sonne als Merkur. Einige laufen auch auf der Jupiterbahn um die Sonne und sind von diesem Riesenplaneten 60° nach beiden Seiten hin entfernt (Trojaner). Die überwiegende Mehrheit hat aber einen Sonnenabstand zwischen etwa 320 und 500 Mill. km. Die Gesamtmasse aller, auch noch unbekannter Kleinplaneten zusammengenommen dürfte weniger als ein Tausendstel der Erdmasse betragen. Die meisten Kleinplaneten sind recht dunkle oder auch dunkelrote, kohlenstoffreiche Körper. Nicht so viele bestehen aus Silikaten mit etwas Eisen, nur wenige fast ausschließlich aus Metallen. 1991 flog erstmals mit Galileo auch eine Raumsonde an einem Kleinplaneten (Gaspra) vorüber. Die Aufnahmen zeigten einen unregelmäßig geformten, fast 20 km großen Körper.

Kometen

Zu den geheimnisvollsten Körpern unseres Sonnensystems gehören die Kometen. Manchmal stehen sie als prachtvolle „Schweifsterne“ am Himmel, obwohl unser durch künstliche Effekte verwöhntes Auge am aufgehellten Großstadthimmel auch einen schönen Kometen vielleicht gar nicht mehr so aufregend empfindet. Hinzu kommt, daß wirklich spektakuläre Kometen einigermaßen selten sind. Wir wurden in den letzten Jahrzehnten in dieser Hinsicht nicht sehr verwöhnt.

Einigermaßen hell (1. bis 2. Größe) wurden z. B. die Kometen Arend-Roland 1957, Bennett 1970, West 1976 und der Halleysche Komet 1986, letzterer allerdings nur von der Südhalbkugel aus gesehen.

Der Schweif eines Kometen galt früher als die aufregende Hauptsache. Die „Besensterne“, wie sie oft genannt wurden, waren die Zuchtruten Gottes und verkündeten Kriege, Unwetter, Seuchen und Hungersnöte. Wesentlich ist aber nur ein kleiner Kern von wenigen Kilometern Durchmesser, der aus Eis und Staub besteht. Deswegen nennt man die Kometenkerne neuerdings sehr treffend „schmutzige Schneebälle“. Man könnte sie auch mit einer verschmutzten Schneekruste vergleichen, die im Vorfrühling am schattigen großstädtischen Straßenrand zurückgeblieben ist.

Milliarden solcher „schmutziger Schneebälle“ schwirren weit jenseits der Plutobahn in der sog. Oortschen Wolke (benannt nach dem holländischen Astronomen Oort) um die Sonne. Ihre Entfernung beträgt etwa 4 bis 12 Bill. km. Vielleicht gibt es auch noch einen sonnennäheren Gürtel nicht sehr weit hinter der Plutobahn. Nur ein kleiner Teil der Kometenkerne gelangt in das innere Planetensystem und wird dadurch überhaupt erst für uns sichtbar; dem Kometenkern wird es dabei immer wärmer. Ein Teil des Eises verdampft, und es entsteht die Koma, der „Kometenkopf“ mit einem Durchmesser von 10 000 bis 100 000 km. Durch den Sonnenwind wird ein Teil des Gases von der Koma weggetrieben; so bildet sich der Gasschweif, der stets von der Sonne abgewandt ist. Auch Staub wird vom Kern freigesetzt. Der Staubschweif ist im Gegensatz zum Gasschweif etwas gekrümmt, weist aber im Prinzip ebenfalls von der Sonne weg. Der Gasschweif ist so dünn, daß die Sterne ungetrübt hindurchschimmern. Die Kometenschweife können viele Millionen Kilometer lang werden. Rekordwerte liegen

Die Bahn des Halleyschen Kometen um die Sonne. Je weiter der Komet von der Sonne entfernt ist, desto mehr verkümmert der Schweif. Schon im Bereich Mars-Jupiter wird er praktisch unsichtbar.

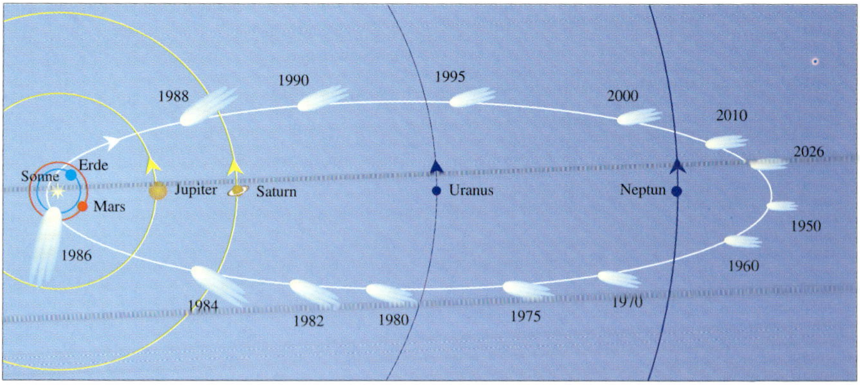

bei 100 bis 250 Mill. km. Die Kometen verlieren bei ihrem Lauf durch das innere Planetensystem Materie, und zwar umso mehr, je lockerer sie gepackt sind und je näher sie der Sonne kommen. Danach kehren sie meist wieder in die Oortsche Wolke zurück.

Solche „neuen“ Kometen können langfristig nicht vorhergesagt werden. Sie werden irgendwann einmal auf ihrer Bahn nach innen entdeckt, vielleicht etwa in der Gegend der Jupiter- oder Marsbahn, vielleicht auch später – je nach Stellung am Himmel oder Zufall.

Läuft ein „neuer“ Komet nahe an einem großen, massereichen Planeten vorüber, so kann er so gestört werden, daß er fortan in wenigen Jahren oder Jahrzehnten auf einer engeren Ellipse um die Sonne zieht. Er wird zu einem periodischen Kometen und kann jetzt vorhergesagt werden. So hat vor allem Jupiter eine regelrechte Kometenfamilie, die Jupiterfamilie mit über 50 Mitgliedern, versammelt. Die Umlaufzeiten dieser Kometen betragen etwa 6 bis 7 Jahre. Die Kometenfamilien der anderen Riesenplaneten Saturn, Uranus und Neptun sind nicht so reich. Der berühmte Halleysche Komet gehört der Neptunfamilie an. Seine Umlaufzeit beträgt zur Zeit etwa 76 Jahre. Die kürzeste Umlaufzeit hat der Enckesche Komet mit 3,3 Jahren.

Die periodischen Kometen sind allerdings meist nicht sehr spektakulär. Der Grund ist leicht einzusehen: Sie liefen inzwischen bereits so oft nahe der Sonne vorbei, daß sie ziemlich verbraucht sind und schon viel Gas und Staub verloren haben. Die Lebensdauer des Halleyschen Kometen wird nur auf höchstens einige Hunderttausend Jahre geschätzt. Oft hat man den Zerfall oder zumindest die Aufspaltung eines Kometen in Sonnennähe beobachtet, z. B. beim Kometen Biela im 19. Jahrhundert. Neu aus der Oortschen Wolke kommende Kometen sind frischer, unverbrauchter, da sie u. U. das erste Mal in das innere Planetensystem gelangen. 1986 erhielt der Halleysche Komet erstmals Nahbesuch von mehreren Raumsonden. Die europäische Sonde Giotto kam dem Kometenkern dabei auf 600 km nahe.

Der Halleysche Komet bei seiner letzten Wiederkehr 1986. Aufnahme W. E. Celnik, Berlin

Hier noch etwas über die Bezeichnung der Kometen: Zunächst erhalten sie den Namen ihres Entdeckers. Melden zwei oder drei Beobachter die Entdeckung unabhängig voneinander der Internationalen Astronomischen Union (Sitz Cambridge, Mass., USA), so können auch Doppel- oder Dreifachnennungen vorkommen, z. B. Komet Honda-Mrkos-Pajdusakova. Daneben erhält der Komet innerhalb eines Jahres eine vorläufige Bezeichnung in der Reihenfolge der Entdeckung: 1992 a, 1992 b, 1992 c usw. Reicht das Alphabet nicht aus, geht es weiter mit der Jahreszahl und a_1, b_1 usw. Liegen alle Bahnbestimmungen vor, so ordnet man später die Kometen innerhalb eines Jahres nach dem Datum ihres Durchgangs durch den sonnennächsten Bahnpunkt (Perihel) mit römischen Ziffern: 1992 I, 1992 II, 1992 III usw.

Sternschnuppen – Meteoriten

Sternschnuppen hat schon jeder einmal am Himmel gesehen. Diese eher volkstümliche Bezeichnung wird im wissenschaftlichen Sprachgebrauch durch den Begriff Meteor ersetzt. Es sind die Leuchterscheinungen am Himmel, die wir beim Eindringen kleiner kosmischer Staubkörner in unsere Erdatmosphäre sehen. Die Geschwindigkeiten können dabei bis über 70 km/s betragen.

Eigentlich sehen wir gar nicht so wenige Meteore am Himmel. Am ganzen Himmel treten pro Stunde im Durchschnitt 5 bis 15 Sternschnuppen auf. Die Meteore leuchten bereits in der Hochatmosphäre auf. Ein Maximum liegt bei etwa 100 km. Sie erlöschen entsprechend tiefer mit einer Spitze bei etwa 30 bis 40 km. Doch dies sind nur ganz grobe Richtwerte. Was wir sehen, ist nicht das aufleuchtende und meist verglühende Teilchen. Dazu sind sie viel zu klein. Schon ein Staubkorn von Millimeter- bis Zentimetergröße kann eine schöne Sternschnuppe erzeugen. Wir sehen die zum Leuchten gebrachte Luft um die Einflugschneise des Teilchens herum. Manchmal können diese Luftschichten auch nachleuchten, und wir sehen lange Meteorschweife. Die hellsten Meteore nennt man auch Feuerkugeln oder Bolide. Zu bestimmten Zeiten des Jahres treten regelmäßig Meteorströme oder Sternschnuppenschwärme auf. Das ereignet sich oft dann, wenn die Erde auf ihrer Bahn einen Staubring kreuzt, der von einem alten Kometen stammt. Kometen verlieren ja neben Gas auch Staub. Besonders periodische Kometen verstreuen allmählich einen großen Staubvorrat längs ihrer ganzen Bahn. Dieser breitet sich allmählich aus, und so muß die Erde noch nicht einmal exakt die Kometenbahn passieren, wenn es zu einem Sternschnuppenschwarm kommen soll. Ein schönes Beispiel sind die Perseiden, die auf den Kometen Swift-Tuttle (1862 III) zurückgehen. Schon am 20. Juli erreicht die Erde die äußersten Ausläufer des Perseidenschwarms, und die ersten Perseiden-Sternschnuppen treten auf. Der Höhepunkt ist aber erst am 11. August: Dann flitzen bis über 100 Sternschnuppen pro Stunde über den Himmel, und noch bis zum 19. August können noch einige Perseiden gesehen werden. Die Erde benötigt also einen vollen Monat, um diesen Staubstrom zu durchqueren.

Die Perseiden erhielten ihren Namen, weil sie scheinbar aus dem Sternbild Perseus herausströmen. Fahren wir mit dem Auto durch ein Schneegestöber, so scheinen die Schneeflocken von einem Punkt in Fahrtrichtung aus radial nach allen Seiten zu fliegen. Das Zusammenwirken der Bewegung der Staubteilchen und der Erde führt zu demselben Effekt. Den scheinbaren Ausstrahlungspunkt der Strommeteore nennt man Radiant.

Es gibt noch andere Meteorströme: Vom 1. bis 4. Januar treten die Quadrantiden auf; das Maximum ist am 3. Januar. Der Halleysche Komet verursacht sogar zwei

Der Radiant des Sternschnuppenschwarms der Perseiden

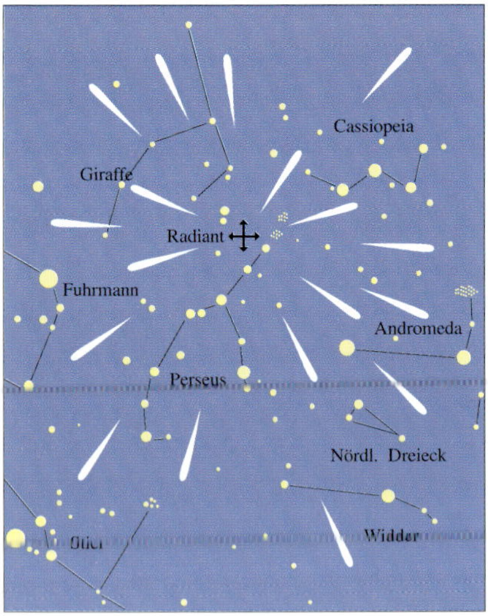

Der Meteoritenkrater in Arizona

Meteorströme, weil hier die Erde zweimal den Staubstrom dieses Kometen durchquert: Vom 29. April bis 21. Mai (Maximum 5. Mai) die eta-Aquariden (Radiant im Wassermann) und vom 11. bis 30. Oktober die Orioniden (Maximum 19. Oktober) mit dem Radianten im Sternbild Orion. Mitte Dezember treten die Geminiden auf (Radiant in den Zwillingen).
Es gibt auch Meteorströme, die nicht jedes Jahr gleich ergiebig sind. Nehmen wir einen Kometen, der seinen Staub noch nicht gleichmäßig über die ganze Bahn, sondern erst in seiner Nähe verstreute. Dann muß auch der Komet selbst in unserer Nähe sein, damit wir viele Sternschnuppen sehen. So ist es bei den Leoniden (Radiant im Löwen), die auf den Kometen Tempel-Tuttle (1866 I) zurückgehen. Sie erscheinen alljährlich Mitte November (Maximum 17. November), sind aber meist wenig eindrucksvoll. Gemäß der Umlaufzeit des Mutterkometen von 33,3 Jahren entstehen aber in Abständen von 33 oder 34 Jahren ganz enorme Ereignisse, zuletzt 1966. Hier traten 2000 Meteore pro Minute auf! Große Schwärme sind auch aus den Jahren 1799, 1833 und 1866 bekannt. Doch 1899 und 1933 fielen sie aus. Jupiter und Saturn störten die Bahn der Leoniden so stark, daß die Erde das dichte Staubpaket verfehlte. Erneute Bahnstörungen führten dazu, daß die Leoniden aber 1966 wieder besonders aktiv waren. Ein weiterer großer Schwarm könnte 1999 oder 2000 auftreten.

Meteoritenfälle

Größere Brocken fallen zur Erdoberfläche; es gibt Steinmeteorite und Eisenmeteorite. Obwohl viel mehr Steinmeteorite niedergehen, findet man doch mehr Eisenmeteorite. Die Steinmeteorite verwittern schneller, so daß sie nicht mehr auffallen und leicht übersehen werden. Die größten Meteoriten erzeugen auch Krater. Zu den bekanntesten gehört der Barringer-Krater in Arizona mit 1,3 km Durchmesser und 174 m Tiefe. Es ist wohl der eindrucksvollste und gleichzeitig am leichtesten erreichbare Meteoritenkrater auf der Erde. Bei einem Alter von etwa 25 000 Jahren ist er auch noch nicht so sehr verwittert. Das Nördlinger Ries ist zwar 25 km groß, aber schon 15 Mill. Jahre alt. Sein Wall ist also nicht mehr so eindrucksvoll. Der berühmte Fall vom 30. Juni 1908 in der sibirischen Taiga in der Nähe des Flüßchens Steinige Tunguska geht dagegen entweder auf einen Kometenkern oder einen Apollo-Asteroiden, der beim Durchgang durch die Atmosphäre in 5 bis 10 km Höhe zerplatzte, zurück. Er zerstörte ein riesiges Waldgebiet und löste einen Waldbrand aus, schuf aber keinen Krater.

Die Sterne

Im Gegensatz zu den Planeten (Wandelsterne) zeigen die Sterne keine Bewegungen gegeneinander. Man nennt sie daher auch Fixsterne (festgeheftete Sterne). Langfristig gesehen ist dies allerdings nicht richtig. Die Sterne zeigen dann sehr unterschiedliche Eigenbewegungen, die in Jahrzehntausenden oder Jahrhunderttausenden dazu führen, daß unsere heutigen Sternbilder ihre Gestalt verändern. Die Eigenbewegungen der Sterne wurden 1718 von E. Halley entdeckt. Sie zeigen zunächst nur die Projektion der tatsächlichen räumlichen Bewegung eines Sterns gegen die Himmelssphäre. Um die wirkliche Raumbewegung eines Sterns zu erfahren, muß auch noch bekannt sein, ob sich ein Stern auf uns zu oder von uns weg bewegt. Auch unsere Sonne bewegt sich mitsamt den Planeten durch den Raum, und zwar in Bezug auf die Nachbarsterne mit einer Geschwindigkeit von knapp 20 km/s in Richtung auf den östlichen Teil des Sternbilds Hercules.

Das Sternbild Orion. Aufnahme: S. Binnewies und D. Sporenberg, Bochum

Die Sterne sind Gaskugeln wie unsere Sonne, jedoch so weit entfernt, daß sie auch in großen Fernrohren nur als Punkte erscheinen. Die Entfernungen der näheren Sterne bestimmt man mit Hilfe der Parallaxe. Bewegt sich die Erde innerhalb eines Jahres um die Sonne, verschiebt sich ein Stern scheinbar am Himmel. Er spiegelt die Erdbewegung in einer winzigen Ellipse wider. Der Halbmesser dieser Ellipse heißt jährliche Parallaxe. Sie ist umso kleiner, je weiter der Stern entfernt ist. Kennt man den Bahnhalbmesser der Erde, so kann man mit Hilfe der Parallaxe die Sternentfernung berechnen. Erstmals wurde eine Parallaxe von F. W. Bessel 1838 an dem Stern 61 Cygni (im Schwan) entdeckt. Man gibt die Entfernung in Lichtjahren an.

1 Lichtjahr ist die Strecke, die das Licht bei einer Geschwindigkeit von 300 000 km/s in einem Jahr zurückgelegt. Das sind rund 9,5 Billionen km.

Der nächste Stern ist Proxima Centauri, ein Begleiter von Alpha Centauri oder Toliman, dem Hauptstern im Sternbild Centaur. Er ist 4,3 Lichtjahre entfernt.

Die verschiedenen Sterntypen

Unsere Sonne ist in jeder Hinsicht ein ziemlich durchschnittlicher Stern. Viele andere Sterne können sich deutlich davon unterscheiden:

Durchmesser: Am größten sind die roten Riesensterne (z. B. Beteigeuze, Antares). Den Rekord hält der Stern VV Cephei mit dem 2400fachen Sonnendurchmesser. Am kleinsten sind die weißen Zwergster-

Die hellsten Sterne

Name	Sternbild	Helligkeit
Sirius	Großer Hund	$-1{,}5^m$
Canopus	Schiffskiel	−0,7
Toliman	Centaur	−0,2
Arcturus	Bootes	0,0
Wega	Leier	0,0
Capella	Fuhrmann	+0,1
Rigel	Orion	+0,1
Procyon	Kleiner Hund	+0,4
Achernar	Eridanus	+0,5
Agena	Centaur	+0,6
Beteigeuze	Orion	+ 0,7var
Atair	Adler	+0,8
Acrux	Südl. Kreuz	+0,8
Aldebaran	Stier	+0,9
Antares	Skorpion	+1,0
Spica	Jungfrau	+1,0

ne, die mit der Größe der Erde vergleichbar sind. Noch winziger sind die exotischen Neutronensterne (Durchmesser 20–30 km) und Schwarzen Löcher.

Masse: Die massereichsten Sterne kommen auf 50 bis 80 Sonnenmassen. Es sind dies in der Regel die blauweißen Überriesen. Die masseärmsten Sterne, sofern sie ihre Energie aus atomaren Kernfusionsprozessen beziehen, sind die Roten Zwerge mit bis zu 0,08 Sonnenmassen herab. Die noch hypothetischen sog. Braunen Zwerge beziehen ihre Energie aus einer langsamen Kontraktion und haben noch etwas geringere Massen.

Leuchtkraft: Hier ist die wirkliche, absolute Leuchtkraft gemeint (absolute Helligkeit), nicht die Helligkeit, in der uns der Stern von der Erde aus erscheint (scheinbare Helligkeit). Die größte Leuchtkraft haben die blauweißen Überriesen und andere Überriesen. Sie liegt beim 100 000fachen bis 1 Millionfachen der Sonnenleuchtkraft. Am schwächsten sind die Roten Zwerge mit 1/100 000 der Sonnenleuchtkraft, sowie die Braunen Zwerge.

Temperatur und Farbe: Die roten Sterne sind mit etwa 3000 °C an der Oberfläche am kühlsten (außer den noch etwas kühleren Braunen Zwergen). Ist ein Stern heißer, so verschiebt sich seine Farbe über Orange nach Gelb. Hierzu gehört die Sonne mit knapp 6000 °C. Noch heißer sind die gelbweißen, weißen und blauweißen Sterne. Die letzteren kommen bis auf rund 100 000 °C. Im Innern sind die Sterne noch heißer. Die Roten Zwerge haben eine Zentraltemperatur von 10 Mill. Grad, die Sonne kommt auf 15 Mill. Grad und die massereichsten Sterne auf 30–40 Mill. Grad. Die Roten Riesen sind als alte Sterne im Zentrum 50 Mill. bis über 1 Mrd. Grad heiß.

Dichte: Die mittlere Dichte ist bei den weißen Zwergsternen und Neutronensternen mit 1 t/cm^3 bzw. 10 bis 100 Mill. t/cm^3 am größten. Bei den schwarzen Löchern liegt sie noch darüber. Am kleinsten ist sie bei den Roten Riesen mit 10^{-7} g/cm^3. Allerdings bestehen dort innerhalb des Sterns gewaltige Unterschiede. Während die äußeren Sternschichten extrem verdünnt sind, zeigt der Kern eine sehr hohe Dichte ähnlich der von Weißen Zwergen.

Beispiele einiger besonders großer Sterne

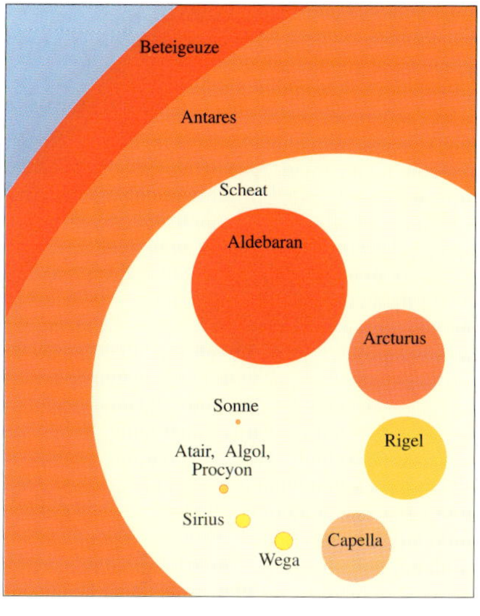

Doppelsterne

Beobachten wir einmal den mittleren Deichselstern im Großen Wagen. Sein altarabischer Name lautet Mizar. Dicht oberhalb dieses Sterns steht ein schwächeres Sternchen. Es sitzt auf der Deichsel und wird daher das Reiterlein genannt. Sein altarabischer Name ist Alkor. Beide Sterne zusammen bilden einen Doppelstern, der schon leicht mit bloßem Auge getrennt werden kann. Aber gehören beide Sterne auch räumlich zusammen? Es könnten beide Sterne nur zufällig etwa in der gleichen Blickrichtung, in Wirklichkeit aber weit hintereinander stehen. Das würde man einen **optischen Doppelstern** nennen. Bei einem echten oder **physischen Doppelstern** würden sich beide Partner oder Komponenten gegenseitig umkreisen. Da die Umlaufzeiten oft riesig sind, gelingt diese Entscheidung oft nicht. Ein anderer Hinweis wäre, daß beide Sterne praktisch exakt dieselbe Entfernung von uns haben. Aber Entfernungsmessungen sind nicht immer sehr genau. Wenn jedoch beide Partner dieselbe Eigenbewegung am Himmel zeigen, wäre es schon ein großer Zufall, wenn sie räumlich nichts miteinander zu tun hätten. Gemeinsame Eigenbewegungen sind also ebenfalls ein guter Hinweis auf einen physischen Doppelstern. Es war lange Zeit unklar, wie die Dinge im Falle von Mizar/Alkor liegen. Heute wissen wir, daß beide Sterne zusammengehören und sich gegenseitig in vielleicht rund 800 000 Jahren umkreisen.
Nun nehmen wir ein kleines Fernrohr von mindestens 5 cm Durchmesser und 30facher Vergrößerung. So entdecken wir dicht neben Mizar einen weiteren Begleiter. Er ist nur 14,5 Bogensekunden von seinem Hauptstern entfernt – abermals ein physischer Doppelstern. Hier beträgt die Umlaufzeit viele Jahrtausende.

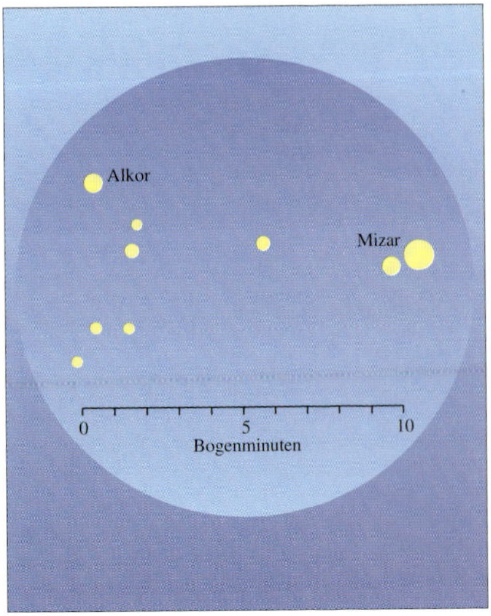

Mizar und Alkor

Je enger die Komponenten eines Doppelsterns beieinander stehen und je verschiedener ihre Helligkeit ist, desto schwieriger ist die Trennung. Ein Fernglas vermag meist noch zu trennen – einigermaßen gleich helle Sterne vorausgesetzt –, wenn sie mindestens etwa 20 Bogensekunden voneinander entfernt sind. Bei einem kleineren Fernrohr gilt für das Auflösungsvermögen folgende Faustformel: Mindestdistanz in Bogensekunden = 12 dividiert durch die Fernrohröffnung in cm. Ein 6-cm-Rohr kann also noch Sterne trennen, wenn sie mindestens 2 Bogensekunden voneinander entfernt sind. Wiederum gilt: Näherungsweise gleiche und etwa mittlere Helligkeit (etwa 5. oder 6. Größe). Bei der Trennung von Doppelsternen spielt aber auch die Luftunruhe eine große Rolle.
Extrem enge Doppelsterne kann man selbst in sehr großen Fernrohren nicht mehr trennen. Hier hilft die Spektroskopie. Besteht ein im Fernrohr einzeln erscheinender Sternpunkt tatsächlich aus zwei einander umkreisenden Komponenten, so muß zu bestimmten Zeiten der eine Stern auf die Erde zu, der andere von uns weg laufen. Die Spektrallinien des einen Sterns sind wegen des Doppler-Effekts al-

so nach Violett, die des anderen Sterns nach Rot verschoben. Alle Linien, z. B. die des Wasserstoffs, erscheinen bei einem solchen spektroskopischen Doppelstern verdoppelt. Bewegen sich beide Sterne gerade quer zur Blickrichtung, laufen sie also weder auf die Erde zu noch von ihr weg, fallen die Spektrallinien vorübergehend zusammen.

Es gibt noch eine weitere Möglichkeit, Doppelsterne zu entdecken: Zeigt sich in der Eigenbewegung eines Sterns eine periodische Störung, so geht diese in aller Regel auf einen unsichtbaren Begleiter zurück. Aus dem Betrag der Störung und der Periode kann man auch auf die Masse des unsichtbaren Körpers schließen.

Das Spektrum von Sonne und Sternen

Man zerlegt das Licht eines Sterns mit einem Prisma in seine Spektralfarben: Rot, Orange, Gelb, Grün, Blau, Violett. Praktisch benötigt man, um weit auseinandergedehnte und scharfe Spektren zu erhalten, mehr als ein Prisma. Außerdem muß der Lichtstrahl noch einen Spalt durchqueren. Linsensysteme bilden das Spektrum scharf ab. Die ganze Einrichtung nennt man ein Spektroskop oder einen Spektrographen, der in Verbindung mit einem Fernrohr eingesetzt wird. Häufig setzt man statt Prismen auch Beugungsgitter ein. In den Spektren der Sonne oder der Sterne zeigen sich viele, meist dunkle Linien. Sie liegen bei ganz bestimmten Wellenlängen und gehen auf bestimmte chemische Elemente zurück, die sich in den Sternatmosphären befinden, vor allem Wasserstoff und Helium, aber auch andere Elemente wie Kohlenstoff, Stickstoff, Sauerstoff, Calcium, Silicium, Eisen usw. So läßt sich die chemische Zusammensetzung der Sonne und der Sterne bestimmen.

Bewegt sich ein Stern auf uns zu, sind alle Spektrallinien nach Violett, bewegt er sich von uns weg, nach Rot hin verschoben, und zwar um so mehr, je größer die Geschwindigkeit ist. Dies nennen wir den **Doppler-Effekt.** Im Reich der Schallwellen können wir diesen Effekt täglich wahrnehmen: Fährt zum Beispiel ein Feuerwehrauto mit eingeschalteter Sirene auf uns zu, hören wir einen höheren Ton als dann, wenn es steht oder sich gar von uns entfernt. Aus dem Betrag der Doppler-Verschiebung der Spektrallinien leitet man ab, wie schnell sich die Lichtquelle auf die Erde zu bewegt oder von ihr entfernt. Dies nennt man seine Radialgeschwindigkeit. Sie wird mit einem + versehen, wenn sich der Stern entfernt. Ein – bedeutet eine Abstandsverringerung.

Die Entstehung eines Sonnen- und Sternspektrums mit Hilfe eines Prismen-Spektroskops

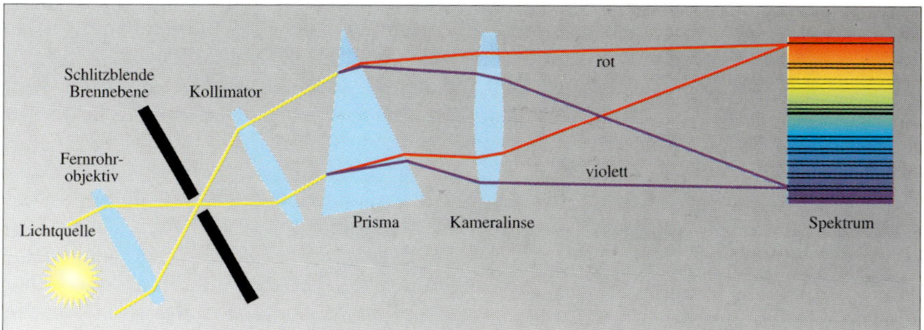

Veränderliche Sterne

Wenn wir gelegentlich Sterne funkeln oder szintillieren sehen, so hat dies mit den Sternen selbst überhaupt nichts zu tun: Die Ursache dieser Erscheinung liegt in unserer Erdatmosphäre. Bei unruhiger Luft erfährt der dünne Lichtstrahl eines Sterns beim Durchtritt durch die Atmosphäre unregelmäßige Schwächungen. Je turbulenter die Luft, desto stärker das Sternflimmern. Viele Sterne zeigen aber auch echte Helligkeitsschwankungen. Allerdings laufen diese nicht so schnell ab wie das atmosphärisch bedingte Sternefunkeln.

Bedeckungsveränderliche sind Doppelsterne, bei denen wir von der Erde aus fast exakt auf die Kante der Bahnebene der beiden Sterne blicken. Die beiden Sternpartner stehen aber so eng beieinander, daß sie selbst in großen Fernrohren nur als ein Lichtpunkt erscheinen, also nicht aufgelöst werden können. Die Helligkeit beider Sterne addiert sich also. Kommt es aber während eines Umlaufs zu gegenseitigen Bedeckungen oder Verfinsterungen, so sinkt die Helligkeit des gemeinsamen Sternpunkts regelmäßig ab. Die Periode des Lichtwechsels zeigt uns also die Umlaufzeit der beiden Sternpartner an. Ein berühmtes Beispiel ist Algol im Perseus. Hier fällt die Helligkeit regelmäßig innerhalb von knapp 69 Stunden auf weniger als ein Drittel oder um 1,3 Größenklassen von $2{,}1^m$ auf $3{,}4^m$ ab, was bereits mit freiem Auge gut – etwa durch Vergleich mit den Nachbarsternen – zu verfolgen ist. Das Helligkeitsminimum entsteht, wenn der hellere Stern durch den schwächeren teilweise bedeckt wird. Eine halbe Umlaufperiode dazwischen bedeckt aber auch der hellere Stern den schwächeren, und es entsteht ein sog. Nebenminimum, das nur 1/10 Größenklasse ausmacht und daher nur mit Meßinstrumenten nachzuweisen ist. Es gibt eine sehr große Zahl von Bedeckungsveränderlichen. Berühmte Beispiele sind auch beta Lyrae (in der Leier) oder epsilon Aurigae (im Fuhrmann).

Der Bedeckungsveränderliche Algol im Perseus und seine Helligkeitsänderung

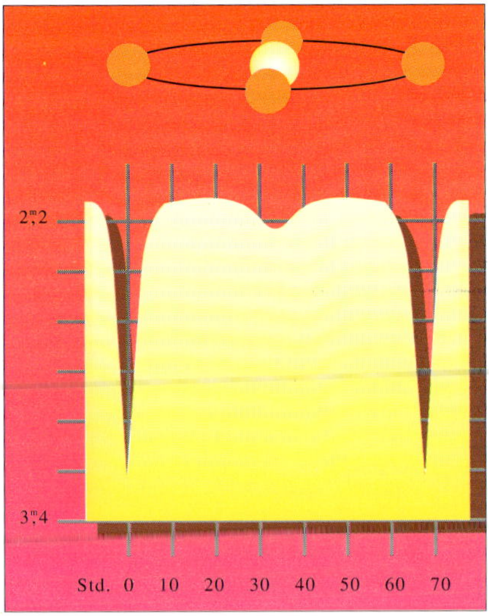

Pulsierende Veränderliche sind Sterne, die nicht nur scheinbar ihre Helligkeit verändern wie die Bedeckungsveränderlichen, sondern wirklich. Die wichtigste Gruppe sind zunächst die Cepheiden, benannt nach ihrem Hauptvertreter, delta Cephei. Die Perioden liegen zwischen 1 und 50 Tagen. Bei delta Cephei beträgt die Periode 5,3663 Tage, und die Helligkeit schwankt zwischen $3{,}5^m$ und $4{,}4^m$. Meist erfolgt der Anstieg der Helligkeit schneller als der Abstieg. Diese Sterne blähen sich regelmäßig auf und ziehen sich wieder zusammen. Dabei verändert sich auch ihre Oberflächentemperatur. Die Cepheiden sind meist weiße bis gelbliche Sterne hoher Leuchtkraft.

Aber auch die roten Riesensterne zeigen sehr häufig Helligkeitsschwankungen, die auf Pulsationen zurückgehen. Eine wichtige Gruppe stellen hier die sog. Mira-veränderlichen dar. Ihr Hauptvertreter ist Mira im Walfisch. Es sind langperiodische Veränderliche mit Perioden zwischen etwa

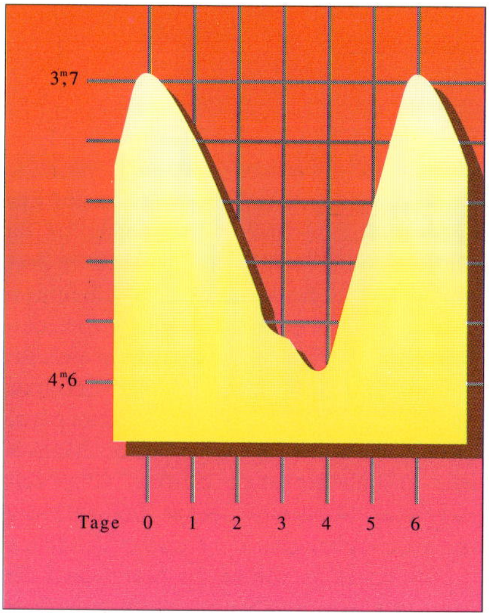

So ändert Delta Cephei seine Helligkeit

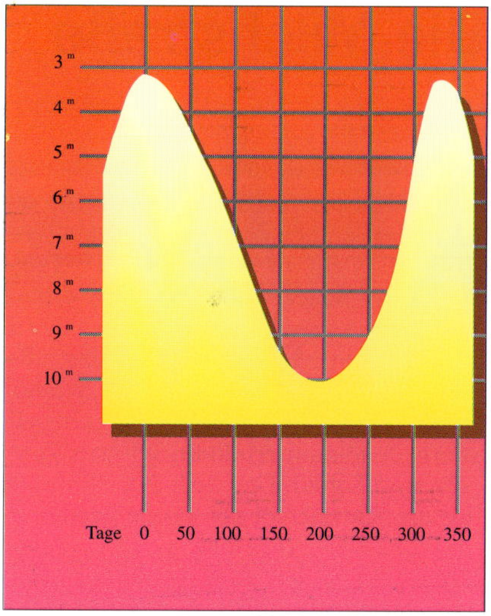

Die durchschnittliche Lichtkurve von Mira im Walfisch

50 Tagen und 3 Jahren. Mira selbst hat eine Periode von 331 Tagen. Doch verändern sich die Perioden der Mirasterne langfristig. Der Umfang der Helligkeitsschwankungen ist sehr stark. So kann Mira im Maximum ganz leicht mit bloßem Auge gesehen werden (2. bis 4. Größe). Im Minimum benötigen wir aber ein kleines Amateurfernrohr (10. Größe). Viele pulsierende Veränderliche zeigen auch ganz unregelmäßige Helligkeitsschwankungen. **Eruptive Veränderliche** sind solche, die sehr plötzlich und meist auch recht selten und unvorhersehbar starke Helligkeitsausbrüche zeigen. Dazu gehören besonders die Novae und Supernovae, von denen man früher annahm, daß es wirklich neue Sterne wären. Heute wissen wir, daß sie alle irgendwelche Vorgänger haben. Die Vorgänger der Novae sind alte, sehr dichte, kaum mehr leuchtende Begleiter, meist weiße Zwergsterne als Partner von Doppelsternen. Vom anderen, noch jüngeren Partner strömt frische, vor allem aus Wasserstoff bestehende Materie auf den alten Stern. Auf ihm sammelt sich der Wasserstoff schließlich so stark an, daß es zu einer nuklearen Explosion kommt. Bei den Supernovae vom Typ I explodiert ein dichter weißer Zwergstern durch ein ähnliches Ereignis sogar vollständig. Die Supernovae vom Typ II waren vor dem Ausbruch alte, extrem massereiche Sterne, deren Kerne nach Erschöpfen aller nuklearer Energiereserven kollabieren. Gleichzeitig stoßen sie ihre äußere Hülle explosiv ab. Der Sternkern fällt zu einem Neutronenstern (der sich im Zusammenhang mit seiner raschen Rotation auch als Pulsar mit extrem schnellen Intensitätsschwankungen in allen möglichen Wellenlängenbereichen gebärden kann) oder sogar zu einem Schwarzen Loch zusammen. Es gibt noch verschiedene weitere Gruppen von eruptiven Veränderlichen. Interessant sind z. B. die Flare- oder UV Ceti-Sterne, die oft innerhalb von Minuten oder Stunden Ausbrüche bis zu mehreren Größenklassen zeigen. Es sind durchweg eruptive rote Zwergsterne.

Die Milchstraße

Als ein zartes, nebliges Band zieht die Milchstraße über das ganze Himmelsgewölbe. Es steht immer fast genau die eine Hälfte der Milchstraße über, die andere Hälfte unter dem Horizont; unsere Sternkarten zeigen den Verlauf der Milchstraße. Am schwächsten ist sie in den Wintersternbildern Stier und Fuhrmann, am hellsten in den Sommerbildern Schütze, Skorpion und Schild. Der helle Nachthimmel um die Sommersonnenwende herum erlaubt allerdings von Mitteleuropa aus keine gute Beobachtung. Deswegen ist für diese Breiten erst im August die beste Zeit, um die Milchstraße abends zu beobachten. Die Milchstraße zeigt an vielen Stellen eine ziemlich wolkige Struktur; im Bereich der Sommerbilder Schwan-Adler-Schütze/Skorpion ist sie sogar in zwei nahezu parallel verlaufende Äste aufgespalten. Manchmal enthält sie auch dunkle, sternleere Bereiche. Schon bei einer Beobachtung mit einem Fernglas löst sich die Milchstraße in unzählige schwache Sterne auf. Sie zeigt uns, wie das Sternsystem aufgebaut ist, in dem wir leben.

Die Milchstraße in den Sternbildern Schütze und Schild. Aufnahme: P. Riepe und H.G. Weber, Bochum

Das Milchstraßensystem oder galaktische System ist eine Sterneninsel mit einigen hundert Milliarden Sternen. Es hat einen Durchmesser von 100 000 Lichtjahren und ist eine flach geformte Spirale. Wir sitzen nicht im Zentrum, sondern sind rund 27 000 Lichtjahre von ihm entfernt, auf einem Spiralarm gelegen, dem sog. Orionarm. Von uns aus gesehen liegt die Mitte des Milchstraßensystems in Richtung zum westlichen Teil des Sternbilds Schütze.

Leider können wir mit optischen Mitteln den Kern der Milchstraße nicht sehen. Unser galaktisches System enthält nämlich nicht nur Sterne, sondern zwischen den Sternen auch Gas- und Staubwolken, die interstellare Materie. Sie ist vor allem in der Äquatorebene unseres Systems konzentriert. Dort verdüstern uns Dunkelwolken aus Staub den Blick in entlegenere Teile der Milchstaße. Mit modernen Methoden der Radio- und Infrarotastronomie sowie mit Röntgenteleskopen läßt sich aber auch der Kern des Milchstraßensystems erforschen. Viele Astronomen vermuten dort ein gigantisches „Schwarzes Loch" von Millionen Sonnenmassen.

Die Sterne und anderen Objekte laufen um

Der Sternhaufen der Plejaden. Aufnahme: G. Rhemann, Wien

das Zentrum des Milchstraßensystems herum. Unsere Sonne benötigt mit ihren Planeten etwa 240 Mill. Jahre zu einem Umlauf. Ihre Geschwindigkeit beträgt dabei rund 220 km/s. In Bezug auf die nächstgelegenen Sterne bewegt sich die Sonne mit knapp 20 km/s auf den südöstlichen Teil des Hercules zu. Die Sterne versammeln sich häufig in

Sternhaufen

Hier müssen wir vor allem zwei verschiedene Typen unterscheiden:
Die **offenen Sternhaufen** enthalten einige Dutzend bis einige hundert Sterne, die verhältnismäßig zerstreut angeordnet sind. Sie lassen sich bereits in kleinen Fernrohren vollständig in Sterne auflösen. Berühmte Beispiele sind die Plejaden und Hyaden im Stier. Die offenen Sternhaufen liegen fast ausschließlich auf den Spiralarmen unseres Milchstraßensystems.
Die **kugelförmigen Sternhaufen,** kurz Kugelhaufen genannt, enthalten Millionen Sterne und sind nahezu exakt kugelsymmetrisch aufgebaut – von einer gelegentlichen leichten Abplattung abgesehen. Ihre Sterndichte nimmt zum Zentrum hin zu, so daß sie im Innern manchmal selbst in großen Fernrohren nicht vollständig aufgelöst werden können. Ihre Entfernungen sind in der Regel größer als die der offenen Sternhaufen: Die Kugelhaufen liegen nämlich in einem sphärischen Bereich um unser abgeflachtes Milchstraßensystem herum, im sogenannten Halo der Galaxis. In kleinen Fernrohren sehen sie wie rundliche, verwaschene Nebelflecke mit einer zentralen Verdichtung aus; nur bei einigen erscheinen schon die hellsten Sterne als ein feiner „Puder" auf die Nebelmassen aufgestreut. Das berühmteste Beispiel eines Kugelhaufens am Nordhimmel ist M 13 im Hercules, am Südhimmel omega Centauri.

Helle Nebel und Galaxien

Bis zum Beginn des 20. Jahrhunderts waren „Nebel“ für den Astronomen graue Nebelflecke am Himmel, die sich nicht in einzelne Sterne auflösen ließen. Erst allmählich lernte man, daß der Begriff „Nebel“ eigentlich ganz verschiedenartige Objekte umfaßt. Es gibt echte Nebel, die aus Gas oder Staub bestehen und oft selbst leuchten, und es gibt ferne Milchstraßensysteme oder Galaxien, die wie unser eigenes System aus Milliarden Sonnen bestehen.

Die hellen Nebel sind leuchtende Gasnebel, die vor allem aus Wasserstoff bestehen. Sie werden von heißen, extrem leuchtkräftigen Sternen (meist blauweißen Überriesen) in ihrer Nachbarschaft oder in ihrem Innern zum eigenen Leuchten angeregt; man nennt sie auch Emissionsnebel. Es kommen aber auch Nebel vor, die aus Staubwolken bestehen. Sie werfen das Licht der Nachbarsterne einfach zurück (Reflexionsnebel). Oft sind es aber Mischformen beider Typen. Die hellen Nebel sind häufig Brutstätten, in denen auch heute noch Sterne entstehen; berühmtestes Beispiel ist der Orionnebel. Auf modernen Farbaufnahmen zeigen sich diese Nebel recht farbenprächtig: Wegen des Wasserstoffleuchtens dominiert dabei oft die Farbe Rot. Staubnebel zeigen die Farbe der hellsten Sterne, die sie beleuchten, z. B. die blauen Nebel, in die die Plejaden eingebettet sind. Wir müssen aber bedenken, daß wir diese Farben beim Blick durchs Fernrohr nie sehen. Uns erscheinen alle kosmischen Nebel grau. Unser Auge ist bei schwachen Lichteindrücken nämlich sehr farbenuntüchtig („In der Nacht sind alle Katzen grau“).

Dunkelnebel sind sternleere Stellen am Himmel, vor allem innerhalb der Milchstraße. Hierbei handelt es sich um dunkle Staubwolken, die uns den Blick in die ferneren Gegenden des Weltalls versperren. Ein schönes Beispiel ist die „Dunkle Höhle“ im Adler.

Planetarische Nebel oder Ringnebel zeigen sich als kleine Nebelscheiben oder -ringe. Es sind leuchtende und expandierende Gasschalen um alternde Sterne, die allerdings so lichtschwach sind, daß sie in ganz kleinen Fernrohren in der Regel nicht zu erkennen sind. Oft zeigen sie sich wie Rauchkringel, die gedankenverloren in den Raum geblasen wurden. In sehr kleinen Instrumenten kann man allerdings die Ringform (sie ist auch nicht bei allen diesen Nebeln vorhanden) oft nicht erkennen und sieht einfach eine kleine Nebelscheibe. Da sie wie Planetenscheibchen erscheinen, erhielten sie den etwas irreführenden Namen. Berühmt ist der Ringnebel in der Leier.

Galaxien sind Sternsysteme nach Art unseres eigenen Milchstraßensystems. Doch längst nicht alle sind auch **Spiralnebel,** obwohl es der auffälligste Galaxientyp ist; außerdem kann man die Spiralform in kleinen Fernrohren fast nie erkennen, zumal wir auch oft schräg oder von der Seite her auf die flachen Spiralen blicken. Es gibt zwei Haupttypen unter den Spiralnebeln: Die normalen Spiralen, zu denen auch unser galaktisches System und der Andromedanebel zählen, und die Balkenspiralen mit einem balkenartig verbreiterten Kern. Daneben gibt es die **elliptischen Galaxien** oder **Nebel.** Sie zeigen manchmal eine sehr starke Abplattung. Gelegentlich ist ihre Abplattung aber auch praktisch Null, so daß man eher von sphärischen Galaxien reden müßte. Sie ähneln dann auch ein wenig den kugelförmigen Sternhaufen, sind aber wesentlich größer und sternreicher. Beispiele für elliptische Galaxien

Der Pferdekopfnebel im Orion. Norden ist oben. Aufnahme: B. Flach-Wilken, Wirges

sind die Begleiter des Andromedanebels. Einen weiteren Typ stellen die **unregelmäßigen** oder **irregulären Galaxien** dar. Sie zeigen keine erkennbaren Strukturen. Hier besitzt unsere Galaxie zwei schöne Beispiele: Die Große und Kleine Magellansche Wolke am Südhimmel. Die Galaxien schließen sich zu **Galaxienhaufen** zusammen, die Hunderte bis Tausende von Galaxien enthalten können. Die nächsten bekannteren Galaxienhaufen sind der Virgo-Haufen im Sternbild Jungfrau in 70 Mill. Lichtjahren und der Coma-Haufen im Haar der Berenice in 400 Mill. Lichtjahren Abstand. Unser Sternsystem bildet zusammen mit 20 bis 30 anderen Galaxien, darunter auch dem Andromedanebel, die lokale Galaxiengruppe. Galaxienhaufen schließen sich wieder zu größeren Ansammlungen, den Superhaufen zusammen. Darüber hinaus gibt es noch andere komplexe Strukturen im Raum.
Die fernsten Galaxien, die mit lichtstarken Teleskopen erfaßt werden können, sind 12 bis 14 Mrd. Lichtjahre entfernt. Bis in 16 oder 18 Mrd. Lichtjahre sind die **Quasare** zu erfassen – extrem leuchtkräftige, aktive Kerne von (vielleicht jungen?) Galaxien.
Die Galaxien werden durch die Expansion des Weltalls auseinandergetrieben. Vor etwa 18 bis 20 Mrd. Jahren (die Zahlenwerte können vielleicht maximal um den Faktor 2 unsicher sein) entstand die Welt in einem gewaltigen „Feuerball“, dem „Urknall“.

Der Andromeda-Nebel. Norden ist links oben. Aufnahme: S. Binnewies, Bochum, und W.E. Celnik, Berlin

Die Große Magellansche Wolke. Norden ist oben. Aufnahme: S. Binnewies und D. Sporenberg, Bochum

A

Das Sternbilder-Lexikon

Hinweis: Dieses Lexikon ist alphabetisch nach den lateinischen Namen geordnet; dahinter folgt die international übliche Abkürzung und schließlich der deutsche Name. Wer zunächst nur die deutschen Namen kennt, findet im Register auf Seite 174 die Seite, auf der das gewünschte Sternbild beschrieben ist. Hellere Sterne tragen oft lateinische (z. B. Regulus), häufig altarabische (z. B. Rigel), seltener griechische Namen (z. B. Antares).

In vielen Fällen werden die Übersetzungen in Klammern gegeben. Dabei bedeutet lat. = lateinische, gr. = griechische und ar. = altarabische Herkunft. Bei Eigennamen (z. B. Pollux) können natürlich keine deutschen Namen gegeben werden. Die Sterne innerhalb der Sternbilder werden oft mit griechischen Buchstaben, schwächere Sterne auch mit Zahlen oder lateinischen Buchstaben bezeichnet. Ein griechisches Alphabet findet sich auf der folgenden Seite.

Die Sternhaufen und Nebel tragen Nummern nach dem Katalog von Charles Messier (z. B. M 31) oder nach dem New General Catalogue (z. B. NGC 205).

A

1. Andromeda, And, Andromeda

Die Andromeda war die äthiopische Prinzessin, die dem Walfisch zum Fraß vorgeworfen werden sollte, um das Land vor den Wellen, die jener verursachte, zu retten. Sie wurde aber von Perseus mit Hilfe der Medusa gerettet. Das Sternbild steht so weit nördlich, daß sein Nordteil für Mitteleuropa nicht mehr untergeht. Günstigste Beobachtungszeit ist aber der Herbst. Dann steht das Sternbild abends fast im Zenit. Der Hauptstern α And oder Sirrah (ar. „Nabel“) bildet eigentlich die linke obere Ecke des auffälligen Pegasus-Quadrats. Der $2{,}1^m$ helle Stern ist 120 Lj entfernt. Alamak (ar. „Wüstenluchs“) oder γ And ist ein besonders eindrucksvoller Doppelstern für ein 5-cm-Fernrohr: Neben dem orangefarbenen Hauptstern von $2{,}1^m$ steht in 10” Distanz ein $5{,}1^m$ heller bläulicher Begleiter; Entfernung 260 Lj. Das wichtigste Objekt ist aber der Andromedanebel (M 31), der schon dem persischen Astronomen Al Sufi im 10. Jh. bekannt war und in einer klaren, mondscheinfreien Nacht

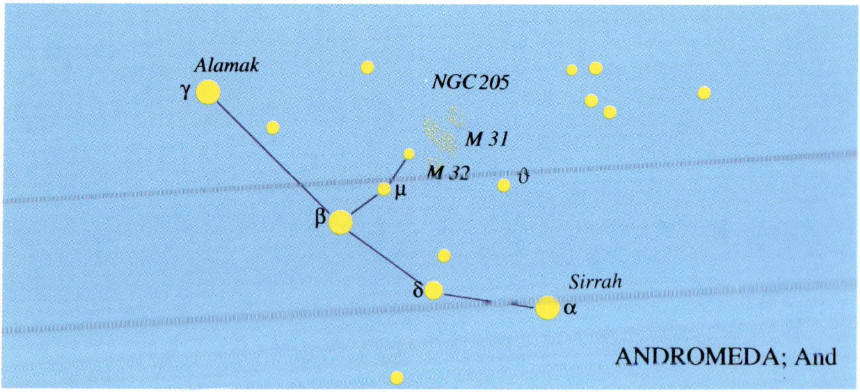

bereits mit bloßem Auge sehr gut als länglicher Nebelfleck gesehen werden kann. Es ist der nächste große Spiralnebel in einer Entfernung von 2,25 Mill. Lj. Wir blicken allerdings schräg auf die Ebene der Spirale, so daß die Spiralform auch in größeren Fernrohren nur schwer zu erkennen ist. Trotzdem erscheint der Nebel im Fernglas bis zu 4° groß. Der wahre Durchmesser beträgt ohne äußere Bereiche 100 000 Lj. M 31 besitzt 2 elliptische Galaxien als Begleiter: M 32 und NGC 205. Sie sind in Fernrohren ab 10 cm Öffnung gerade noch sichtbar. Der Andromedanebel und seine Begleiter gehören zusammen mit 20–30 anderen Galaxien zur lokalen Galaxiengruppe, die unsere eigene Milchstraße umgibt.

2. Antlia, Ant, Luftpumpe

Das kleine Sternbild wurde erst 1752 von Lacaille eingeführt und gelangt für Mitteleuropa etwa in den Monaten März und

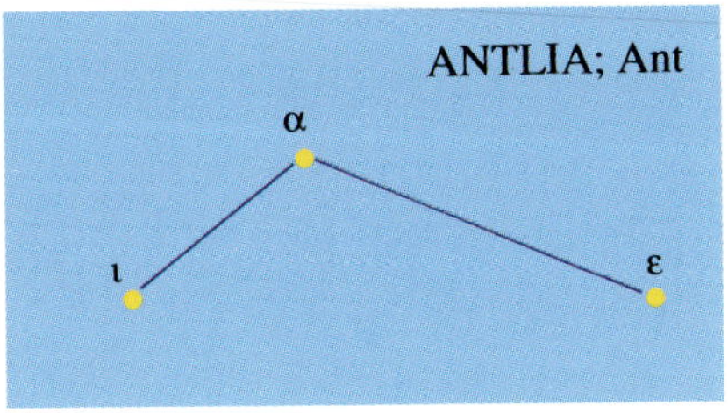

April abends nur gerade eben über den S-Horizont (unterhalb der Hydra); es enthält nur schwache Sterne. Der Hauptstern α Ant ist nur $4{,}3^m$ hell. Er steht für 50° n. Breite max. knapp 10° hoch.

3. Apus, Aps, Paradiesvogel

Das Sternbild ist erst 1603 von Bayer in die Sternbilderliste aufgenommen worden und liegt ganz in der Nähe des südlichen Himmelspols. Der Hauptstern α Aps ist $3{,}8^m$ hell. Der Stern δ ist ein weiter, optischer Doppelstern, dessen $4{,}7^m$ und $5{,}1^m$ helle Komponenten 103" auseinander stehen.

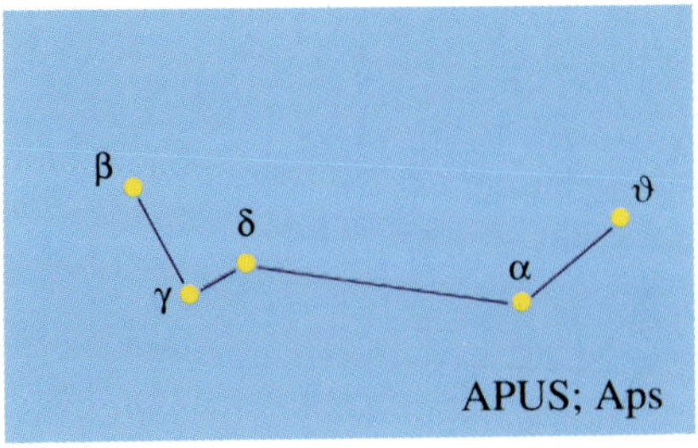

Griechisches Alphabet

α	alpha	ν	ny
β	beta	ξ	xi
γ	gamma	ο	omikron
δ	delta	π	pi
ε	epsilon	ρ	rho
ζ	zeta	σ	sigma
η	eta	τ	tau
ϑ	theta	υ	ypsilon
ι	iota	φ	phi
ϰ	kappa	χ	chi
λ	lambda	ψ	psi
μ	my	ω	omega

4. Aquarius, Aqr, Wassermann

Der Wassermann war in der griechischen Sage Deukalion, der Sohn des Prometheus. Ein wenig entspricht der Wassermann unserem Petrus, der im Scherz oft für das schlechte Wetter verantwortlich gemacht wird.

Tatsächlich trat früher in den Ländern des Mittelmeerraums und Nahen Ostens die Regenzeit ein, wenn dieses Sternbild für etwa zwei Monate vom Nachthimmel verschwand. Und wirklich hängt die Namensgebung des Sternbilds vor rund 3 000 Jahren mit diesem Umstand zusammen. Es ist ein Tierkreissternbild und kann vor allem im Herbst beobachtet werden. Wenn es auch ausgedehnt ist, so enthält es nur schwächere Sterne. Der Hauptstern α Aqr oder Sadalmelik (ar. „König“) ist $3{,}0^m$ hell und 1100 Lj entfernt. Aber auch β Aqr oder Sadalsuud (ar. „Glücksstern“) ist $2{,}9^m$ hell. Schon mit einem 5-cm-Fernrohr kann der Doppelstern ψ_1 Aqr getrennt werden. Die

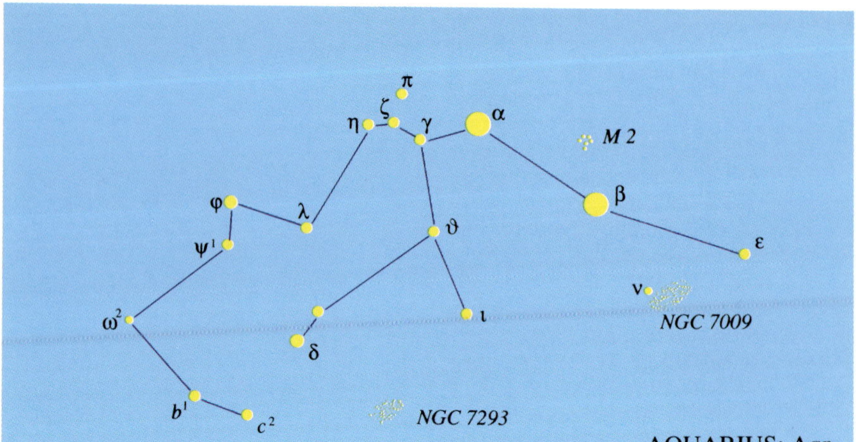

AQUARIUS; Aqr

beiden Sterne haben eine Helligkeit von 4,5^m und 9,4^m. Ihr gegenseitiger Abstand beträgt 49".

Ein prachtvoller Kugelsternhaufen ist M 2, der 6,3^m hell und 50 000 Lj entfernt ist, bereits ein Objekt für ein 5-cm-Fernrohr. Zwei schöne planetarische Nebel sind ebenfalls bereits im kleinen Rohr zu erkennen: NGC 7009 oder der „Saturnnebel" ist 8^m hell und 3 900 Lj entfernt; NGC 7293 kommt sogar auf 6,5^m und ist mit etwa 450 Lj der nächste planetarische Nebel. Häufig nennt man ihn auch den „Helix"- oder „Sonnenblumennebel".

5. Aquila, Aql, Adler

Der Adler soll nach der griechischen Sage Antinous zum Olymp entführt haben, wo er zum Mundschenk der Götter ausersehen wurde. Beste Beobachtungszeit sind Sommer und Herbst. Der gelblichweiße Hauptstern α Aql bzw. Atair oder Altair (ar. „Der fliegende Adler") ist 16 Lj entfernt und 0,8^m hell. Ein im Fernglas zu trennender Doppelstern ist h Aql; die beiden Sterne sind 5,5^m bzw. 7,1^m hell und 38" voneinander entfernt.

Ein Veränderlicher vom Cepheidentyp ist η Aql. Mit einer Periode von 7,2 Tg. schwankt er zwischen 3,7^m und 4,4^m. Etwa 1,5° westlich von γ Aql befindet sich die „Dunkle Höhle", ein berühmter Dunkelnebel, der ebenfalls im Fernglas schon zu erkennen ist. Er ist etwa 1000 bis 2 500 Lj entfernt.

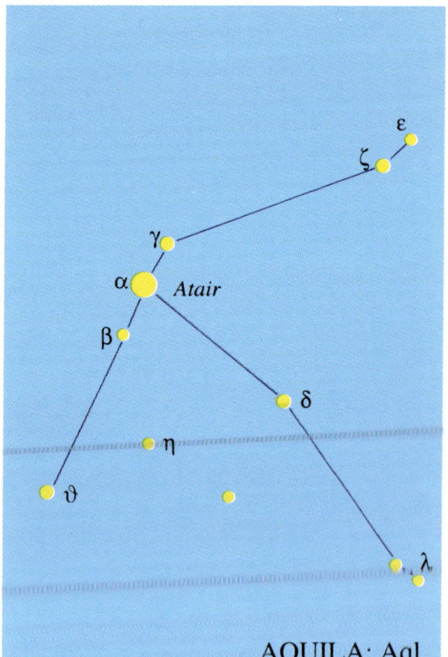

AQUILA; Aql

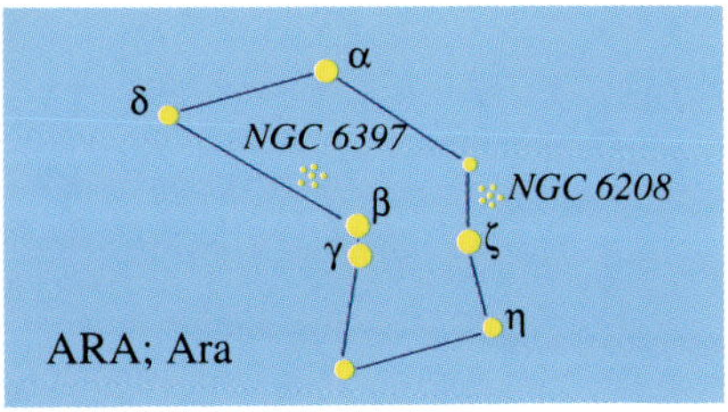

6. Ara, Ara, Altar
Das Sternbild liegt südlich des Skorpion und geht für Mitteleuropa nicht mehr auf. α Ara hat eine Helligkeit von $3{,}0^{m}$, aber noch etwas heller ist β Ara mit $2{,}8^{m}$. Es gibt hier einige „mittelprächtige" offene Sternhaufen, wie etwa NGC 6208, der insgesamt 7^{m} hell ist. Der Kugelsternhaufen NGC 6397 mit einer Gesamthelligkeit von 6^{m} gehört mit einem Abstand von nur 8000 Lj zu den nächsten Sternhaufen dieser Art.

7. Aries, Ari, Widder
In der altgriechischen Sage entführte dieser Widder Phrixos und Helle, die beiden Kinder der Wolkengöttin Nephele, da diese geopfert werden sollten. Dabei stürzte aber Helle in das Meer ab. Das Tierkreissternbild hat seine beste Beobachtungszeit im Herbst und Winter. Der Hauptstern α Ari heißt auch Hamal (ar. „Widder"); gelegentlich wird er auch Elnath (ar. „Der mit dem Horn Stoßende") genannt. Es ist ein roter Riesenstern mit einer Helligkeit von $2{,}0^{m}$. β Ari oder Scheratan oder Elscheratain (ar. „Die beiden Zeichen") ist $2{,}7^{m}$ hell. Ein schon mit einem besseren Fernglas zu trennender Doppelstern ist λ Ari. Der Hauptstern ist $4{,}9^{m}$, der Begleiter $7{,}7^{m}$ hell. Die Distanz beträgt 37".

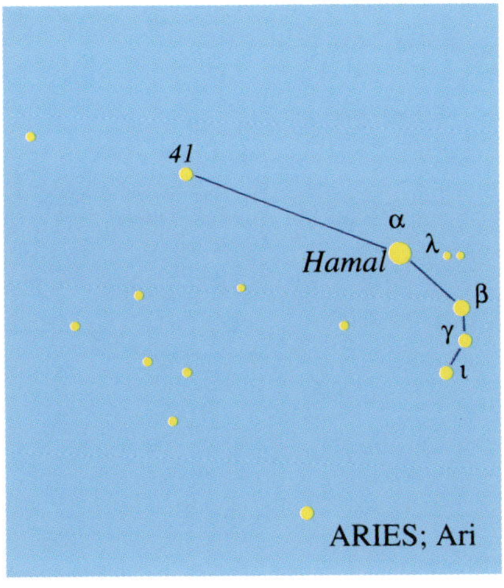

8. Auriga, Aur, Fuhrmann
Dieser Fuhrmann soll nach der Überlieferung der Erfinder der großen zweirädrigen Streit- und Kampfwagen gewesen sein. Der nördliche Teil des Sternbilds ist für Mitteleuropa zirkumpolar, geht also nicht unter. Insgesamt ist es ein Wintersternbild. Der Hauptstern heißt Capella (lat. „Ziegenböckchen"). Die altarabische Bezeich-

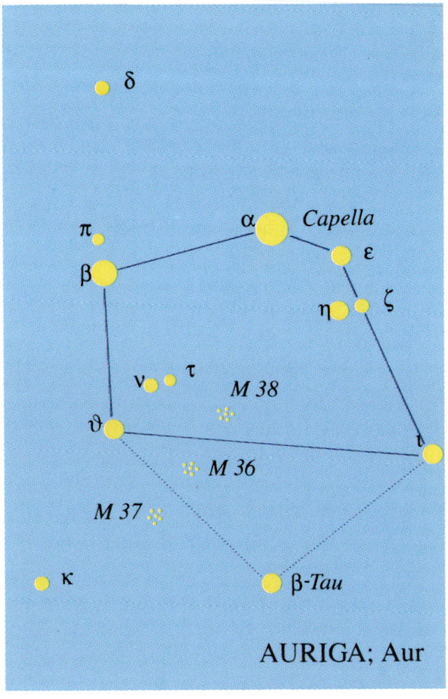

nung Alhajot, die dasselbe bedeutet, wird nur selten gebraucht. Capella oder α Aur ist ein gelblicher Riesenstern und $+0,1^m$ hell. Die Entfernung beträgt 42 Lj. ε Aurigae ist ein Bedeckungsveränderlicher. Er zeigt mit 27 Jahren die längste bekannte Periode und sinkt bei der Bedeckung von $3,0^m$ auf $3,8^m$ ab. Die nächste Bedeckung ist im Jahre 2009. Eine Periode von 972 Tg. hat ζ Aur als Bedeckungsveränderlicher zwischen $3,7^m$ und $4,0^m$. Vor allem im Südteil des Fuhrmanns gibt es eine ganze Reihe offener Sternhaufen, die teilweise schon mit dem Feldstecher gesehen werden können. Besonders bemerkenswert sind M 36, 37 und 38. Sie sind alle zwischen 4000 und 4500 Lj entfernt. Die meisten Sterne, nämlich rund 200, enthält dabei M 37, der ganz weit im Süden des Sternbilds liegt. Wenn auch der Fuhrmann in einem Gebiet der Milchstraße liegt, das verhältnismäßig wenig sternreich ist, so lohnen sich Streifzüge mit kleinen, lichtstarken Instrumenten.

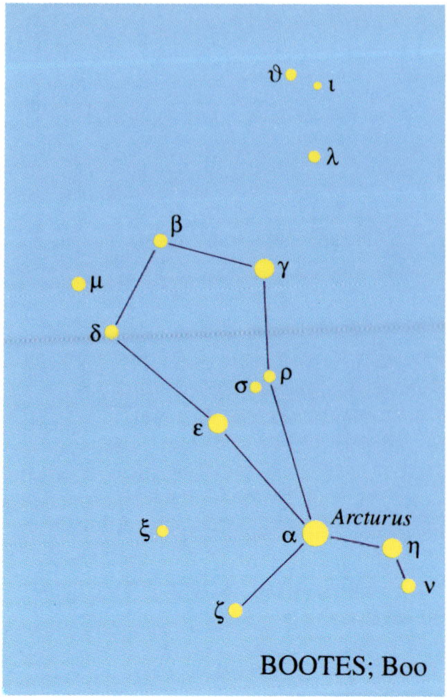

BOOTES; Boo

B

9. Bootes, Boo, Ochsentreiber

Das Sternbild gehört zu den Frühlingsbildern, sein nördlichster Zipfel ist für Mitteleuropa aber zirkumpolar. Die exakte Übersetzung des griechischen Sternbildnamens als „Ochsentreiber“ widerspricht dem Namen seines Hauptsterns: Arctur(us). Dieser Name verweist auf die griechische Bezeichnung für „Bär“, so daß man auch oft vom „Bärenhüter“ spricht. α Boo oder Arcturus ist ein orangeroter Riesenstern mit rund 22fachem Sonnendurchmesser. Mit einer Entfernung von 36 Lj ist er der nächste rote Riese überhaupt. Die Helligkeit beträgt $0,0^m$. Ein schöner Doppelstern für den besseren Feldstecher ist ι Boo. Die Helligkeiten betragen $4,8^m$ und $7,5^m$, die Distanz 38”. Noch weiter auseinander stehen die Partner von δ Boo mit 105”. Der Hauptstern ist hier $3,5^m$, der Begleiter nur $8,7^m$ hell, so daß er wohl erst mit einem 5-cm-Rohr zu erkennen ist. ξ Boo ist ebenfalls ein Objekt für ein solches Instrument. In 7” Distanz stehen hier zwei Sterne $4,8^m$ und $6,9^m$ auseinander. Bei μ Boo fällt die Trennung dagegen wieder leichter: Der Hauptstern ist $4,3^m$, der Begleiter 7^m hell. Der Abstand beträgt 109”.

C

10. Caelum, Cae, Grabstichel

Das winzige Füllsternbild hat erst Lacaille im Jahre 1752 eingeführt. Es liegt südwestlich des Sternbilds Hase und steigt an Win-

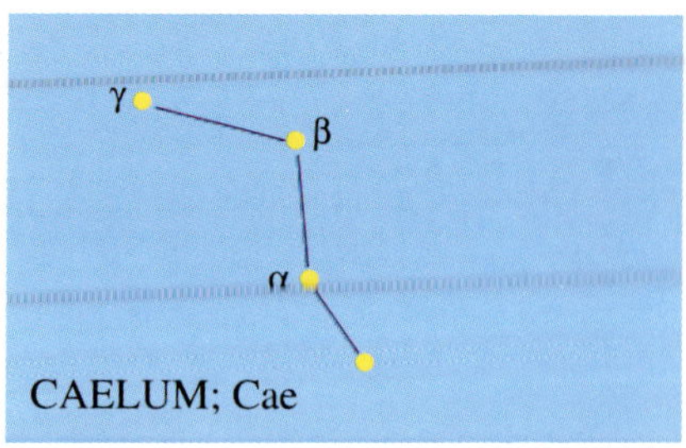

CAELUM; Cae

terabenden für Mitteleuropa gerade noch teilweise über den Südhorizont; da es aber nur recht schwache Sterne enthält, hat dies keine praktische Bedeutung. Der hellste Stern ist α Cae mit einer Helligkeit von $4{,}5^m$.

11. Camelopardalis, Cam, Giraffe
Dieses Sternbild füllt den Bereich zwischen Cepheus, Cassiopeia, Perseus, Fuhrmann, Luchs, Drache und Kleiner Bär aus und enthält nur sehr schwache Sterne. Es wurde deswegen auch erst von Bartsch zu Beginn des 17. Jh. als eine Art Füllsternbild erfunden. Es ist für mitteleuropäische Breiten zirkumpolar, steht also immer über dem Horizont. Auffällige Objekte sind in dem Sternbild nicht zu finden.

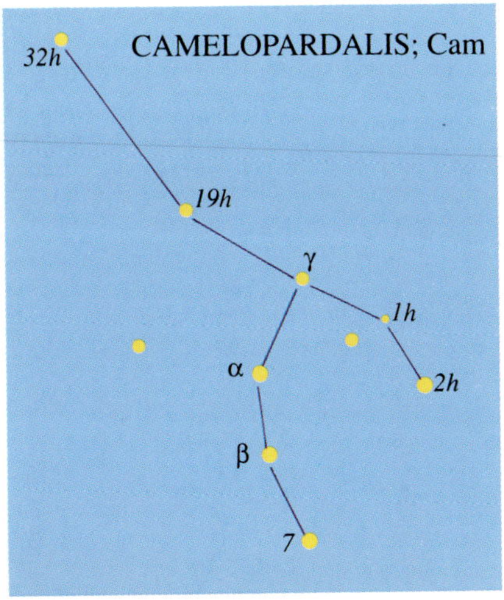

12. Cancer, Cnc, Krebs
Dieses Tierkreissternbild ist am besten im Winter und Frühling abends zu sehen. Zeus soll diesen Krebs ausgesandt haben, um eine Nymphe im Bade festzuhalten. Allerdings gehört der Krebs zu den unscheinbareren Sternbildern. Selbst der „Anführer“ des Sternbilds, α Cnc oder Acubens (ar. „Schere“), ist nur $4{,}3^m$ hell. Mit $3{,}5^m$ ist β Cnc allerdings etwas heller,

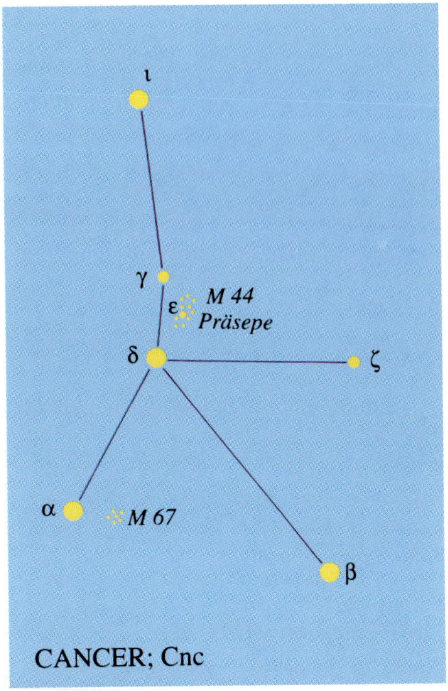

und auch δ Cnc hat immerhin noch $3{,}9^m$ zu bieten. Ein schöner Doppelstern ist ι Cnc. Er kann vielleicht schon mit einem guten Fernglas getrennt werden. Die Helligkeiten betragen $4{,}2^m$ und $6{,}6^m$, die Distanz 31”. Das prachtvollste Objekt im Krebs ist aber der offene Sternhaufen „Krippe“ oder „Präsepe“, der schon im Altertum als „Nebelstern“ bekannt war; die Katalogbezeichnung ist M 44. Neben den Plejaden und Hyaden im Stier ist dieser Sternhaufen der schönste am Nordhimmel. Ohne Fernrohr sieht man in einer klaren Nacht einen verwaschenen Nebelfleck, der sich im Feldstecher und kleinen Fernrohr in viele Sterne auflöst. Der hellste Stern darin ist ε Cnc mit einer Helligkeit von $6{,}3^m$. Die Entfernung beträgt 515 Lj. Ebenfalls hübsch im Fernglas ist der offene Sternhaufen M 67 in 2 600 Lj.

13. Canes venatici, CVn, Jagdhunde
Der nördliche Teil des Sternbilds ist zirkumpolar und geht damit für Mitteleuropa

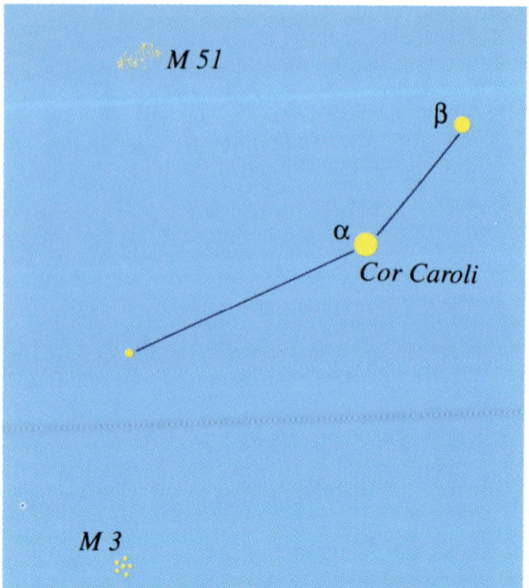

CANES VENATICI; CVn

nicht unter. Beste Beobachtungszeit ist der Frühling.

Der Hauptstern α CVn trägt auch die seltsame Bezeichnung Cor Caroli, aus dem Lateinischen „Herz Karls“. Damit wurde der englische König Karl II. (1630–1685) auf Vorschlag des Hofarztes Sir Charles Scarborough durch den Astronomen Edmond Halley geehrt. Es wurde behauptet, dieser Stern habe besonders hell geleuchtet, als der König nach seiner Vertreibung durch Cromwell 1660 wieder nach London zurückkehrte. Vermutlich geht der Name aber schon auf den 1649 hingerichteten Karl I. zurück. Er wurde aber in den folgenden Jahren zunächst kaum benutzt. α CVn hat eine Helligkeit von $2{,}9^{m}$ und ist 120 Lj entfernt. Ein Fernrohr mit 5 cm Öffnung enthüllt uns neben ihm in 20" Distanz einen $5{,}4^{m}$ hellen Begleiter. Ein sehr berühmter Spiralnebel mit der Katalogbezeichnung M 51 liegt am Nordostrand des Sternbilds zur Deichsel des Großen Wagens hin. Bei einer Helligkeit knapp unter der 8. Größe ist er in einem sehr lichtstarken Fernglas gerade noch sichtbar. Auf Aufnahmen enthüllt er eine sehr schöne Spirale mit einem Begleiter als Anhängsel an seinem Südende. Oft nennt man M 51 auch „Whirlpool-Nebel“ Seine Entfernung beträgt 35 Mill. Lj. In der Südostecke des Sternbilds, Richtung Arcturus im Bootes, liegt der Kugelsternhaufen M 3. Mit einer Helligkeit knapp über der 7. Größe kann er leicht mit dem Feldstecher als verwaschener, rundlicher Nebel aufgefunden werden. Er ist 35 000 Lj entfernt.

14. Canis maior, CMa, Großer Hund
Der Große Hund ist der Begleiter des Jägers Orion auf seiner Jagd und ist ein Wintersternbild. Für Mitteleuropa gelangt er allerdings nicht sehr hoch über den Horizont herauf. Der Hauptstern α CMa ist mit $-1{,}5^{m}$ der hellste Stern am ganzen Himmel: Sirius – eine Bezeichnung, deren Herkunft nicht ganz klar ist. Wahrscheinlich ist es ein altbabylonischer Name und bedeutet „Bogenstern“. Die alten Ägypter nannten ihn Sothis. Seltener im Gebrauch ist die Bezeichnung Alhabor (ar. „Der die Milchstraße überschritten hat“). Sirius ist 8,7 Lj entfernt und 23mal heller als unsere Sonne. Als nahezu reinweißer Stern hat er

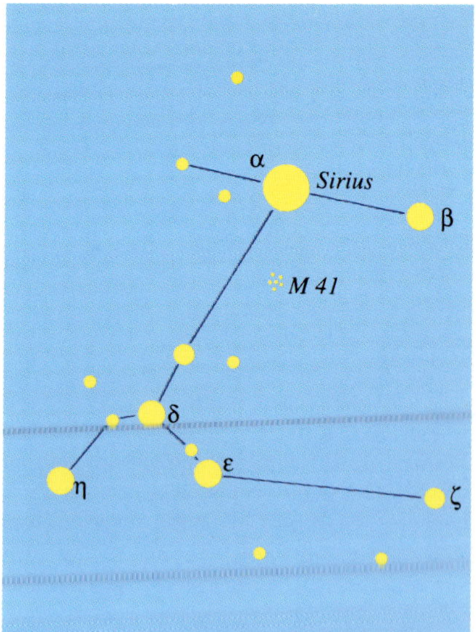

CANIS MAIOR; CMa

eine Oberflächentemperatur von rund 11 000° C. Sirius besitzt einen berühmten weißen Zwergstern als Begleiter. Er ist nur etwa so groß wie die Erde, enthält aber eine volle Sonnenmasse, so daß seine Dichte rund 1 Tonne pro Kubikzentimeter beträgt. Leider steht er so dicht an dem alles überstrahlenden Hauptstern, daß er mit kleinen Amateurfernrohren nicht zu erkennen ist. Die Umlaufzeit beträgt 50 Jahre. Der zweithellste Stern im Großen Hund ist Mirzam (ar. „Der Vorausgehende“) oder β CMa mit einer Helligkeit von $2{,}0^m$. Etwa 4° südlich Sirius liegt der offene Sternhaufen M 41. Er zeigt zahlreiche Sterne von der 7. Größe an abwärts und ist bereits im Fernglas sichtbar. Seine Entfernung beträgt 2 300 Lj.

15. Canis minor, CMi, Kleiner Hund

Der Kleine Hund sitzt nördlich des Großen Hundes und ist damit ebenfalls ein Wintersternbild. Dazwischen liegt allerdings das Sternbild Einhorn.
Der Hauptstern, α CMi oder Procyon (gr.

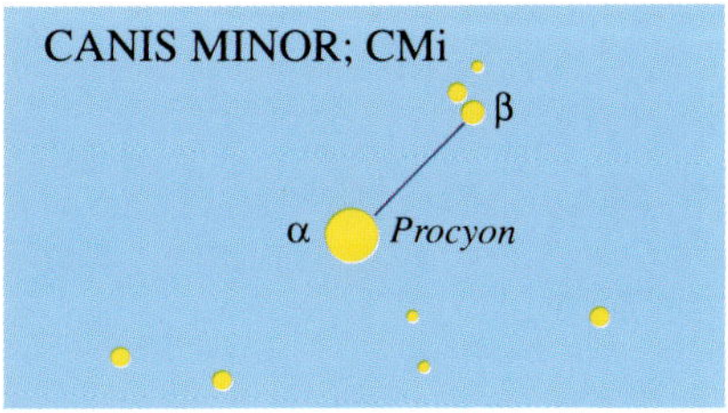

„Vorhund“), ist $0{,}4^m$ hell und 11,3 Lj von uns entfernt. Sein Name weist darauf hin, daß er kurz vor Sirius, dem eigentlichen „Hundsstern“, aufgeht. Ein seltenerer Name ist Elgomaisa (ar. „Sirius mit vom Weinen verklebten Augen“). Procyon ist eher gelblich und hat eine Oberflächentemperatur von fast 7000 °C. Auch Procyon besitzt wie Sirius im Großen Hund einen weißen Zwergstern als Begleiter, der aber ebenfalls für kleinere Fernrohre verborgen bleibt. Die Umlaufzeit beträgt hier 41 Jahre.

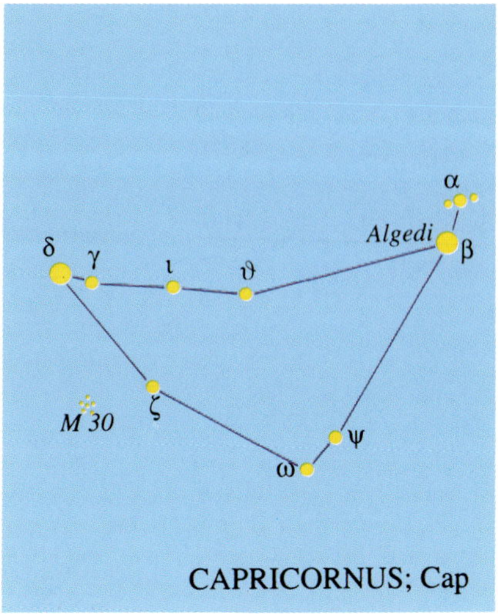

16. Capricornus, Cap, Steinbock

In der alten griechischen Sage soll sich der Waldgott Pan in einen Steinbock verwandelt haben, um sich vor dem Riesen Typhon zu verbergen. Es ist ein Tierkreissternbild, das im Herbst abends zu sehen ist. Der Hauptstern α Cap heißt auch Algedi oder Dabih (ar. „Glücksgestirn des Schlächters“). Es ist einer der wenigen Doppelsterne, die bereits mit bloßem Auge getrennt werden können: Hier stehen zwei Sterne der Helligkeit $3{,}6^m$ und $4{,}2^m$ in 6’16” Distanz auseinander (das ist etwa $\frac{1}{5}$ der Vollmondbreite). Allerdings gehören die beiden Sterne räumlich nicht zusammen. Sie sind 117 bzw. 1600 Lj von uns entfernt, stehen also weit hintereinander. Beide Sterne sind ihrerseits wieder doppelt. Der hellere hat einen Begleiter 11. Größe in 7”, der schwächere in 45” einen Stern 9. Größe. M 30 ist ein Kugelsternhaufen 8. Größe in 41 000 Lj Abstand. Er ist in einem kleinen Fernrohr schwach sichtbar.

17. Carina, Car, Schiffskiel

Dieses Sternbild bildet neben dem Segel (Vela) und dem Hinterdeck (Puppis) das Schiff aus der Argonautensage. Es ist von

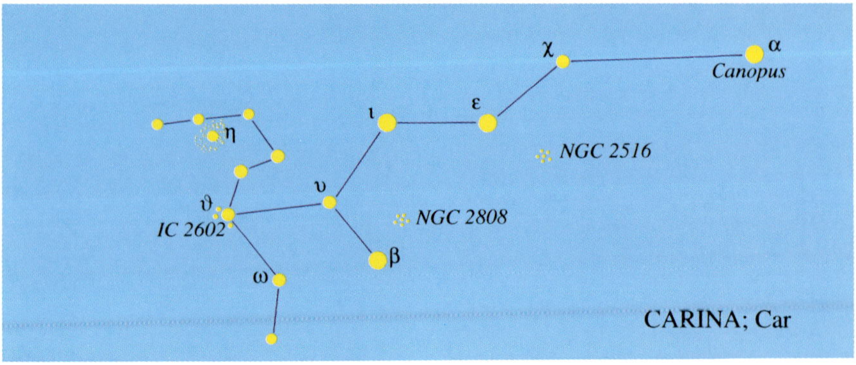

Mitteleuropa aus vollständig unsichtbar. Der Hauptstern α Car heißt auch Canopus. Obwohl er im nordwestlichsten Zipfel des Sternbilds steht, kann er erst vom südlichen Mittelmeerraum und Nordafrika an tief über dem winterlichen Südhorizont gesehen werden. Er kulminiert 20 Min. vor Sirius. Der Name geht auf den Steuermann des Menelaos auf seiner Rückkehr von Troia zurück. Canopus ist der zweithellste Stern am ganzen Himmel ($-0{,}7^m$), ist 100–120 Lj entfernt und etwa 1400mal heller als unsere Sonne.

Der Schiffskiel ist voller eindrucksvoller offener Sternhaufen. Ein Streifzug mit dem Feldstecher lohnt sich! Sehr schön ist IC 2602, den man die „südlichen Plejaden" nannte. Er kann bereits mit freiem Auge gesehen werden und ist nur 700 Lj entfernt. Der hellste Stern in ihm ist ϑ Car mit immerhin $3{,}0^m$. Aber auch NGC 2516 ist nicht zu verachten. Rund 80 Sterne stehen hier in 1200 Lj Abstand um einen auffallend roten Stern. NGC 2808 ist ein Kugelhaufen und bereits mit dem Opernglas zu sehen. Um den Stern η Car zeigt sich ein riesiger heller Gasnebel, der wiederum mit dem Orionnebel Ähnlichkeit hat. Er heißt auch „Schlüsselloch-Nebel". Die Entfernung ist 3500 Lj. η Car ist außerdem ein unregelmäßig veränderlicher Stern. In den letzten 300 Jahren schwankte er zwischen -1^m und 8^m.

18. Cassiopeia, Cas, Cassiopeia

Die Cassiopeia war die Königin von Äthiopien, Gemahlin des Cepheus und Mutter der Andromeda. Die 5 hellsten Sterne bil-

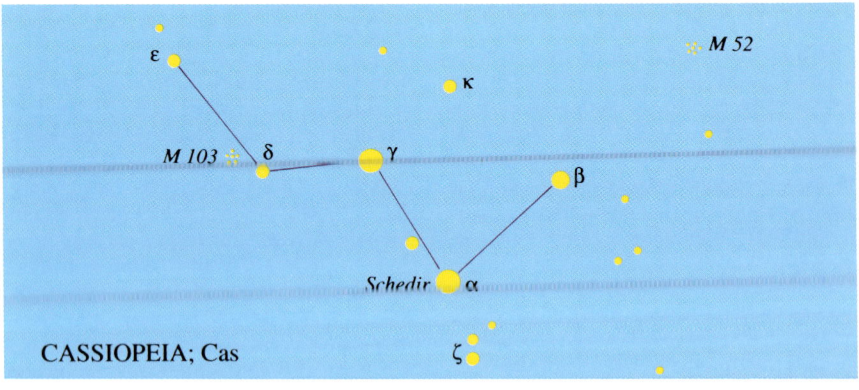

den das auffällige „Himmels-W". Das Sternbild ist in Mitteleuropa ganzjährig sichtbar. α Cas oder Schedir (ar. „Brust") ist $2{,}2^m$ hell und 120 Lj entfernt. γ Cas schwankt unregelmäßig in langen Zeiträumen zwischen $1{,}6^m$ und $3{,}3^m$. In diesem Sternbild leuchtete 1572 ein „neuer Stern", eine Supernova auf.

Da die Cassiopeia in der Milchstraße liegt, gibt es viele offene Sternhaufen in ihr, so etwa M 52 und M 103; sie sind allerdings dem Feldstecher und Fernrohr vorbehalten.

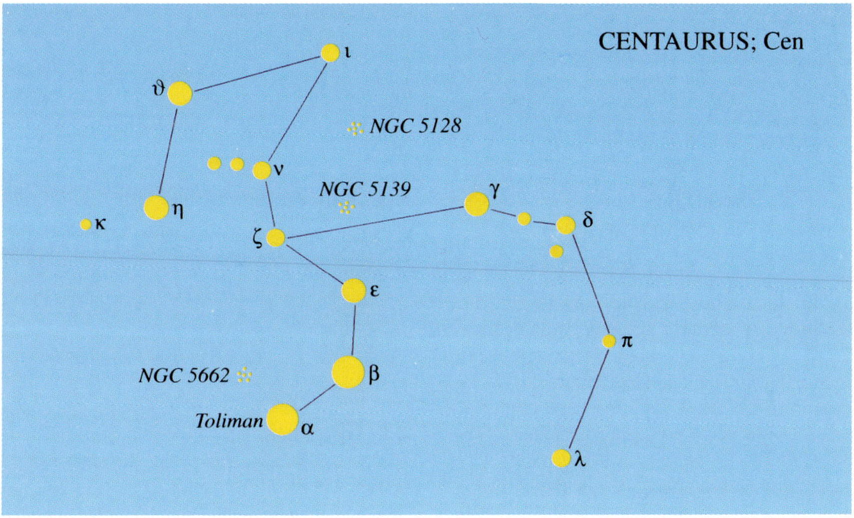

19. Centaurus, Cen, Centaur

In der griechischen Sage waren die Centauren Wesen halb Mensch, halb Pferd. Nur der nördlichste Teil des Sternbilds ragt für Mitteleuropa an Frühlingsabenden knapp über den S-Horizont. Der Hauptstern, α Cen oder Toliman bzw. Rigil Kentaurus (ar. „Fuß des Centauren"), ist erst südlich des 25. Breitenkreises vernünftig sichtbar. Dann kommt er wenigstens 4° hoch über den Horizont. Er ist mit 4,3 Lj unser nächster Stern – gleichzeitig ein Doppelstern für ein 5-cm-Rohr. Neben dem Hauptstern $0{,}0^m$ steht ein $1{,}2^m$ heller Begleiter. Die Umlaufzeit beträgt nur 80 Jahre. Die Winkeldistanz ändert sich dadurch schnell: 1993 18", 2000 14", 2015 5". In etwa 2,2° Distanz steht der Stern 11. Größe Proxima Centauri, der zum System α Cen gehört und uns noch ein klein wenig näher liegt als die beiden anderen Sterne. ω Cen oder NGC 5139 ist der schönste Kugelsternhaufen am ganzen Himmel. Er war schon im Altertum bekannt, ist also mit bloßem Auge als Nebel zu erkennen. Die Gesamthelligkeit liegt bei 4^m, die Entfernung 17 000 Lj. Ferner gibt es im Centaur mehrere offene Sternhaufen. Der hellste ist NGC 5662. Eine seltsame elliptische Galaxie ist NGC 5128 (Radioquelle Cen A) mit der Helligkeit 7^m.

20. Cepheus, Cep, Cepheus

Das zirkumpolare Sternbild geht auf den König von Äthiopien in der griechischen Sage zurück. Der Hauptstern, α Cep oder Alderamin (ar. „rechter Arm"), ist $2{,}4^m$ hell und 46 Lj entfernt. Ein schöner Doppelstern für das 5-cm-Rohr ist β Cep. Neben dem Stern $3{,}2^m$ steht in 13" Distanz ein Begleiter $7{,}9^m$. Bei δ Cep finden wir in

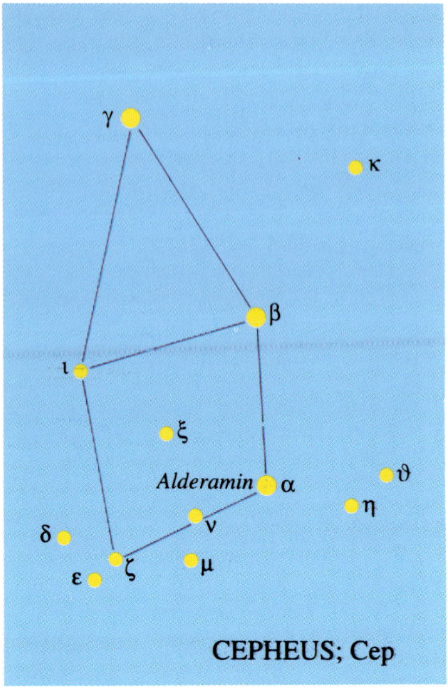

41” Distanz einen $7{,}5^m$ hellen Partner. Der Hauptstern selbst ist ein pulsierender Stern – Hauptvertreter der Cepheiden. Seine Helligkeit schwankt in 5,37 Tg. zwischen $3{,}5^m$ und $4{,}4^m$. Wegen seiner tiefroten Farbe wird μ Cep als „Granatstern“ bezeichnet. Er ist ein unregelmäßig Veränderlicher zwischen $3{,}6^m$ und $5{,}1^m$.

21. Cetus, Cet, Walfisch

Der Walfisch spielt in der Perseus-Andromeda-Sage eine Rolle und ist ein Herbststernbild. Menkar (ar. „Nase“) oder α Cet

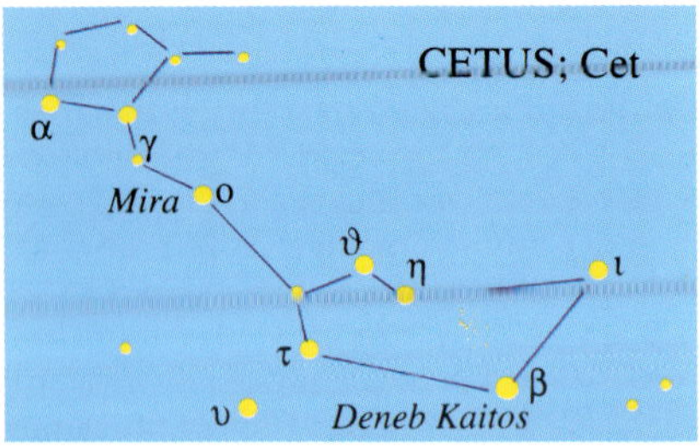

hat eine Helligkeit von $2{,}5^m$ und eine Entfernung von 130 Lj. Mit $2{,}1^m$ ist aber β Cet oder Deneb Kaitos (ar. „Schwanz des Walfisches“) heller. Er ist 68 Lj entfernt. Mira oder o Cet ist der erste veränderliche Stern, der in der Geschichte der Astronomie von David Fabricius 1596 entdeckt wurde. Die Helligkeit dieses roten Riesensterns schwankt mit einer Periode von 331 Tg. zwischen 2^m (oder auch 3^m bis 4^m) und 10^m. Ein planetarischer Nebel ist NGC 246 mit der Helligkeit $8{,}5^m$ und damit beobachtbar ab etwa 7 cm Fernrohröffnung.

22. Chamaeleon, Cha, Chamäleon

Ein kleines Sternbild am Südhimmel ohne Besonderheiten. Der Hauptstern α Cha ist nur $4{,}1^m$ hell.

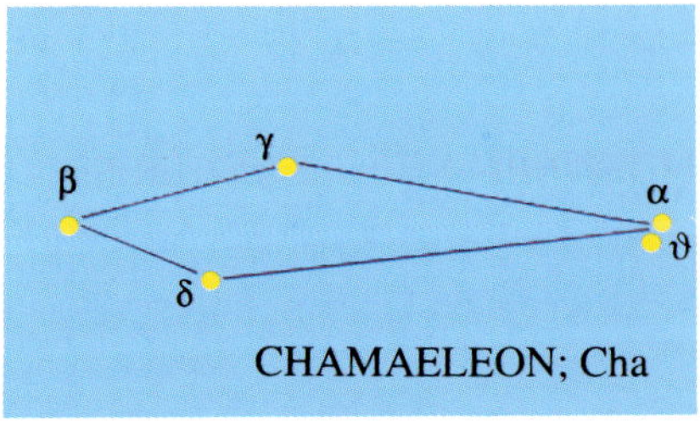

23. Circinus, Cir, Zirkel

Ein winziges Sternbild in der Nachbarschaft des Centaur ohne Besonderheiten, das 1752 von Nicolas Louis de Lacaille eingeführt wurde und an den Zirkel als Navigationsinstrument erinnern soll. Der Hauptstern α Cir ist ein im 5-cm-Rohr leicht zu trennender Doppelstern. Die Helligkeiten betragen $3{,}2^m$ und $8{,}6^m$, die Distanz 16”.

24. Columba, Col, Taube

Das Sternbild geht für Mitteleuropa an Winterabenden gerade noch fast vollständig über den S-Horizont herauf. Der Hauptstern α Col ist $2{,}7^m$ hell. Er ist 140 Lj entfernt.

NGC 1851 ist ein schöner Kugelsternhaufen mit der Helligkeit $7{,}3^m$. Er ist 35 000 Lj

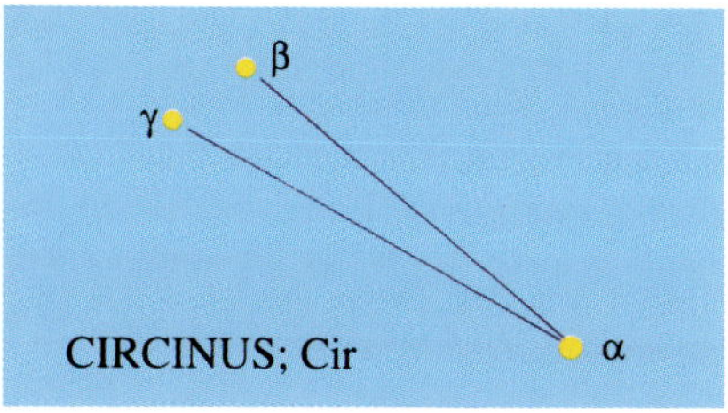

entfernt und kann ab 5 cm Fernrohröffnung zunächst als Nebelfleck gesehen werden.

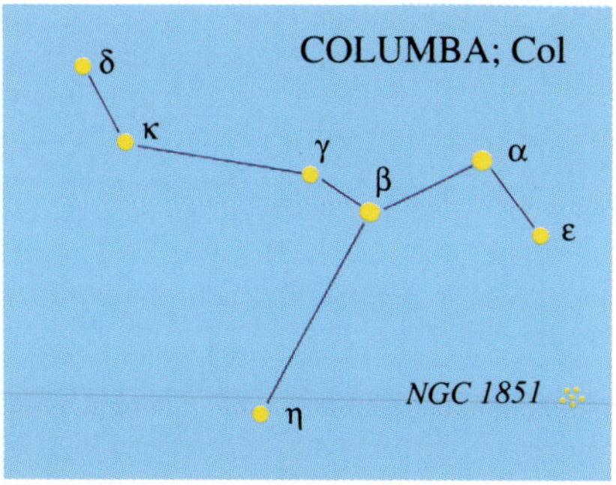

25. Coma Berenices, Com, Haar der Berenice

Der Sage nach soll die ägyptische Prinzessin Berenice ihr goldenes Haar den Göttern geweiht haben, um die Heimkehr ihres Gatten aus siegreicher Schlacht zu

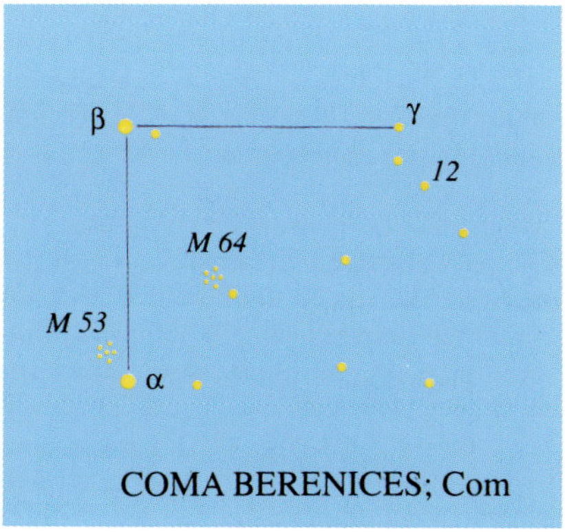

erbitten. Es ist ein kleines Sternbild oberhalb der Jungfrau, das am besten im Frühjahr beobachtet werden kann.

Das Kernstück bildet ein sehr zerstreuter offener Sternhaufen, der aus 40 Sternen in 240 Lj Entfernung besteht. Die hellsten Sterne haben 4. bis 5. Größe. Ein schöner Doppelstern ist 12 Com. Die beiden Sterne haben eine Helligkeit von $4{,}7^m$ und $8{,}3^m$ und stehen 65" auseinander.

Das Sternbild ist bekannt durch den Coma-Galaxienhaufen. Er enthält rund 1000 Galaxien in 400 Mill. Lj Entfernung. Allerdings sind diese Galaxien in kleineren Fernrohren noch nicht sichtbar. Die hellsten Nebel kommen auf die 13. bis 14. Größe. Doch gibt es auch einige nähere und hellere Galaxien, vor allem M 64 in 20–25 Mill. Lj Entfernung. Bei einer Helligkeit von $8{,}6^m$ ist dieser Nebelfleck in einem Fernrohr ab etwa 7 cm Öffnung zu erkennen. Ferner ist noch der kugelförmige Sternhaufen M 53 erwähnenswert: Er ist $7{,}8^m$ hell und kann schon ab 5 cm Öffnung andeutungsweise gefunden werden.

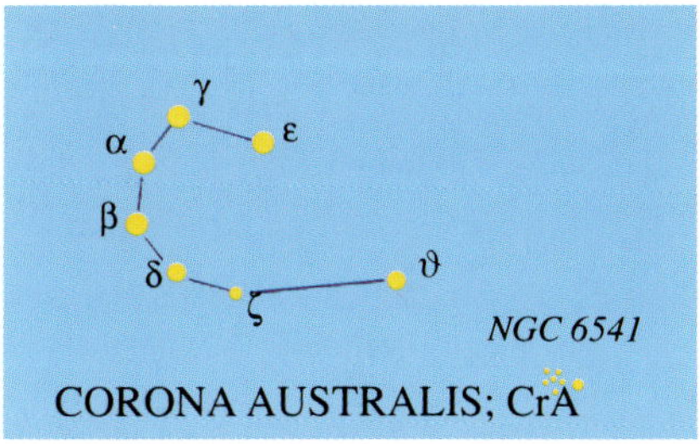

26. Corona Australis, CrA, Südliche Krone

Dieses südliche Sternbild steigt für Mitteleuropa nur noch teilweise knapp über den sommerlichen S-Horizont und kann deswegen praktisch erst vom Mittelmeerraum aus richtig gesehen werden. Ähnlich wie bei der Nördlichen Krone bilden hier einige nicht allzu helle Sterne einen Halbkreis. Sie liegen mehr im westlichen Teil des Sternbilds. Doch einen helleren

Hauptstern kennt die Südliche Krone nicht. Der Hauptstern α CrA kommt nur auf $4{,}1^{m}$. Ein schöner Kugelsternhaufen ist NGC 6541. Er ist 22 000 Lj entfernt. Seine Gesamthelligkeit erreicht immerhin die 6. Größe, so daß er bereits in kleineren Fernrohren gesehen werden kann.

27. Corona Borealis. CrB, Nördliche Krone
Der alten Sage nach handelt es sich bei dieser Krone um ein Brautgeschenk der Venus an Ariadne. Am besten ist die Nördliche Krone abends im Frühling und Sommer zu beobachten. In der Mitte des Halbkreises, den hier einige Sterne bilden, steht der Hauptstern α CrB oder Gemma (lat. „Edelstein"). Er ist gelblichweiß, kommt auf eine Helligkeit von $2{,}3^{m}$ und ist 78 Lj entfernt. Ein schöner Doppelstern für das 5-cm-Rohr ist ζ CrB: Die Helligkeiten der beiden Partner betragen $5{,}1^{m}$ und $6{,}0^{m}$, die Distanz 6".

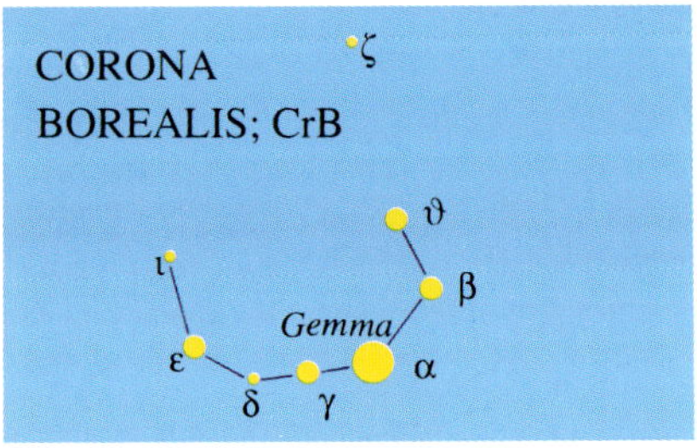

28. Corvus, Crv, Rabe
Dieser Rabe war in der griechischen Mythologie ein Helfer des Apollo. Er sollte ihm stets Wasser bereitstellen. Das kleine Sternbild liegt südlich der Jungfrau und kann abends vor allem im Frühling nicht allzu hoch über dem Horizont beobachtet werden. Der hellste Stern ist γ Crv oder Gienah (ar. „Flügel des Raben") mit $2{,}6^{m}$ in 185 Lj Entfernung. α Crv, auch Alchiba (ar. „Zelt") genannt, kommt dagegen nur auf $4{,}0^{m}$. δ Crv heißt auch Algorab (ar. „Rechter Flügel des Raben") und hat wenigstens $3{,}0^{m}$ zu bieten. Er ist außerdem ein

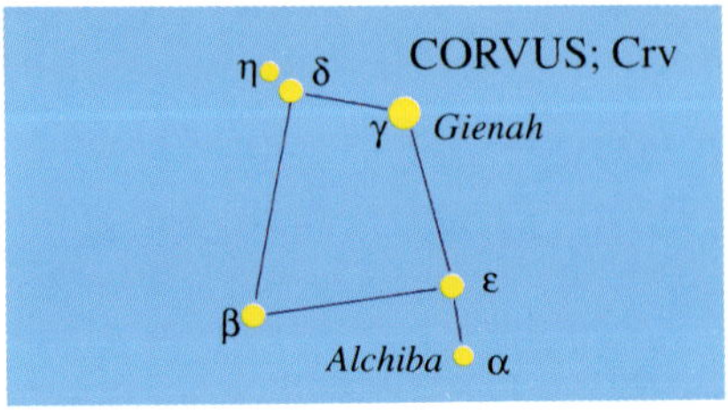

Doppelstern; sein Begleiter 8. Größe steht in 24" Distanz und kann mit einem 5-cm-Fernrohr gesehen werden.

29. Crater, Crt, Becher
Dieses kleine Sternbild liegt nicht von ungefähr neben dem Raben, denn mit diesem goldenen Becher soll der Rabe dem Apollo Wasser zugereicht haben. Damit ist der Becher ebenfalls ein Frühlingssternbild, das allerdings nur aus sehr schwachen Sternen besteht. Der hellste Stern trägt auch hier nicht den ersten Buchstaben des griechi-

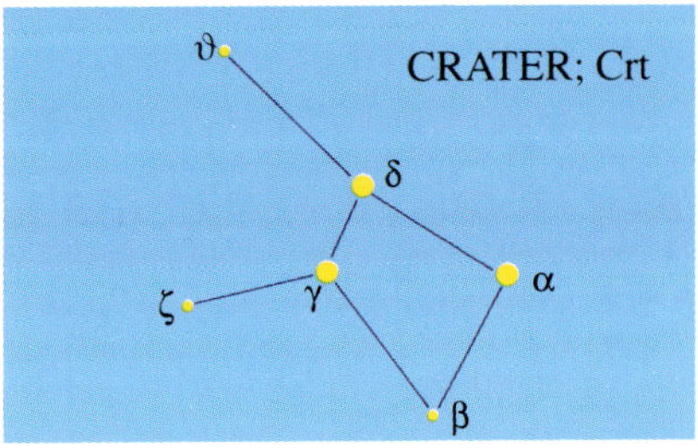

schen Alphabets. Es ist vielmehr δ Crt mit einer Helligkeit von $3{,}6^{m}$. α Crt trägt auch die arabische Bezeichnung Alkres („Krug"); seine Helligkeit beträgt aber nur $4{,}1^{m}$.

30. Crux, Cru, Kreuz (des Südens)
Das südliche Kreuz ist wohl das bekannteste Sternbild des Südhimmels, obwohl es eigentlich ziemlich klein ist. Es enthält aber vier helle Sterne. Außerdem erhielt es seine Bedeutung dadurch, daß man mit Hilfe dieses Sternbilds die Lage des südlichen Himmelspols auffinden kann, in dessen unmittelbarer Nähe leider nicht –

wie am nördlichen Himmelspol – ein hellerer Stern steht. Dazu verlängere man die Strecke, die durch die Sterne γ–α Cru gebildet wird, um das Viereinhalbfache über α Cru hinaus. Das Sternbild ist erst jenseits von etwa 20° bis 25° nördl. Breite beobachtbar. α Cru heißt auch Acrux, ist insgesamt $0{,}8^m$ hell und 370 Lj entfernt. Er ist für ein Fernrohr ab 5 cm Öffnung ein sehr

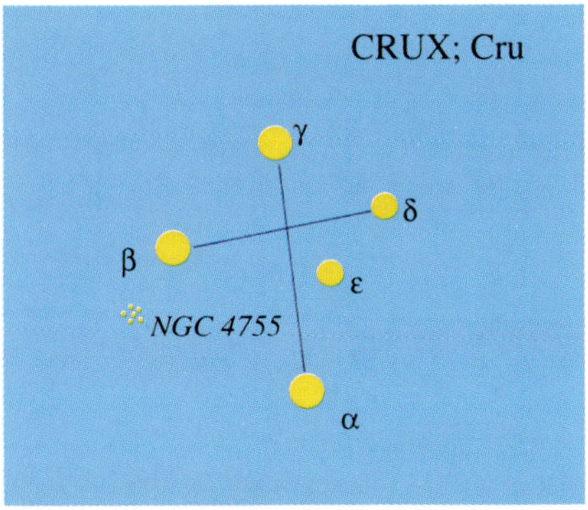

schöner Doppelstern. Der Hauptstern bietet $1{,}4^m$ und der Begleiter $1{,}9^m$, die Distanz beträgt 4½". Auch γ Cru ist ein Doppelstern: Hier kann der Begleiter in fast 2 Bogenminuten Distanz sogar schon in einem Feldstecher gefunden werden. Die Helligkeiten betragen $1{,}6^m$ und $6{,}7^m$. Im Kreuz, das auch in der Milchstraße liegt, gibt es mehrere offene Sternhaufen. Der weitaus schönste ist NGC 4755 oder ϰ Cru, gelegentlich auch „Jewel Box" (Schmuckkästchen) genannt. Er ist 7 600 Lj entfernt und hat immerhin eine Gesamthelligkeit von $4{,}2^m$. Damit ist er schon mit freiem Auge sichtbar. Das liegt daran, daß er einige sehr helle blaue Überriesen enthält, die auf 6. bis 7. Größe kommen. Doch gibt es inmitten des Haufens auch einen roten Riesenstern. Es ist ein sehr junger Sternhaufen, dessen Alter auf höchstens einige Mill. Jahre geschätzt wird. Im Kreuz liegt auch der auffälligste Dunkelnebel des ganzen Himmels. Er liegt etwa südlich β Cru und hebt sich von der umgebenden Milchstraße als 7° x 5° großer Dunkelfleck bereits so deutlich für das bloße Auge ab, daß er den Namen „Südlicher Kohlensack" erhielt. Er ist 500 bis 600 Lj entfernt, sein wahrer Durchmesser beträgt damit etwa 60 bis 70 Lj. Vermutlich ist er der nächste Dunkelnebel überhaupt.

31. Cygnus, Cyg, Schwan

Dieses berühmte Sommersternbild war der griechischen Sage nach ein Freund von Phaeton, dem Sohn des Sonnengottes. Er wurde zum Trost in diesen Schwan verwandelt, da er Phaeton nach dessen Unglück mit dem Sonnenwagen verlor. Man kann die helleren Sterne auch als ein riesiges Kreuz auffassen, und so wird dieses Sternbild oft als „Kreuz des Nordens" bezeichnet. Der Längsbalken dieses Kreuzes verläuft von Deneb nach Albireo, der Querbalken von ε nach δ Cyg. Die Bezeichnung Deneb für den Hauptstern α Cyg bedeutet arabisch „Schwanz". Dieser $1{,}2^m$ helle, gelblichweiße Stern ist 1 800 Lj entfernt und damit immerhin rund 75 000mal heller als unsere Sonne. An der Oberfläche ist er fast 11 000 °C heiß. Für den Feldstecher- und Fernrohr-Beobachter ist aber Albireo (ar. „Vogel") oder β Cyg interessanter. Es ist nämlich einer der schönsten Doppelsterne des ganzen Himmels: Neben einem goldgelben Hauptstern $3{,}1^m$ steht in 34" Distanz ein blauer oder saphirfarbener Begleiter der Helligkeit $5{,}1^m$; man vermutet, daß die beiden Sterne ungefähr 600 bis 700 Mrd. km voneinander entfernt sind. Ein anderer Doppelstern ist 61 Cyg: Hier sehen wir mit einem guten Feldstecher oder kleinen Fernrohr neben dem Hauptstern $5{,}2^m$ einen Begleiter $6{,}1^m$. Bei der Umlaufzeit von 653 Jahren verändert sich die Distanz stark; im Jahre 2000 sind es 30", langsam noch zunehmend. Im nördlichen Teil des Schwans beginnt eine Zweiteilung der Milchstraße, die sich von hier aus in Richtung Süden bis zum Centaur erstreckt. Innerhalb des Schwans verläuft die dunkle Trennungsschneise, englisch oft als „Great

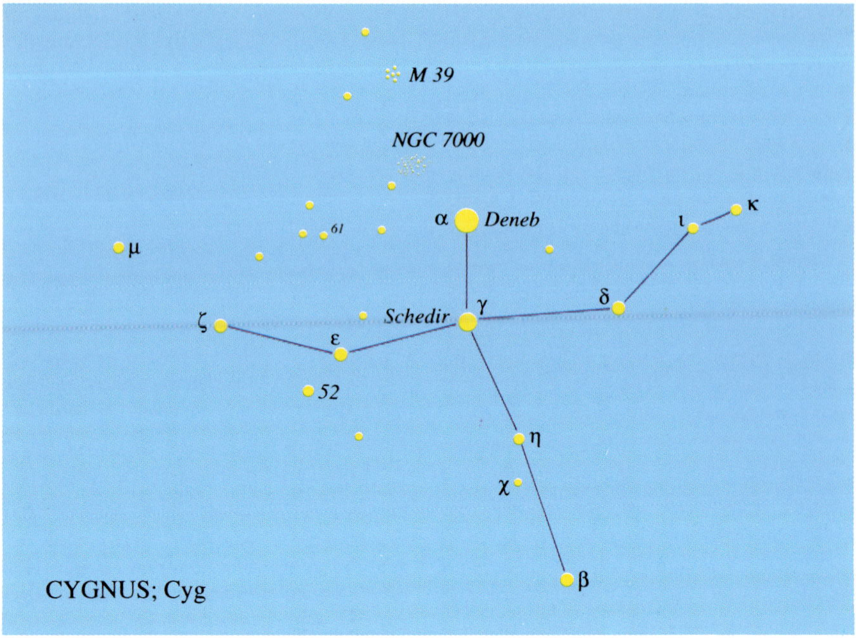

Rift" bezeichnet, zwischen γ Cygni oder Schedir (ar. „Brust") und Albireo. Vorgetäuscht wird diese „Spalte" durch Dunkelwolken in 4000 bis 5000 Lj Entfernung. Ein schöner Sternhaufen ab Feldstecher ist M 39 in 820 Lj Abstand. Rund 25 Sterne zwischen der 6. und 9. Größe stehen hier beieinander. Etwa 3 Grad östlich Deneb liegt der berühmte Nebel NGC 7000, seiner Form nach als „Nordamerika-Nebel" bezeichnet. Leider ist er für visuelle Beobachtungen kein leichtes Objekt, obwohl er in sehr dunklen Nächten mit einem lichtstarken Feldstecher schon erahnt werden kann. Noch stärker gilt dies für den Cirrus- und Sturmvogel-Nebel, die in der Nähe von 52 Cyg liegen.

D

32. Delphinus, Del, Delphin

Aaron, den Bruder Moses, soll dieser Delphin vor dem Ertrinken gerettet haben. Das kleine Sternbild ist im Spätsommer und Herbst östlich des Adlers sichtbar. Seine Umrisse erinnern an einen kleinen Papierdrachen, den man im Herbst steigen läßt. α Del ist $3{,}8^m$ hell, β Del dagegen $3{,}5^m$. Ein schöner Doppelstern für ein Fernrohr ab 5 cm Öffnung ist γ Del. Die beiden Sterne haben eine Helligkeit von $4{,}5^m$ bzw. $5{,}5^m$ und erscheinen orange und bläulich; die Distanz beträgt 10".

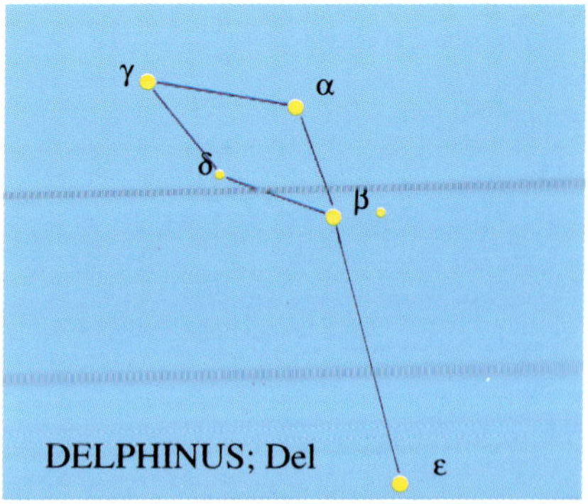

33. Dorado, Dor, Schwertfisch
Dieses von Mitteleuropa aus unsichtbare Südsternbild wurde erst im 17. Jh. von Bayer in die Sternbilderkunde eingeführt. Der Hauptstern α Dor ist $3{,}3^{m}$ hell und 200 Lj entfernt.
Das auffallendste Objekt ist die Große Magellansche Wolke im Südteil des Sternbilds. Es ist ein Begleiter unseres Milchstraßensystems in etwa 170 000 Lj Entfernung. Sie gilt als unregelmäßig, vielleicht auch als Balkenspiralnebel. Die rund 7 Grad große Wolke ist schon deutlich wie ein losgerissenes Stück Milchstraße mit freiem Auge erkennbar. Darin liegt auch der gasförmige „Tarantelnebel“ (NGC 2070), der in Wahrheit noch sehr viel heller ist als der Orionnebel. Er kann bereits im Feldstecher gesehen werden, unter Umständen sogar mit bloßem Auge. Nicht weit davon entfernt leuchtete am 23.2.1987 die (von der Erde aus gesehen) hellste Supernova seit rund 400 Jahren auf.

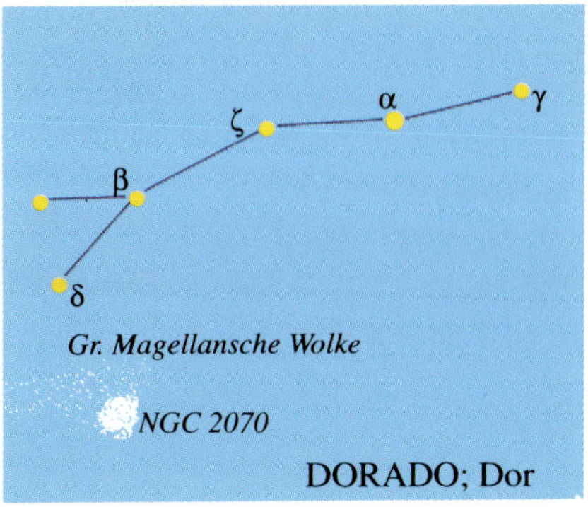

34. Draco, Dra, Drache
Dieser Drache konnte in der griechischen Sage nur von Hercules besiegt werden. Das Sternbild steht weit im Norden, ist zirkumpolar und schlängelt sich zwischen Großem und Kleinem Bär hindurch. α Dra oder Thuban (ar. „Drache“) ist mit $3{,}6^{m}$ nicht der hellste Stern im Drachen; dies ist

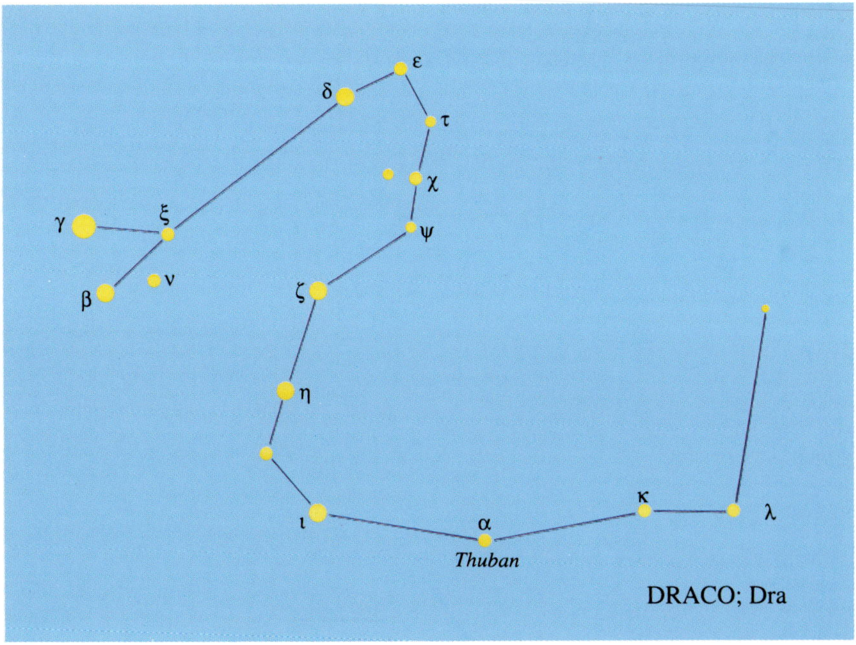

vielmehr γ Dra mit $2{,}2^m$ in 112 Lj Entfernung am Kopf des Drachen. Ein schöner Doppelstern für einen Feldstecher ist ν Dra. Die beiden Partner haben dieselbe Helligkeit ($4{,}9^m$) und stehen 62" auseinander. Etwas schwieriger ist ψ Dra; der hellere Partner hat ebenfalls $4{,}9^m$, der schwächere $6{,}1^m$ zu bieten. Die Distanz beträgt 30" (Abb. Seite 137).

E

35. Equuleus, Equ, Füllen

Der Götterbote Hermes soll dieses kleine Pferd Castor zum Geschenk gemacht haben. Das winzige Sternbild steht zwischen Delphin und Pegasus und kann am besten im Spätsommer und Herbst beobachtet werden. Der Hauptstern α Equ hat eine Helligkeit von $3{,}9^m$. Seine arabische Bezeichnung lautet auch Kitalphar oder Kitel Phard, was „Vorderer Teil des Pferdes" bedeutet. Das Füllen enthält einen Doppelstern, der bereits ohne Fernrohr aufgelöst werden kann: γ und 6 Equ, deren Helligkeiten $4{,}8^m$ und $6{,}0^m$ betragen, sind fast 6 Bogenminuten oder $\frac{1}{5}$ Vollmondbreite voneinander entfernt. Allerdings sehen wir den Begleiter wegen seiner Lichtschwäche nur in extrem dunklen Nächten.

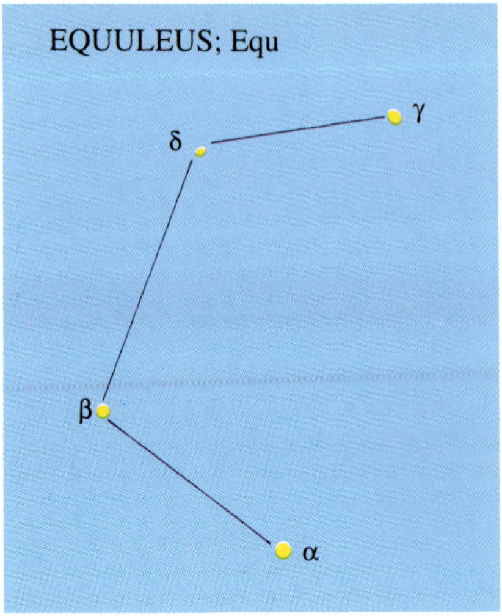

36. Eridanus, Eri, Eridanus

Dies ist in der griechischen Mythologie einer der Flüsse der Unterwelt. Er liegt südlich von Stier bzw. südwestlich von Orion und kann am besten im Spätherbst

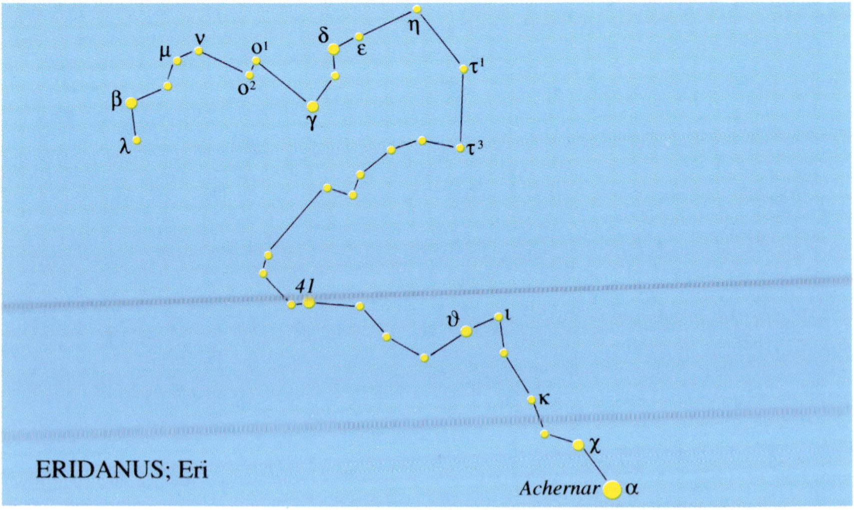

und Winter beobachtet werden. Der südlichste Zipfel des Eridanus gelangt allerdings für Mitteleuropa nicht mehr über den Horizont. Dort liegt auch der Hauptstern α Eri oder Achernar (ar. „Ende des Flusses“): Um ihn zu sehen, müssen wir mindestens bis zur geographischen Breite von N-Afrika reisen. Achernar ist $0{,}5^m$ hell und 85 Lj entfernt. Seine Farbe ist weiß, die Oberflächentemperatur 15 000 °C. Doch ganz nahe bei Rigel, einem der beiden hellsten Sterne des Orion, liegt der $2{,}8^m$ helle Stern β Eri. Er heißt auch Cursa oder „Vordere Fußbank“. Ein Dreifachstern ist o_2 oder 40 Eri. Neben dem Hauptstern mit der Helligkeit $4{,}5^m$ steht zunächst in 83” Distanz ein Begleiter von $9{,}5^m$; er kann mit einem 5-cm-Rohr gerade noch gesehen werden. Doch dieser Stern ist seinerseits wiederum doppelt: 9” von ihm entfernt liegt ein Sternchen 11. Größe, sichtbar ab 7 cm Öffnung.

F

37. Fornax, For, (Chemischer) Ofen

Dieses Füllsternbild wurde vom französischen Astronomen Lacaille eingeführt,

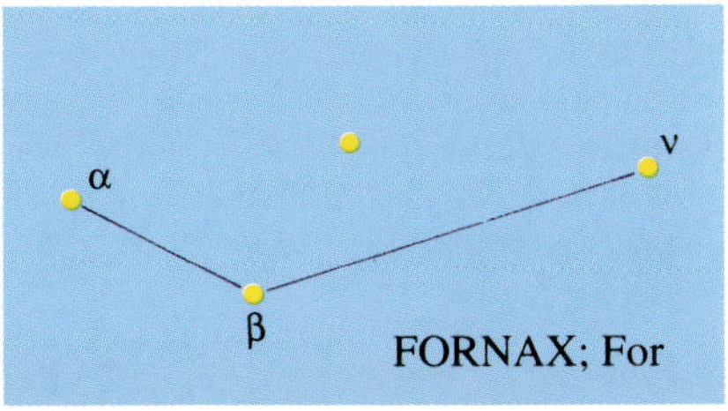

der von 1750 bis 1753 am Kap der Guten Hoffnung den südlichen Sternhimmel beobachtete und insgesamt 14 neue Sternbilder „schuf“. Es ist ein kleines Bild südlich des Walfisches, kann aber zumindest vom südlichen Mitteleuropa aus an Herbstabenden gerade noch vollständig über dem S-Horizont aufgefunden werden. α For ist $3{,}9^m$ hell und 45 Lj entfernt. Auffällige Objekte enthält das Sternbild nicht.

G

38. Gemini, Gem, Zwillinge

Während die Römer in den beiden Hauptsternen Romulus und Remus erblickten, waren es bei den Griechen Pollux, der in den Olymp auffahren durfte, und Castor, der in der Unterwelt schmachten mußte. So besuchte Pollux regelmäßig seinen Zwillingsbruder. Zur Belohnung wurden schließlich beide unter die Sterne aufgenommen. Die Zwillinge sind ein Wintersternbild, gleichzeitig gehören sie zum Tierkreis. Am hellsten ist Pollux oder β Gem mit $1{,}1^m$; er ist 35 Lj entfernt und orangefarben, seine Oberflächentemperatur beträgt 4200 °C. Castor oder α Gem ist mit $1{,}5^m$ ein wenig schwächer. Er besteht aber aus zwei ziemlich eng beieinander stehenden Sternen $2{,}0^m$ und $2{,}9^m$. Die Umlaufzeit dieses Paares beträgt etwa 400 Jahre. Die gegenseitige Distanz nimmt augenblicklich langsam von 3” auf 4” zu, so daß eine Trennung der beiden Partner mit einem 5-cm-Rohr gerade schon möglich ist. In 73” Distanz steht noch ein weiteres Sternchen 9. Größe. ζ Gem, ein Cepheidenstern mit im Mittel $3{,}9^m$ Helligkeit, hat

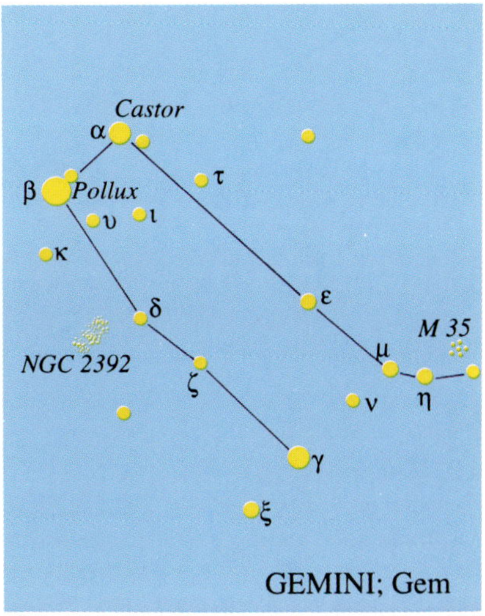

in 96" Distanz einen Begleiter 8. Größe, der fast noch mit einem Feldstecher aufgespürt werden kann. Zwei optische Doppelsterne, die mit einem 5-cm-Rohr zu trennen sind, sind μ Gem ($3{,}2^m$ und $9{,}8^m$ in 122") und ν Gem ($4{,}1^m$ und $8{,}7^m$ in 113"). Im westlichsten Teil des Sternbilds liegt der schöne offene Sternhaufen M 35. Er kann schon mit dem Opernglas als verwaschener Lichtfleck erkannt werden, aber erst im Feldstecher, besser noch im kleinen Fernrohr, löst er sich in Hunderte Sterne ab 8. Größe auf. Sie sind 2800 Lj entfernt. NGC 2392 ist ein planetarischer Nebel 8. Größe, der in kleinen Fernrohren gerade noch erkennbar ist. Wegen seines Aussehens auf langbelichteten Aufnahmen wurde er auch „Eskimo-Nebel" oder „Clowns-Gesicht" genannt.

39. Grus, Gru, Kranich

Das Sternbild wurde erst im 17. Jh. „erfunden" und steht so weit südlich, daß für Mitteleuropa an Spätsommer- und Herbstabenden nur ein winziger, uninteressanter Teil gerade noch über den S-Horizont gelangt. Der Hauptstern α Gru oder Alnair (ar. „Der Helle") kommt immerhin auf eine Helligkeit von $1{,}8^m$ und ist 65 Lj entfernt.

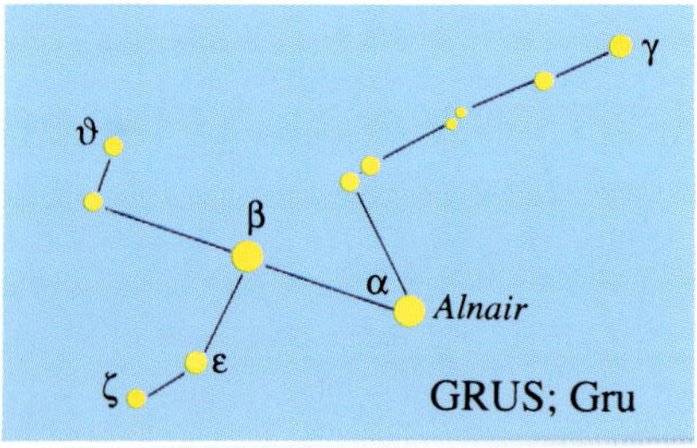

H

40. Hercules, Her, Hercules

Hercules war der Sohn des Zeus und der Alkmene und zeichnete sich durch besondere Kraft und Mut aus. Er besiegte u.a. den Nemeischen Löwen und die Hydra. Das Sternbild ist ziemlich unübersichtlich und erstreckt sich fast vom Himmelsäquator her bis weit nach Norden. Am besten kann es abends im Sommer beobachtet werden. Eigentlich steht der Hercules kopfüber am Himmel. Deswegen befindet sich auch der Hauptstern α Her oder Ras Algethi (ar. „Kopf des Knieenden") ganz am S-Rand des Sternbildes. Er ist 3.–4. Größe (unregelmäßig veränderlich), ein roter Riesenstern und 430 Lj entfernt. Seine Oberflächentemperatur beträgt nur 2700 °C. In knapp 5" Distanz steht außerdem ein Begleiter 5. Größe, was noch mit einem 6- bis 7-cm-Fernrohr zu schaffen ist. Im Hercules liegt der schönste Kugelsternhaufen des Nordhimmels: M 13. In sehr dunklen Nächten wurde er schon mit bloßem Auge als kleiner Nebel gesehen. Sicher gelingt dies aber mit einem Opernglas. Die Helligkeit ist knapp über der 6. Größe. Wir finden ihn so: Im zentralen Teil des Hercules liegt ein Viereck von Sternen. Die rechte Seite wird von η Her und ζ Her gebildet. Auf dem Wege von dem ersten zum zweiten Stern gehen wir 1/3 der gesamten Strecke. Dort liegt M 13. Die hellsten Sterne in diesem 23 000 Lj entfernten Kugelhaufen sind 11. Größe und erscheinen erstmals in einem Fernrohr ab 12–15 cm Öffnung. Nur 9 Grad nordöstlich von M 13 liegt ein anderer Kugelhaufen, der nicht sehr viel schwächer ist: M 92. Er kommt auf $6{,}5^m$ und ist 25 000 Lj entfernt.

41. Horologium, Hor, Pendeluhr

Ein im 18. Jh. eingeführtes Sternbild des

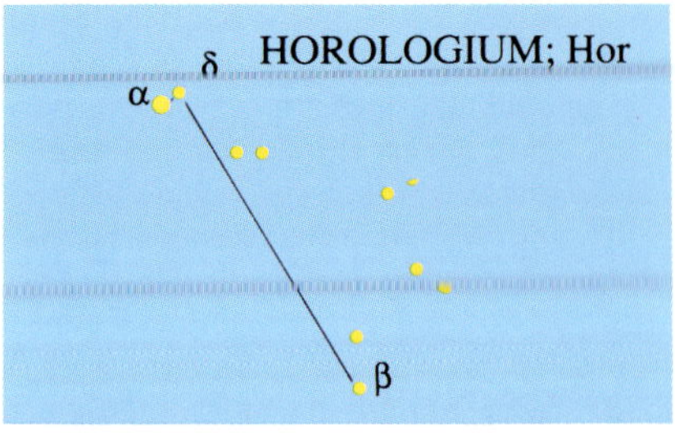

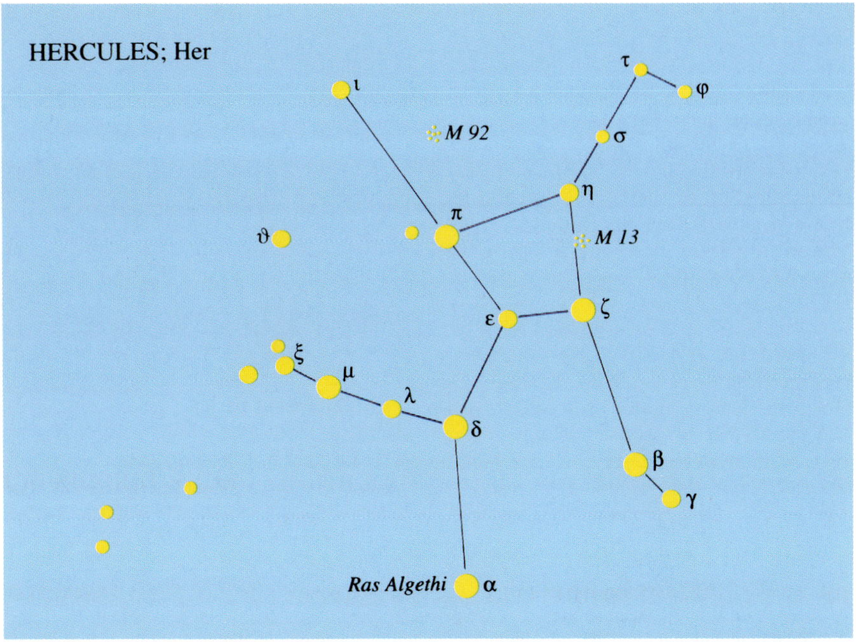

Südhimmels, das von Mitteleuropa aus nicht sichtbar ist. Sein Hauptstern α Hor kann aber schon von Südeuropa aus an Herbstabenden tief im S gefunden werden; er ist $3{,}8^m$ hell und 190 Lj entfernt.

42. Hydra, Hya, Wasserschlange

Diese gewaltige Lernäische Wasserschlange soll in der griechischen Mythologie von Hercules besiegt worden sein. Es ist (lateinische Nachsilbe **a**!) eigentlich eine weibliche Wasserschlange; es gibt nämlich auch noch die männliche Wasserschlange (Hydr**us**) als Sternbild. Die Hydra ist das längstgestreckteste Sternbild des ganzen Himmels. Fast kann man sagen: Wenn der Vorderleib untergeht, ist der Schwanz gerade erst so richtig aufgegangen. Der Hauptstern α Hya heißt Alphard (ar. „Der einsame Stern“) und steht im Westteil des Bildes, das am besten im Spätwinter und Frühling zu sehen ist. Der orangerote Stern ist $2{,}0^m$ hell und 95 Lj entfernt. Nordwestlich davon liegt eine hübsche Gruppe

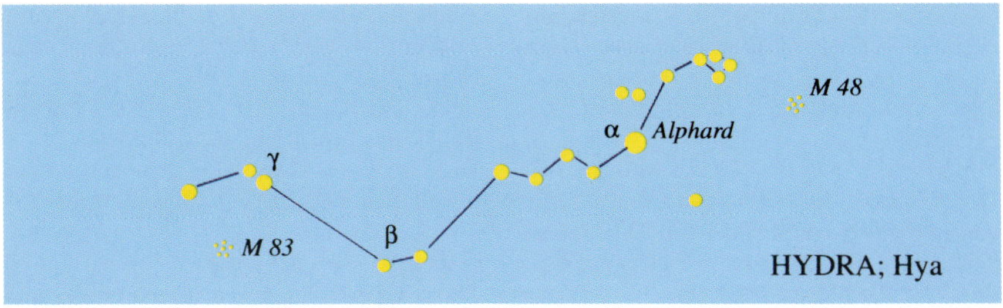

von Sternen an der Grenze zum Krebs. Hart an der Grenze zum Sternbild Einhorn liegt der offene Sternhaufen M 48 oder NGC 2548. Er ist 5,5^m hell und damit andeutungsweise schon im Opernglas zu erkennen; er enthält viele Sterne von der 9. Größe an abwärts in 2000 Lj Entfernung. Ein Spiralnebel der 8. Größe ist M 83, der im Ostteil des Bildes liegt, für Mitteleuropa allerdings nur knapp über den S-Horizont steigt. Ein 5-cm-Fernrohr zeigt ihn gerade noch.

43. Hydrus, Hyi, Kl. Wasserschlange
Das Sternbild wurde erst im 17. Jh. eingeführt und liegt nicht weit vom Südpol des Himmels entfernt. Die Nachsilbe **-us** weist auf männliches Geschlecht hin. Man nennt es auch „Kleine Wasserschlange". α Hyi ist 2,9^m hell, weißlichgelb und 36 Lj entfernt.

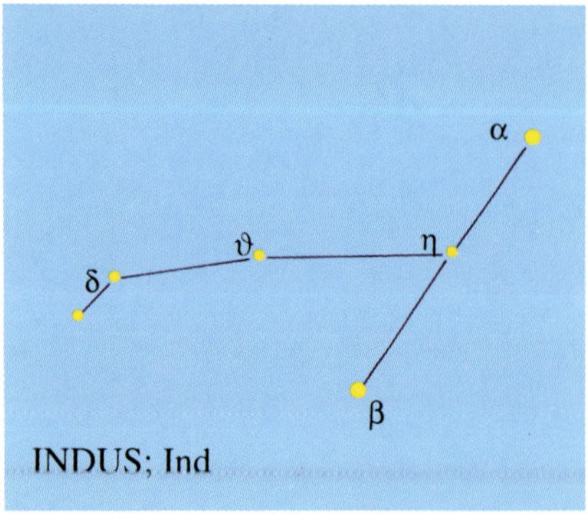

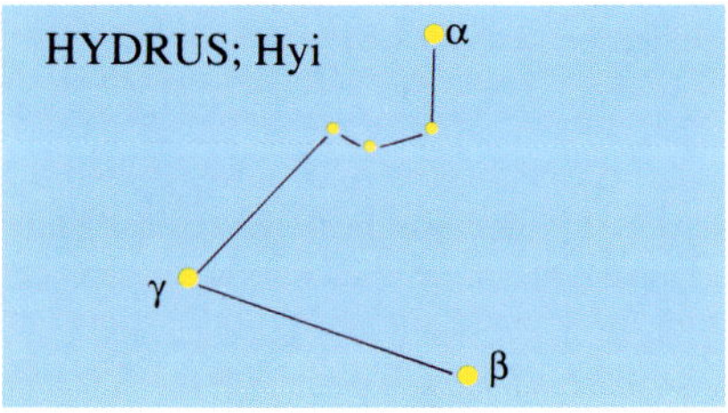

I

44. Indus, Ind, Indianer
Fälschlicherweise wird der lateinische Name dieses Sternbilds oft mit „Inder" übersetzt. Tatsächlich wollte man aber damit im Zeitalter der Entdeckungen die neuentdeckten Indianer in Amerika am Himmel verewigen; die Inder waren dem Abendland ja schon viel früher bekannt. Die Namensgebung geht auf Bayer 1603 zurück.
α Ind ist 3,2^m hell und 100 Lj entfernt. Ein Doppelstern, der mit einem 5-cm-Rohr getrennt werden kann, ist ϑ Ind. Die Helligkeiten der beiden Partner betragen 4,5^m und 7,1^m. Die Distanz ist 6".

L

45. Lacerta, Lac, Eidechse
Dies ist ein junges Sternbild und war in der antiken Sternbilderkunde noch nicht bekannt; es wurde erst 1690 von Hevelius eingeführt. Es ist für Mitteleuropa fast vollständig zirkumpolar und kann damit praktisch das ganze Jahr beobachtet werden. Beste Beobachtungszeit abends ist allerdings im Herbst. Es liegt zwischen den großen Sternbildern Pegasus, Schwan, Cepheus und Andromeda eingeklemmt und enthält nur wenige, nicht allzu helle Sterne. Von besonderen Objekten ist nur der offene Sternhaufen NGC 7243 erwähnenswert. Er enthält rund 40 Sterne und kann in einem kleinen Fernrohr schon gut gesehen werden. Er ist 2800 Lj entfernt.

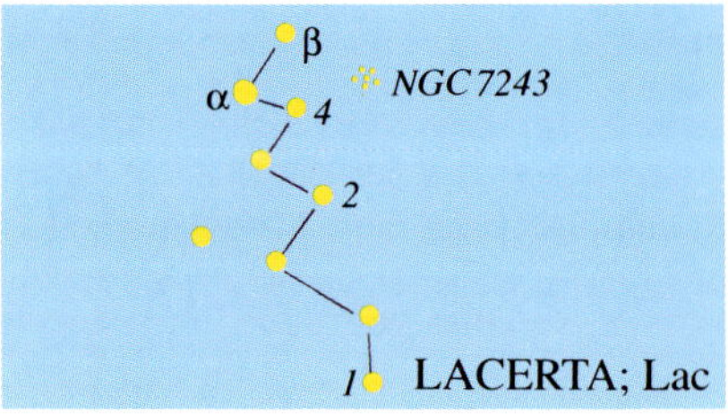

46. Leo, Leo, Löwe
Das Sternbild erinnert an den Nemeischen

Löwen der griechischen Sagenwelt, der in Städten und Dörfern wütete und nur von Hercules besiegt werden konnte. Der Löwe ist ein Tierkreissternbild, das am besten im Frühling zu sehen ist. Sein Hauptstern α Leo heißt Regulus (lat. „Kleiner König“). Die arabische Bezeichnung Kabeleced bedeutet „Herz des Löwen“, wird aber kaum gebraucht. Regulus hat eine Helligkeit von $1{,}3^m$, erscheint weiß und ist 73 Lj entfernt; seine Oberflächentemperatur beträgt rund 13 000 °C. Schon ein guter Feldstecher zeigt in 176” oder fast 1/10 Vollmondbreite Distanz einen Stern der Helligkeit $7{,}6^m$. Am anderen Ende des Sternbilds liegt β Leo oder Denebola (ar. „Schwanz des Löwen“) mit $2{,}2^m$ Helligkeit. Auch er hat einen weit entfernten Begleiter, der zwar nur $8{,}5^m$ hell ist, aber sogar 264” entfernt steht. Man muß sich übrigens einen liegenden Löwen vorstellen: Die vier Sterne ε, μ, ζ und γ Leo, die etwa ein Trapez bilden, markieren Kopf und Mähne; die Vorderpranken liegen bei Regulus, die Hinterpranken bei ϑ, ι und σ Leo und der Schwanz, wie schon erwähnt, bei Denebola. Der schönste Doppelstern im Löwen, wenn nicht einer der eindrucksvollsten am ganzen Himmel, ist γ Leo, manchmal Algieba (ar. „Stirn des Löwen“) genannt. Die beiden Sterne $2{,}2^m$ und $3{,}5^m$ stehen etwas über 4” auseinander, mit zunehmender Tendenz. Damit gelingt die Trennung bereits mit einem 5-cm-Fernrohr. Die Umlaufzeit beträgt 619 Jahre. Der hellere Stern ist orange, der schwächere tiefgelb. Auch der Stern 54 Leo ist ein Doppelstern, der in einem kleinen Fernrohr aufgelöst werden kann. Die beiden Partner bieten eine Helligkeit von $4{,}5^m$ und $6{,}3^m$, die Distanz beträgt 6,4”. Im Mittelfeld des Löwen, vor allem im Bereich zwischen Denebola und Regulus, gibt es eine Menge Galaxien. Viele sind nicht gerade schwach, für ganz kleine Instrumente aber doch meist schwer auf-

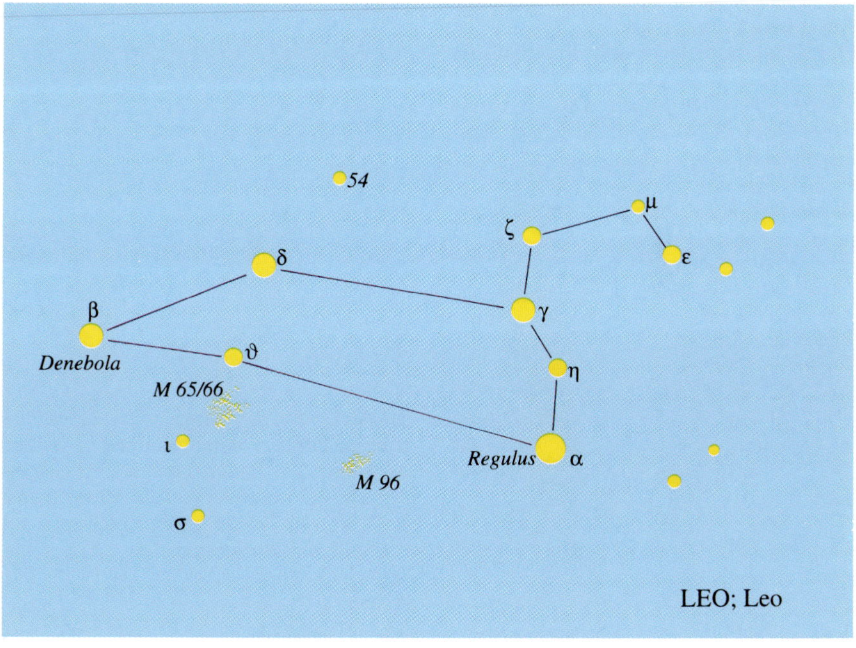

zufinden. Die hellsten erreichen gerade noch die 9. Größe. Dazu gehören etwa M 65/66, die ganz nahe beieinander stehen, sowie M 96. Sie werden mit einem Fernrohr ab etwa 7 bis 10 cm Öffnung erreichbar sein.

47. Leo minor, LMi, Kleiner Löwe

Dies ist ein winziges Füllsternbild, das erst im 17. Jh. eingeführt wurde. Es liegt oberhalb des (Großen) Löwen und kann damit ebenfalls vor allem im Frühling gesehen werden. Es enthält nur ein paar schwache Sterne und sehr schwache Galaxien.

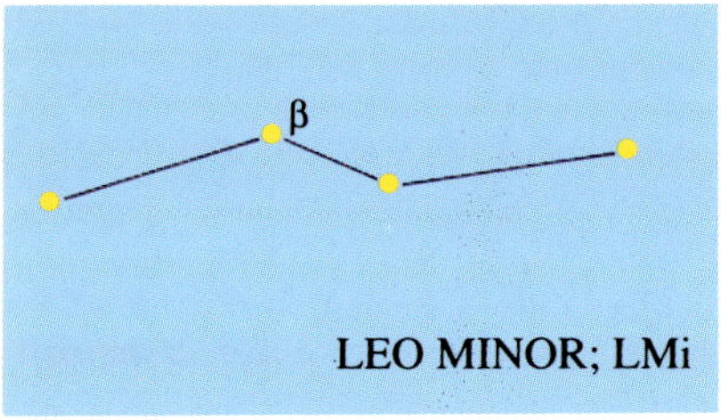

48. Lepus, Lep, Hase

Der Götterbote Hermes soll gemäß der griechischen Sage diesen Hasen an den Himmel versetzt haben. Das Sternbild liegt südlich des Orion und ist ein Wintersternbild.

Der Hauptstern α Lep oder Elarneb bzw. Arneb (ar. „Hase“) ist $2{,}6^{m}$ hell und 900 Lj entfernt. Ein leicht mit dem Feldstecher zu trennender Doppelstern ist γ Lep: Hier steht neben dem helleren Partner mit $3{,}8^{m}$ in 96” Distanz ein Begleiter $6{,}4^{m}$. Um den Kugelsternhaufen M 79 zu entdecken, ist dagegen ein Fernrohr von mindestens 6 cm Öffnung erforderlich; seine Helligkeit beträgt $8{,}4^{m}$, seine Entfernung 43 000 Lj. Auffallend rot ist der Veränderliche R Lep, der im Maximum immerhin $5{,}5^{m}$ erreicht.

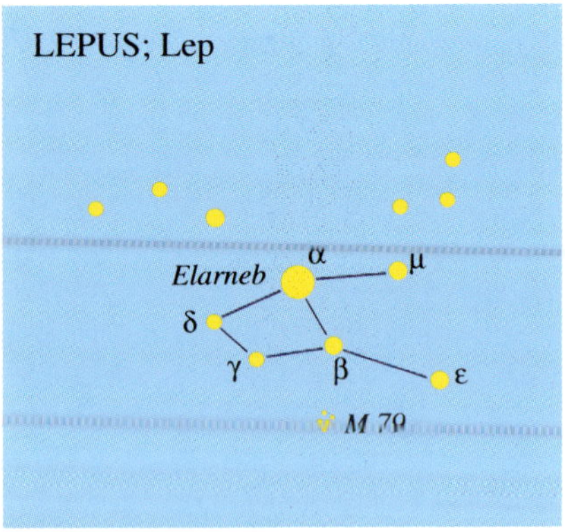

49. Libra, Lib, Waage

Das Sternbild gilt als Sinnbild der Gerechtigkeit und ist ein Tierkreissternbild, das am besten im Frühjahr und Frühsommer zu beobachten ist. Der hellste Stern α Lib trägt auch die arabische Bezeichnung Zuben Elgenubi, was aus dem Arabischen übersetzt „Südliche Schere“ bedeutet, womit die Scheren des benachbarten Skorpion gemeint sind. Ebenso heißt β Lib Zuben Elschemali oder „Nördliche Schere“. α Lib ist ein physischer Doppelstern, der schon mit einem Opernglas getrennt

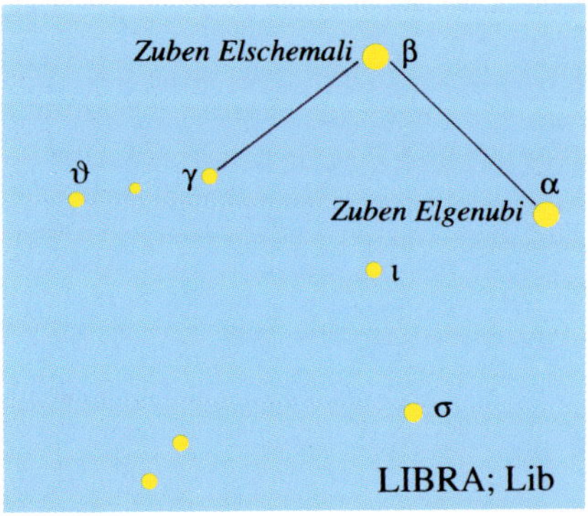

werden kann. Die beiden Sterne haben eine Helligkeit von $2{,}8^{m}$ und $5{,}2^{m}$, stehen immerhin 231” oder mehr als 1/10 einer Mondbreite auseinander und sind von uns 72 Lj entfernt; beide Sterne sind weißgelb. Ein anderer Doppelstern ist ι Lib: Hier sind die Helligkeiten $4{,}7^{m}$ bzw. $9{,}7^{m}$, die Distanz 59”; ein 6- bis 8-cm-Rohr ist hierfür ausreichend.

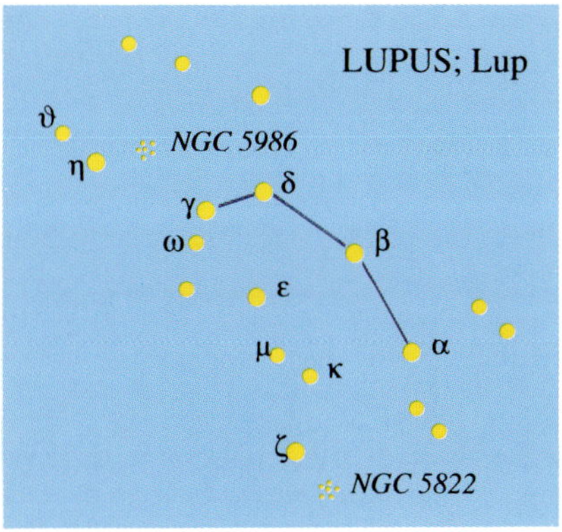

50. Lupus, Lup, Wolf

Dieses Sternbild liegt zwischen dem Skorpion und dem Centaur. Der nördlichste Teil des Bildes ragt im Spätfrühling und Frühsommer abends gerade noch über den S-Horizont. Die hellsten Sterne des Wolfs gehen aber erst für einen Beobachter vom südlichen Mittelmeerraum an auf. Der tyrannische Arkadier-König Lykaon wurde der Sage nach in diesen Wolf verwandelt und an den Himmel versetzt, wo er weiterhin von dem nachbarlichen Centaur in Schach gehalten werden muß. Der Hauptstern α Lup hat eine Helligkeit von $2{,}5^m$ und ist 430 Lj entfernt. Ein schöner Doppelstern, der bereits mit einem guten Feldstecher, sicher aber mit einem 5-cm-Rohr, aufgelöst werden kann, ist ϰ Lup: Der hellere Partner kommt auf $3{,}9^m$, der schwächere auf $5{,}8^m$ in einer Distanz von 27". Auch μ Lup ist nicht zu verachten. Hier reicht allerdings ein Fernglas nicht ganz aus: Die beiden Sterne haben Helligkeiten von $4{,}4^m$ und $7{,}2^m$; die Distanz beträgt 24". Der Wolf liegt inmitten der Milchstraße. Deswegen sind offene Sternhaufen in ihm zu erwarten. Am schönsten ist NGC 5822, der ganz am Südrand des Sternbilds liegt. Bei einer Gesamthelligkeit von knapp 6. Größe ist dieser lockere Sternhaufen schon dem Feldstecher zugänglich. Die Entfernung beträgt 1800 Lj. NGC 5986 ist ein Kugelsternhaufen in 33 000 Lj Entfernung; er ist 8^m hell und damit ab 5 cm Fernrohröffnung zu erkennen.

51. Lynx, Lyn, Luchs

Dieses für Mitteleuropa fast vollständig zirkumpolare Sternbild ist erst im 17. Jh. von Hevelius an den Himmel versetzt worden. Es enthält fast nur schwache Sterne und ist wenig auffällig. Es liegt zwischen Fuhrmann und Großer Bär. Im Winter und Vorfrühling steht es abends am höchsten. Der hellste Stern heißt 40 oder α Lyn. Seine Helligkeit beträgt $3{,}1^m$. Der tiefrote Stern ist 170 Lj entfernt. Ein mit einem 5-cm-Fernrohr gut aufzulösender Doppelstern ist 19 Lyn. Die beiden Partner sind $5{,}6^m$ bzw. $6{,}5^m$ hell und 15" voneinander entfernt. Schon ein guter Feldstecher kann aber 5 Lyn trennen. Der hellere Stern hat $5{,}3^m$, der schwächere zwar nur $7{,}9^m$ zu bieten. Dafür beträgt die Distanz immerhin 96". Darüber hinaus enthält der Luchs für kleinere Instrumente keine besonderen Objekte.

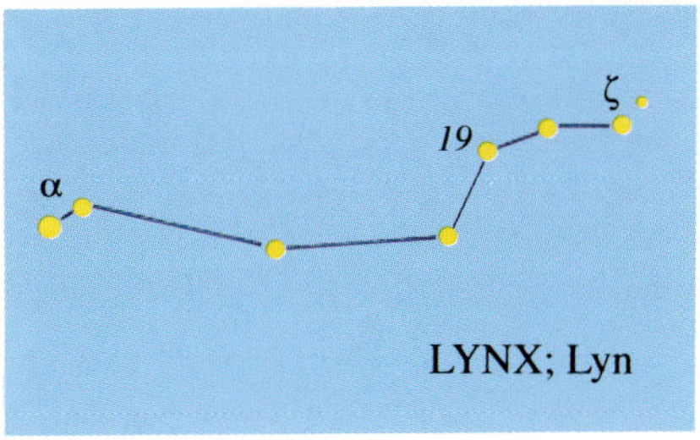

52. Lyra, Lyr, Leier

Es ist ein an sich kleines Sternbild, das aber doch eine ganze Reihe bemerkenswerter Objekte enthält. In der griechischen Sage soll es die Leier gewesen sein, die von Hermes erfunden wurde und später in den Besitz von Orpheus kam. Der Hauptstern α Lyr heißt Wega, manchmal auch Vega geschrieben (ar. „Der herabstürzende Adler"); mit einer Helligkeit von $0{,}0^m$ ist es einer der hellsten Sterne des Himmels. Er

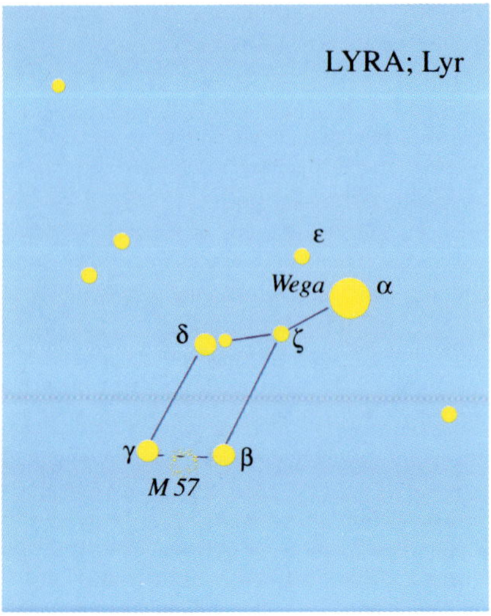

ist 26 Lj entfernt und weiß, mit einem Stich ins Gelbliche; seine Oberflächentemperatur beträgt 11600 °C. Links unterhalb von Wega liegen vier mittelhelle Sterne in der Form eines kleinen Parallelogramms angeordnet. β Lyr ist zunächst ein Doppelstern für ganz kleine Fernrohre: Neben dem helleren Stern steht ein Begleiter knapp 8. Größe in 47" Distanz. Der hellere Partner ist aber ein Bedeckungsveränderlicher mit einer Periode von 12,9 Tg. Seine Helligkeit schwankt dabei zwischen $3{,}4^m$ und $4{,}3^m$. Zwei weitere Sternchen 9. Größe liegen in 69" und 86" Distanz von β Lyr.
Knapp links oder östlich Wega liegt ein interessanter Vierfachstern: ε Lyr. Bei einem flüchtigen Blick darauf erkennt man mit freiem Auge zunächst ein Sternchen knapp 4. Größe. Bei genauem Hinsehen – scharfe Augen sind Voraussetzung – sieht man, daß es sich aber um zwei ganz dicht beieinander stehende Sternchen handelt. Sie stehen 207" oder rund $3^1/_2$ Bogenminuten, also etwas mehr als 1/10 Mondbreite auseinander. Das ist wirklich nur gerade noch mit bloßem Auge zu schaffen, und so handelt es sich hier um einen wirklichen „Augenprüfer". Ein Fernrohr von mindestens 7 cm Öffnung löst diese beiden Sterne wieder in je zwei Partner auf. Die Distanz beträgt 2,4" bzw. 2,6"; das bedeutet in Wahrheit eine gegenseitige Entfernung von 24 Mrd. km oder vierfache Entfernung Pluto–Sonne. Die Sterne in diesen Paaren haben eine Umlaufzeit von 585 bzw. 1166 Jahren. Der gegenseitige Abstand der Paare beträgt etwa 1/5 Lj; von der Erde ist dieses echte Vierfachsystem 125 Lj entfernt.
Auf der Verbindungslinie β Lyr – γ Lyr, jedoch knapp vor Erreichen der Hälfte dieser Strecke, liegt der bekannteste, wenn auch nicht größte planetarische Nebel: der „Ringnebel in der Leier". Da seine Helligkeit nur 9. Größe beträgt, muß man schon ein 7-cm-Rohr heranziehen, um ihn wenigstens aufzuspüren; zum Erkennen der Ringgestalt benötigen wir sogar ein Fernrohr ab 15 cm Durchmesser. Dann erscheint der 2000 Lj entfernte Nebel wie ein schwacher Rauchkringel.

M

53. Mensa, Men, Tafelberg

Erst Lacaille versetzte 1752 dieses kleine Sternbild an den Himmel. Es ist von Mitteleuropa aus nicht sichtbar und enthält nur ganz schwache Sterne. Vom Schwertfisch her ragt noch die Große Magellansche Wolke in dieses Bild herein.

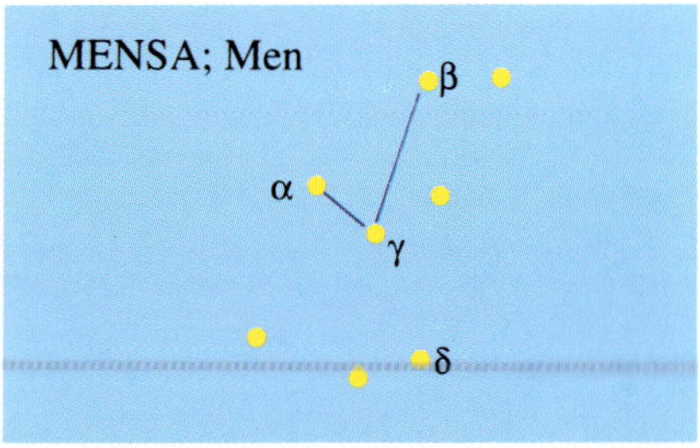

54. Microscopium, Mic, Mikroskop

Auch das Mikroskop erfand erst Lacaille 1752 als Sternbild. Es liegt südlich des Steinbocks und kann von Mitteleuropa aus praktisch nicht gesehen werden. Der hellste Stern α Mic kommt nur auf eine Helligkeit von $5{,}0^m$, und auch die anderen Sterne sind sehr schwach.

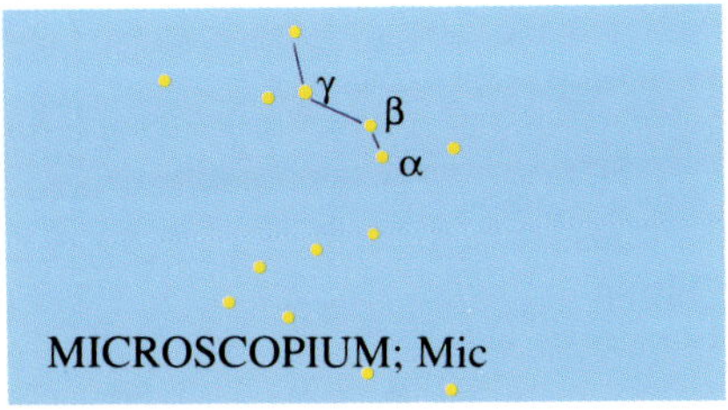

55. Monoceros, Mon, Einhorn

Dies ist ein ganz unauffälliges Sternbild, das nur als „Füller“ im 17. Jh. eingeführt wurde: Es füllt den in der Milchstraße gelegenen Bereich zwischen Orion, Zwillinge, Kleiner Hund, Wasserschlange, Hinterdeck und Großer Hund aus. Das Sternbild enthält nur schwächere Sterne, aber eine Reihe bemerkenswerter Objekte. Beste Beobachtungszeit ist der Winter. α Mon befindet sich weit im Südosten des Sternbilds und erreicht nur eine Helligkeit von $3{,}9^m$.

Einer der schönsten Dreifachsterne ist β oder 11 Mon: Der Hauptstern ist $4{,}7^m$ hell. In 7” Distanz liegt ein Stern $5{,}2^m$, der in einem 5-cm-Fernrohr gesehen werden kann. Etwas weniger schnell werden wir damit in knapp 3” Distanz einen weiteren Begleiter $5{,}6^m$ finden. Vielleicht sollte man den Dreifachstern am besten wenigstens mit einem Fernrohr ab 7 cm Öffnung beobachten. Es ist insgesamt ein echtes, physisches System. Ebenfalls leicht mit einem 5-cm-Instrument kann ε Mon aufgelöst werden: Die beiden Partner haben Helligkeiten von $4{,}5^m$ und $6{,}5^m$, und ihre Distanz beträgt 13”. Es gibt mehrere, recht eindrucksvolle offene Sternhaufen in diesem Sternbild. Besonders leicht ist NGC 2244 bereits mit dem Opernglas als Nebelfleck zu erkennen. Man findet ihn am besten von Beteigeuze im Orion aus und geht von hier aus etwa dieselbe Strecke nach Ostsüdosten, wie Beteigeuze von Bellatrix, dem anderen Schulterstern des Orion, entfernt ist. Der Haufen enthält Sterne, die fast bis an die 6. Größe heranreichen, und ist 5500 Lj von uns entfernt. Um NGC 2244 herum liegt ein riesiger Gasnebel, der allerdings wegen seiner Lichtschwäche in kleinen Instrumenten kaum gesehen werden kann. Im Grunde ist dieser Nebel, der seiner Form nach „Rosetten-Nebel“ getauft wurde, eher ein Objekt für die Fotografie mit langen Belichtungszeiten. Trotzdem wurde schon berichtet, daß er mit sehr lichtstarken Doppelgläsern (z.B. 20 x 80) schwach gesehen wurde. Ein anderer zerstreuter Sternhaufen ist NGC 2264 am Nordrand des Sternbilds: Hier liegen etwa

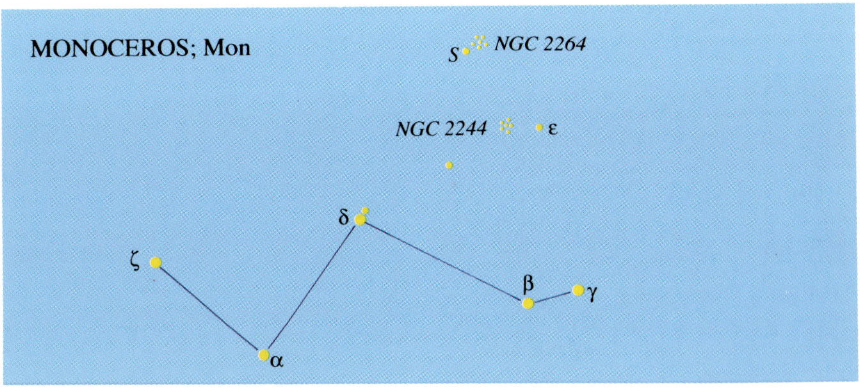

20 Sterne bis 7. Größe aufwärts versammelt. Wenn man will, kann man auch noch den veränderlichen Stern S Mon in der Nachbarschaft dazuzählen, der in der Regel etwas über 5. Größe hell ist.

56. Musca, Mus, Fliege

Dieses kleine Sternbild wurde im 17. Jh. erfunden und ursprünglich als Biene (Apis) bezeichnet, tauchte dann aber in der Sternkarte von Lacaille als Fliege auf. Es befindet sich südlich des Kreuzes und ist von Mitteleuropa aus unsichtbar. Der hellste Stern α Mus kommt in seiner Helligkeit aber immerhin auf $2{,}7^m$ und ist 365 Lj entfernt. NGC 4833 ist ein Kugelsternhaufen 7. Größe. Er kann schon mit einem Feldstecher als rundlicher Nebel aufgespürt werden. Ein zweiter Kugelhaufen (NGC 4372) ist zwar größer, aber lichtschwächer.

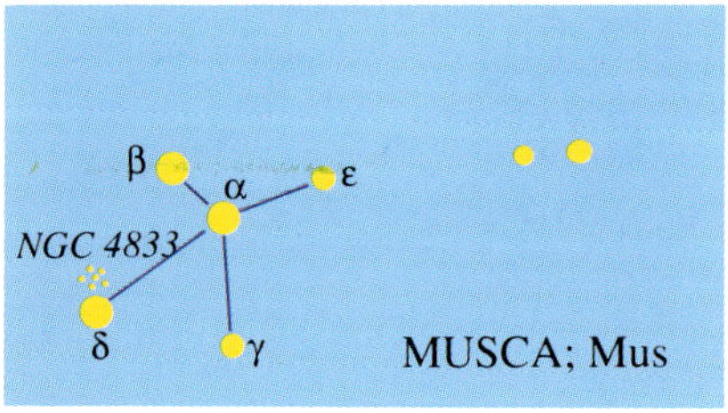

N

57. Norma, Nor, Winkelmaß

Dieses winzige Sternbild befindet sich südlich des Skorpion und ist erst vom südlichen Mittelmeerraum aus zu beobachten. Die beste Beobachtungszeit ist dann der Spätfrühling und Frühsommer. Die hellsten Sterne kommen nur auf 4. und 5. Größe. Ein schöner Doppelstern für ein 5-cm-Fernrohr ist ε Nor. Neben dem helleren Partner von $4{,}8^m$ liegt ein Begleiter $7{,}5^m$ in 22" Distanz. Da das Sternbild in der Milchstraße liegt, finden wir in ihm einige offene Sternhaufen. Am besten ist NGC 6087 zu sehen. Die Gesamthelligkeit beträgt immerhin $6{,}0^m$, so daß zum ersten

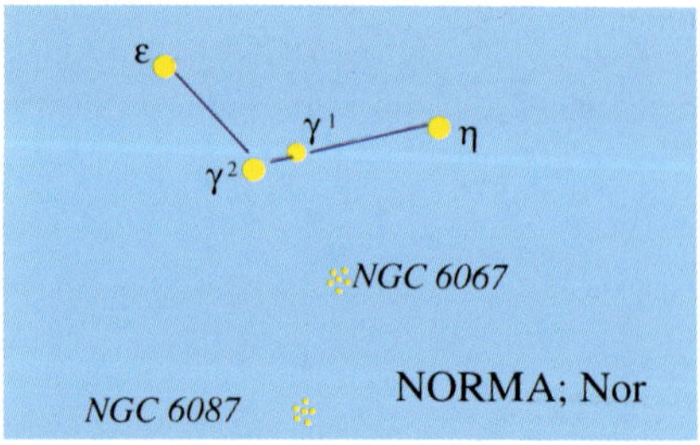

Aufspüren bereits ein Opernglas genügt. Ein kleines Fernrohr sieht dann vielleicht etwa 30–40 Sterne. Auch NGC 6067 ist mit dem Opernglas zu sehen; hier sind sogar 120 Sterne beieinander. Die Entfernungen der beiden Haufen betragen 3000 bzw. 6800 Lj.

O

58. Octans, Oct, Oktant

Der Oktant wurde als Sternbild erst im 18. Jh. von Lacaille „erfunden“ und liegt um den südlichen Himmelspol herum; leider befindet sich aber in dessen unmittelbarer Nähe kein hellerer Stern wie am Himmelsnordpol, denn das ganze Sternbild Oktant enthält nur schwächere Sterne. Beschränken wir die Suche auf solche, die noch mit bloßem Auge beobachtet werden können, so kommt dem Südpol noch der Stern σ Oct am nächsten. Er hat allerdings ebenfalls nur eine Helligkeit von $5{,}5^m$. Im Jahre 1865 stand er mit 43' dem Pol am

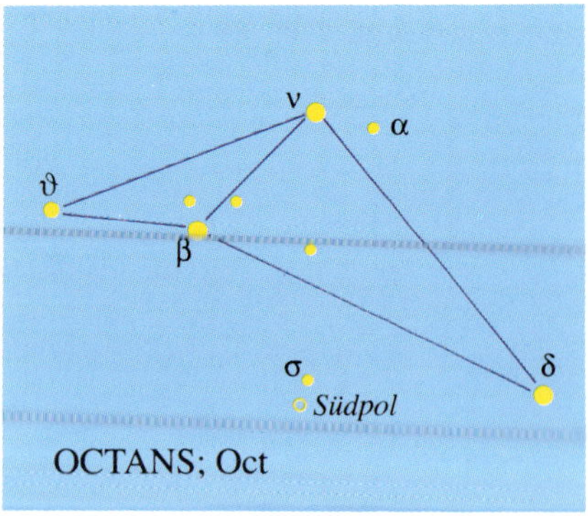

nächsten; inzwischen nimmt der Abstand infolge der Präzession der Erdachse wieder zu und erreicht im Jahre 2000 schon 1°03' oder 2 Mondbreiten. Der hellste Stern im Oktant ist mit $3{,}7^m$ ν Oct. α Oct ist mit $5{,}2^m$ schwächer. Besondere Objekte für kleine Instrumente enthält der Oktant nicht.

59. Ophiuchus, Oph, Schlangenträger
Das umfangreiche Sternbild steht am Sommerhimmel und ist mit Äskulap vergleichbar. Er hält die Schlange in seinen Armen, die er als Sternbild in einen westlichen (Kopf) und östlichen Teil (Schwanz) trennt. Hauptstern ist α Oph oder Ras Alhague (ar. „Kopf des Schlangenträgers"): Der $2{,}1^m$ helle, gelblichweiße Stern befindet sich am Nordrand des Sternbilds und steht in 60 Lj Entfernung. Von den Doppelsternen sei zunächst 67 Oph erwähnt. Hier steht neben einem Stern mit der Helligkeit $3{,}9^m$ ein Begleiter $8{,}6^m$ in 55" Distanz; das ist mit einem 5-cm-Fernrohr zu schaffen. o Oph besteht aus zwei Sternen der Helligkeit $5{,}4^m$ und $6{,}9^m$ in 11" Distanz; auch dies geht mit einem 5-cm-Rohr. Etwas schwieriger ist ρ Oph. Hier beträgt die Distanz nur 3", und die Helligkeiten liegen bei $5{,}2^m$ und $5{,}9^m$. Doch sollten wir hier auch einmal die Suche auf eine größere Distanz konzentrieren. Dann finden wir vielleicht in 152" noch ein Sternchen 8. Größe und in 156" sogar einen Stern 7. Größe. Ganz hübsch ist auch A Oph ganz weit im Süden des Sternbilds. Die beiden Partner sind mit $5{,}1^m$ exakt gleich hell und stehen 5" auseinander. In den nächsten Jahren wird auch 70 Oph interessant. Die Umlaufzeit beträgt nur 88 Jahre. Zuletzt standen die beiden Partner mit der Helligkeit $4{,}3^m$ und $6{,}0^m$ für ganz kleine Geräte zu eng aufeinander. 1993 sind es 2", im Jahre 2000 4" und im Jahre 2005 sogar schon 5", so daß dieser Doppelstern allmählich wieder in den Bereich eines 6-cm-Fernrohrs kommt. Hier kann man also in wenigen Jahren schon Veränderungen an einem Doppel-

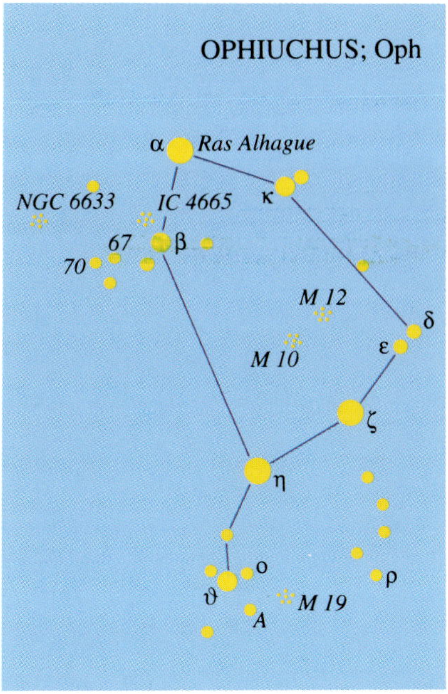

stern feststellen. Der Ophiuchus liegt in der Milchstraße und zeigt mehrere schöne Sternhaufen. Knapp links oberhalb oder nordöstlich von β Oph liegt der ziemlich lockere Sternhaufen IC 4665. Er enthält zwar nur 13 Sterne 7. bis 10. Größe, kann aber wegen seiner günstigen Lage leicht aufgefunden werden. Die Entfernung beträgt 1400 Lj. Ganz weit im Nordosten, dicht an der Grenze zur Schlange hin, liegt NGC 6633. Hier stehen über 60 etwas schwächere Sterne enger beieinander. Sie sind 1050 Lj entfernt. Auch mehrere Kugelsternhaufen gibt es. Am hellsten ist M 10 im Herzen des Sternbilds. Bei einer Gesamthelligkeit von $6{,}7^m$ kann er schon mit dem Fernglas aufgespürt werden. 7. Größe bieten M 12 knapp nordwestlich M 10 sowie M 19 im Süden des Sternbildes.

60. Orion, Ori, Orion
Der Orion gilt als das schönste Sternbild des ganzen Himmels. Da er um den

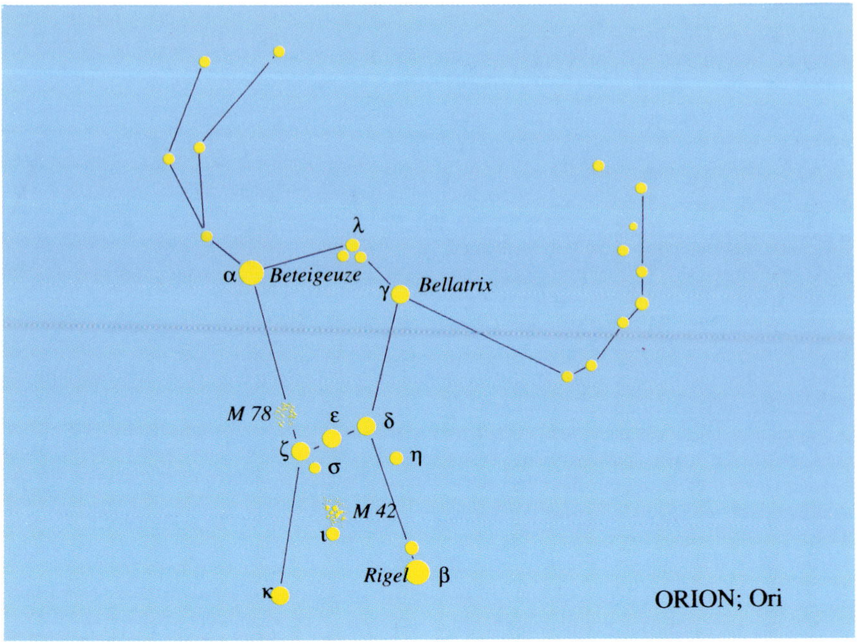

Himmelsäquator herum liegt, kann er – mit Ausnahme der engeren Polargebiete – von der ganzen Erde aus vollständig gesehen werden. Er spielte in der griechischen Sagenwelt eine große Rolle. Für Mitteleuropa ist es ein Wintersternbild. Der Orion zerfällt in drei „Stockwerke“: Die Schulterlinie wird gebildet durch die Sterne α Ori oder Beteigeuze (ar. „Schulter“) und γ Ori bzw. Bellatrix (lat. „Kriegerin“). Darunter folgen die drei fast gleich hellen Gürtelsterne (auch Jakobsstab genannt) und tiefer die beiden Fußsterne mit β Ori oder Rigel (ar. „Fuß“) auf der rechten Seite. Überdies wird der Kopf gebildet durch die Sterne um λ Ori herum. Ein Arm hält auf der rechten (westlichen) Seite des Sternbilds einen Schild oder ein Tierfell als Schutz vor sich hin. Der andere Arm ragt in den linken oberen, also nordöstlichen Teil des Bildes hinein und trägt eine Keule oder ein Schwert. Beteigeuze ist ein roter Riesenstern mit dem 700-1000fachen Sonnendurchmesser in 310 Lj Entfernung. Seine Helligkeit schwankt mehr oder weniger unregelmäßig zwischen $0{,}4^m$ und $1{,}3^m$, und seine Oberflächentemperatur liegt bei 2900° C. Rigel ist mit $0{,}1^m$ etwas heller und erscheint fast rein weiß. Der 900 Lj entfernte Stern ist an der Oberfläche 12 000 °C heiß. In 9” Distanz steht ein Begleiter mit $6{,}7^m$, kein sehr leichter Doppelstern. Ein sehr leicht mit dem 5-cm-Rohr zu trennender Doppelstern ist dagegen der rechte Gürtelstern δ Ori. Neben dem Hauptstern 2. Größe steht ein Begleiter $6{,}3^m$ in 53” Distanz. σ Ori ist für ein kleines Fernrohr ein dreifacher Stern. Die Helligkeiten liegen bei 4^m, 7^m und 6^m. Die Distanzen betragen 13” und 43”. Etwas größere Instrumente zeigen noch zwei weitere Partner. Schön ist auch ι Ori mit $2{,}9^m$ und $6{,}9^m$ und 11” Distanz. Das bekannteste Objekt des Sternbilds ist aber der Orionnebel (M 42). Er liegt unterhalb des Gürtels im sog. „Schwertgehänge“ des Himmelsjägers und kann zumindest mit einem Opernglas oder Feldstecher bereits recht gut aufgefunden werden; gelegentlich soll er sogar schon mit freiem Auge gesehen worden sein. Im Innern des Nebels liegen mehrere Sterne. Vier von ihnen bilden das sog. „Trapez im Orionnebel“. Es sind vier trapezförmig angeordnete Sterne zwischen der 5. und 8. Größe. In einem lichtstärkeren Fernrohr sehen wir eine Wolke, die scheinbar wie ein loderndes Herdfeuer aussieht. Es ist von Sternen zum eigenen Leuchten angeregtes Gas. Der Orionnebel enthält aber auch Staub. Es ist ein Gebiet, in dem Sterne entstehen. Die Entfernung beträgt 1800 Lj. Der Durchmesser beläuft sich schon für das kleine Fernrohr auf fast 1 Grad oder 2 Mondbreiten, während sich die noch viel weiter hinausgreifenden Ausläufer nur fotografisch erfassen lassen. M 78 ist ein weiterer heller Nebel, der schon in kleinen Fernrohren sichtbar ist. Seine Gesamthelligkeit liegt zwischen der 7. und 8. Größe. Der Orion enthält auch einige offene Sternhaufen.

P

61. Pavo, Pav, Pfau

Das erst von Bayer im Jahre 1603 „erfundene“ Sternbild des Südhimmels, das von Europa aus unsichtbar ist, enthält mit α Pav einen Stern mit der Helligkeit $1{,}9^m$ in 230 Lj Entfernung. Die übrigen

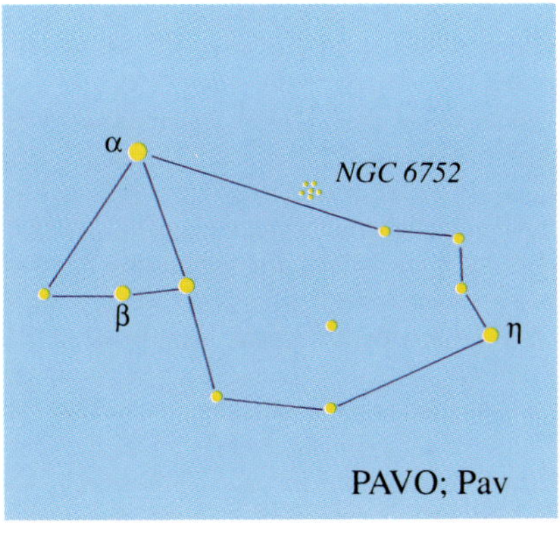

Sterne sind allerdings deutlich schwächer. Von den besonderen Objekten sei NGC 6752 erwähnt, einer der hellsten Kugelsternhaufen des ganzen Himmels. Er ist insgesamt 7^m hell und kann sogar schon mit dem Feldstecher als rundlicher Nebel aufgespürt werden. Die hellsten Sterne in dem nur 14 000 Lj entfernten Haufen kommen auf die 11. Größe und können bereits mit einem Fernrohr ab etwa 8 bis 10 cm Öffnung erkannt werden.

62. Pegasus, Peg, Pegasus

Dieses geflügelte Pferd aus der griechischen Sage ist ein Herbststernbild, das kopfüber am Himmel entlang zieht. Der Kopf ragt nach rechts unten und liegt bei

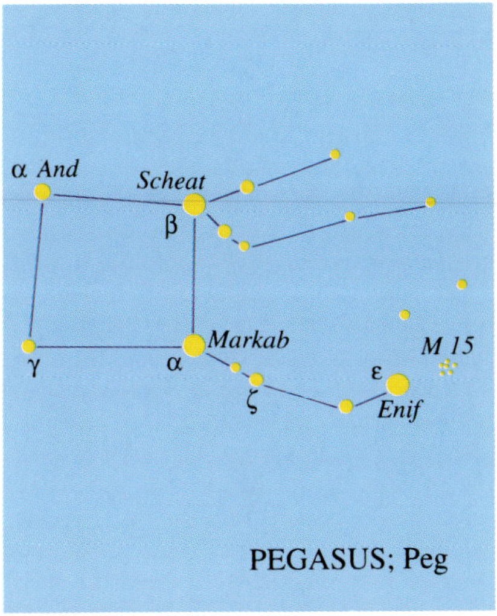

dem Stern Enif (ar. „Nase des Pferdes“) oder ε Peg. Die Beine ragen dort nach oben, wo vier hellere Sterne im Ostteil des Sternbilds ein fast exaktes Quadrat bilden, das „Pegasus- oder Herbst-Quadrat“. Der linke obere Stern dieses Quadrats ist aber strenggenommen bereits der Hauptstern der Andromeda. Zusammen mit der nach links oben verlaufenden Sternenkette der Andromeda könnte das Pegasus-Quadrat als eine Art „Riesenwagen“ am Himmel aufgefaßt werden. Der Stern α Peg oder Markab, was wohl als „Sattel“ gedeutet werden muß, ist $2{,}5^m$ hell und 100 Lj entfernt. β Peg oder Scheat („Schulter“) ist ein roter, unregelmäßig veränderlicher Riesenstern, der im Maximum $2{,}1^m$ und damit heller als Markab ist; im Minimum kommt er auf etwa $3{,}0^m$. Aber auch Enif ist $2{,}4^m$ hell. In 143” Distanz zeigt dieser Stern außerdem einen Begleiter 8. Größe, der unter Umständen schon im Feldstecher sichtbar ist. Das schönste Objekt im Pegasus ist aber der Kugelsternhaufen M 15. Seine Gesamthelligkeit kommt auf immerhin $6{,}3^m$, so daß er als Nebel schon im Fernglas sichtbar ist. Er liegt nur 4 Grad nordwestlich Enif und kann dadurch leicht gefunden werden. Die Entfernung beträgt 31 000 Lj.

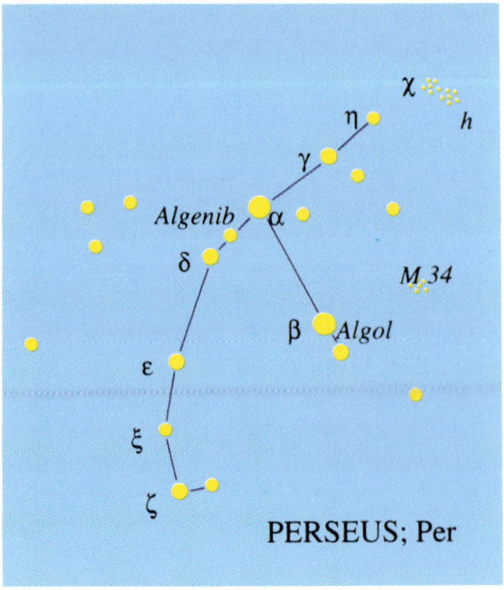

63. Perseus, Per, Perseus

Perseus hatte in der griechischen Mythologie unter anderem die Medusa besiegt. Mit Hilfe ihres Kopfes konnte er die Andromeda befreien, die ihrerseits dem Wal zum Fraß vorgeworfen werden sollte, um das Land vor dessen gewaltigen Wellen zu retten. Für Mitteleuropa ist der Perseus mit Ausnahme seines Südteils ein Zirkumpolarsternbild. Es ist aber im Herbst abends am besten zu beobachten. Der gelbliche Hauptstern α Per oder Algenib (ar. „Auf der rechten Seite“) ist $1{,}8^m$ hell und 620 Lj entfernt. Besonders berühmt ist β Per oder Algol (ar. „Kopf der Gul“, eines bösen arabischen Dämons) in 96 Lj Abstand. Es ist der erste Bedeckungsveränderliche, der in der Geschichte der Astronomie entdeckt wurde (1782 von John Goodricke). Seine Periode beträgt 2 Tg. 20 Std. 48 Min. 56 Sek. Im Maximum ist der Stern $2{,}1^m$ hell, im Minimum $3{,}4^m$. Dies kann bereits mit bloßem Auge leicht verfolgt werden. Der Abstieg vom Maximum zum Minimum dauert knapp 5 Std., der Anstieg ebenso. Im Minimum verbleibt der Stern nur rund 20 Min. Zeitlich genau halbwegs zwischen den Hauptmaxima tritt ein Nebenminimum ein, das aber nicht ganz $0{,}1^m$ ausmacht und damit nur mit Meßinstrumenten nachweisbar ist. Ein schöner Doppelstern ist η Per. Die beiden Sterne mit der Helligkeit $3{,}9^m$ und $8{,}5^m$ sind 28” voneinander entfernt und erscheinen orange und bläulich – ein Objekt für ein Fernrohr ab 5 cm Öffnung. Weiterhin erwähnenswert ist ε Per. Die Partner sind hier $3{,}0^m$ und $8{,}1^m$ hell. Die Distanz beträgt 9”. Das Prachtobjekt dieses Sternbilds ist aber ein Doppelsternhaufen nahe der Grenze zur Cassiopeia hin. Seine Bezeichnung lautet auch h und χ Per bzw. NGC 869 und 884. Bereits mit freiem Auge sehen wir hier, allerdings nur in einer sehr klaren Nacht, einen Nebelfleck. Im Feldstecher und erst recht schon im kleinen Fernrohr löst er sich in jeweils 300 bis 350 Sterne auf, von denen die hellsten 6^m bis 7^m erreichen. Die beiden Haufen stehen am Himmel 50’ auseinander, so daß sie im Fernrohr in der Regel nicht gleichzeitig zu überblicken sind. Die Entfernung beträgt knapp 8000 Lj. Auch M 34 an der Grenze zur Andromeda ist ein offener Sternhaufen, der bereits im Feldstecher zu erkennen ist. Die hellsten Sterne kommen darin auf 7^m. Dieser Haufen ist 1400 Lj entfernt. Mit einem lichtstarken Feldstecher kann man auch eine lockere, aber reiche Sternansammlung um Algenib herum durchmustern.

64. Phoenix, Phe, Phoenix

Dieses auf der südlichen Himmelshalbkugel gelegene Sternbild ist von Mitteleuropa aus unsichtbar. Erste Beobachtungsgelegenheit bietet sich vom Mittelmeerraum aus im Herbst knapp über dem S-Horizont. Eingeführt wurde dieses Sternbild von Bayer 1603. Der $2{,}4^m$ helle orangefarbene, 76 Lj entfernte Hauptstern α Phe steht fast am Nordrand des Bildes und kommt für 40° nördl. Breite 8° hoch über den Horizont. Als Doppelstern ist ζ Phe zu beobachten: Helligkeiten $4{,}1^m$ und $8{,}2^m$, Distanz 6".

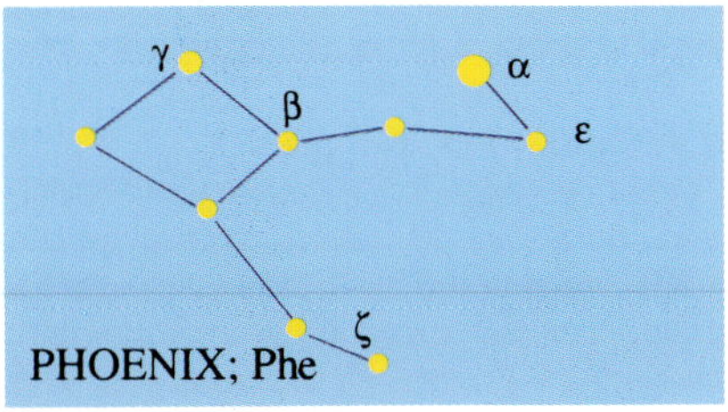

65. Pictor, Pic, Maler

Die ursprüngliche Bezeichnung des von Lacaille im 18. Jh. eingeführten Sternbilds lautete „Malerstaffelei". Es ist erst vom Mittelmeerraum an südwärts zu sehen. α Pic ist $3{,}3^m$ hell. Ein Doppelstern ist ι Pic mit zwei Sternen $5{,}6^m$ und $6{,}4^m$ und einer Distanz von 12". In der Umgebung von β Pic fanden die Astronomen eine Staubscheibe ähnlich einem entstehenden Planetensystem.

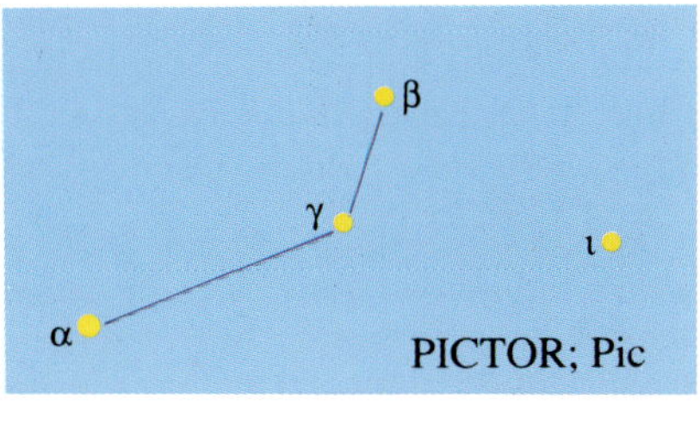

66. Pisces, Psc, Fische

Dieses Tierkreissternbild, das am besten im Herbst beobachtet werden kann, soll Venus und Amor darstellen; sie sollen sich in der griech. Sage in diese Fische verwandelt haben. Man stelle sich im Westen sowie im Norden des Bildes je einen Fisch vor, die durch eine v-förmige Sternenkette, die nach Südosten führt, verbunden sind. An der Spitze des v sitzt α Psc oder Alrescha (ar. „Strick"); der $4{,}3^m$ helle Stern ist 130 Lj entfernt. ζ Psc ist doppelt: die beiden Partner $5{,}6^m$ und $6{,}5^m$ stehen 23" auseinander. Im Feldstecher kann schon ψ_1 Psc aufgelöst werden; die Helligkeiten sind $5{,}5^m$ und $5{,}8^m$, die Distanz 30".

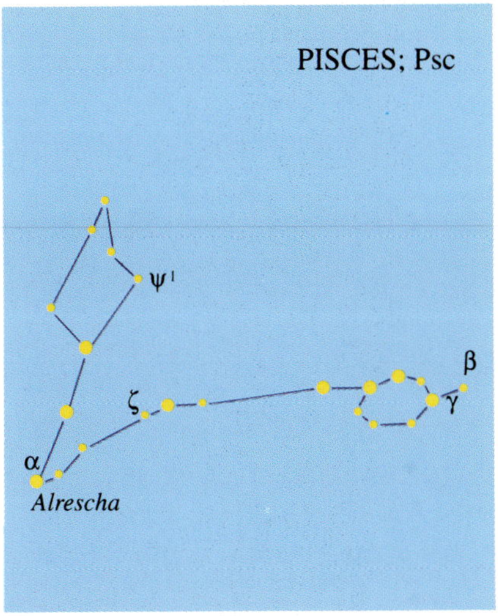

67. Piscis Austrinus PsA, Südlicher Fisch

Dieses kleine Sternbild taucht im Herbst gerade noch für Mitteleuropa über den S-Horizont. Der Hauptstern α PsA oder Fomalhaut (ar. „Maul des Fisches") ist $1{,}2^m$ hell, gelblichweiß und 23 Lj entfernt. β PsA ist ein schon im 5-cm-Rohr trennbarer Doppelstern: Der hellere Partner kommt auf $4{,}4^m$, der schwächere auf $7{,}5^m$; die Distanz beträgt 30" (Abb. nächste Seite).

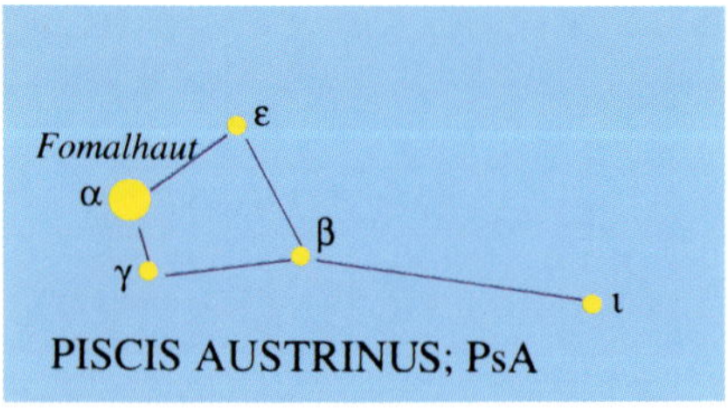

68. **Puppis,** Pup, Hinterdeck

Dies ist eigentlich ein Teil des Schiffes Argo (siehe auch Carina und Vela). Das Sternbild ragt zum größeren Teil noch für Mitteleuropa im Winter über den S-Horizont. Der hellste Stern ist ζ Pup oder Tureis (ar. „Schild"). Er ist bläulichweiß, $2{,}3^m$ hell, steht weit im Süden und 2400 Lj entfernt. Ein hübscher Doppelstern für das 5-cm-Fernrohr ist K Pup: Mit $4{,}5^m$ und $4{,}7^m$ sind die beiden Partner nahezu gleich hell; sie stehen 10" auseinander. σ Pup umfaßt zwei Sterne der Helligkeit $3{,}3^m$ und $8{,}5^m$ in 22" Distanz. Die Milchstraße, die durch das Sternbild verläuft, beschert ihm viele offene Sternhaufen. Am eindrucksvollsten ist M 47 oder NGC 2422, der so weit im Norden liegt, daß er von Mitteleuropa aus sehr gut bereits mit freiem Auge zu sehen ist. Er enthält wenige, aber helle Sterne in 1500 Lj Entfernung. Auch NGC 2477 ist nicht zu verachten, liegt aber weiter im Süden: Hier stehen 300 Sterne in 4200 Lj Abstand; bei einer Gesamthelligkeit von $5{,}7^m$ ist er schon im Opernglas erkennbar. Weitere offene Haufen 6. Größe sind M 93 und NGC 2539. Beim letzteren ist noch nicht einmal ein in ihm liegender Doppelstern ($4{,}7^m$ und $7{,}8^m$, 72") eingerechnet; es ist aber ein Stern im Vordergrund. In dem recht lockeren Sternhaufen NGC 2451 liegt sogar ein $3{,}6^m$ heller Stern.

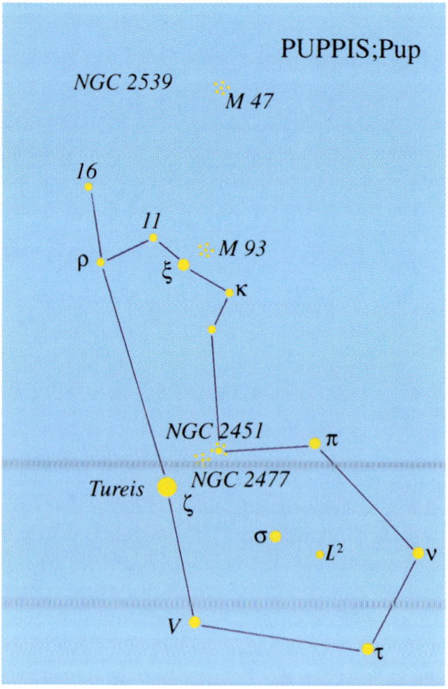

69. **Pyxis,** Pyx, Kompaß

Dieses von Lacaille 1752 erfundene Sternbild kann von Mitteleuropa aus gerade noch vollständig im Spätwinter abends über dem S-Horizont gesehen werden. Der hellste Stern α Pyx ist aber nur $3{,}7^m$ hell und 1300 Lj von uns entfernt. Ein hübscher offener Sternhaufen ist NGC 2818.

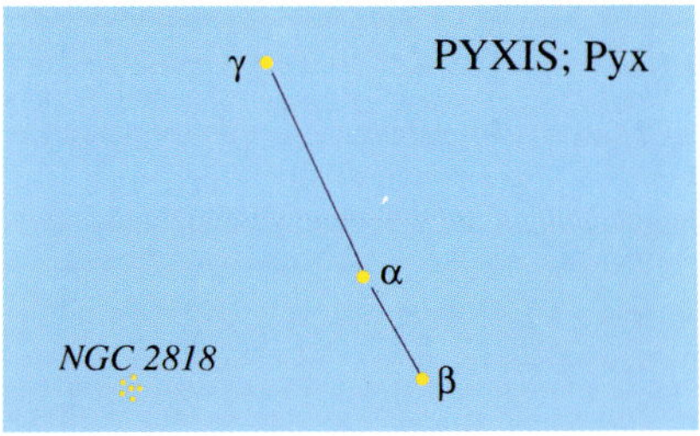

R

70. **Reticulum,** Ret, Netz

Dieses sehr kleine Sternbild steht weit im Süden und ist von Mitteleuropa aus unsichtbar. Es kam erst im 17. Jh. an den Himmel und wurde früher oft auch Rhombus oder rhombisches Netz genannt. Damit war ein zu Meßzwecken in einem Fernrohr angebrachtes Fadennetz gemeint. Der hellste Stern α Ret ist $3{,}4^m$ hell und 365 Lj entfernt. Ein optischer Doppelstern ist ζ Ret, der bereits ohne Instrumente aufgelöst werden kann: Die Sterne der Helligkeit $5{,}2^m$ und $5{,}5^m$ stehen mehr als 5' auseinander.

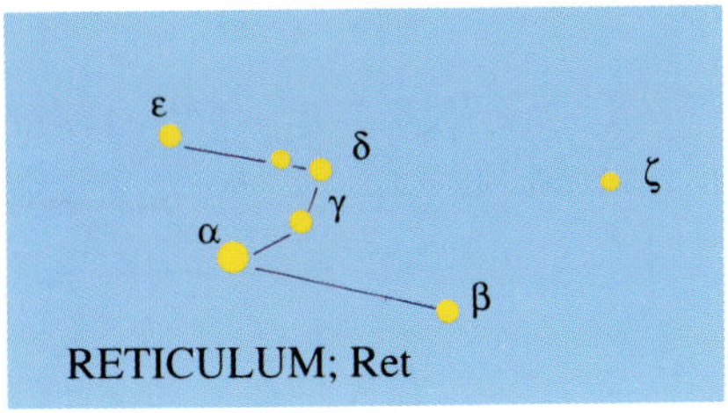

S

71. Sagitta, Sge, Pfeil

Der griechischen Sage nach soll es sich um den Pfeil handeln, mit dem Hercules den Adler traf, der Prometheus heimsuchte. Das winzige Sternbild liegt nördlich des Adlers und ist am besten im Sommer sichtbar. Der Hauptstern α Sge hat nur eine Helligkeit von $4{,}4^m$. Ein leicht in einem guten Feldstecher zu trennender Doppelstern ist ε Sge: Neben einem Stern $5{,}7^m$ steht hier in 89" Distanz ein Begleiter 8. Größe. Empfehlenswert ist auch der Sternhaufen M 71. Die Gesamthelligkeit beträgt $8{,}3^m$, so daß das Objekt schon in einem 5-cm-Rohr als Nebelfleck zu erkennen ist. Vermutlich ist es ein mindestens 13 000 Lj entfernter Kugelhaufen.

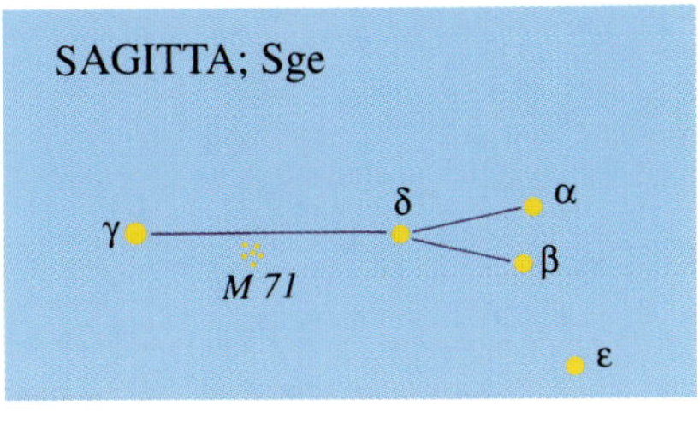

72. Sagittarius, Sgr, Schütze

Dieses Tierkreissternbild ist ein Sommerbild, dessen südlichsten Teile aber von Mitteleuropa aus nicht mehr gesehen werden können. Der Stern mit der Bezeichnung α Sgr ist nicht der hellste im Schützen: Er kommt nur auf $4{,}0^m$ und steht weit im Süden. Am hellsten ist dagegen ε Sgr mit immerhin $1{,}8^m$; er erscheint weiß und ist 125 Lj entfernt. Die Sterne ε, δ, γ, λ, φ, σ, τ und ζ Sgr bilden auch die sog. Teekanne, eine sehr beliebte Ausdeutung dieses Sternbilds. Im westlichen Teil des Sternbilds erscheint die Milchstraße besonders hell, vor allem knapp nördlich des Sterns γ Sgr („Milchstraßenwolke im Sternbild Schütze"). 4 Grad oder 8 Mondbreiten westnordwestlich dieses Sterns liegt in rund 27 000 Lj Entfernung der Kern unseres Milchstraßensystems, der sich allerdings hinter Dunkelwolken verbirgt. Der Schütze ist eine prachtvolle Himmelsgegend für Beobachter mit lichtstarken Ferngläsern, nicht zuletzt auch wegen einiger berühmter heller Nebel. Der hellste ist der Lagunen-Nebel oder M 8, der mit einer Helligkeit von 5^m in einer sehr klaren Nacht unter Umständen sogar mit bloßem Auge zu erkennen ist. In ihm liegt der Sternhaufen NGC 6530 mit 25 Sternen von der 7. Größe an abwärts. Nur wenig schwächer ist der Omega-Nebel M 17, gelegentlich auch als Schwan- oder Hufeisen-Nebel bezeichnet. Er enthält zwar keinen auffälligen Sternhaufen, ist aber trotzdem von schwachen Sternchen ab der 9. Größe übersät.

Wegen seiner dreifachen Gestalt wurde M 20 auch Trifid-Nebel genannt. Er liegt nur $1\frac{1}{2}$ Grad nordnordwestlich des Lagunen-Nebels und ist $7{,}5^m$ hell. Alle drei genannten Nebel stehen in 5000 bis 6000 Lj Entfernung. Ein recht auffälliger offener Sternhaufen ist M 25, der sogar schon für das freie Auge erreichbar ist; hier stehen in 1800 Lj Entfernung 50 Sterne

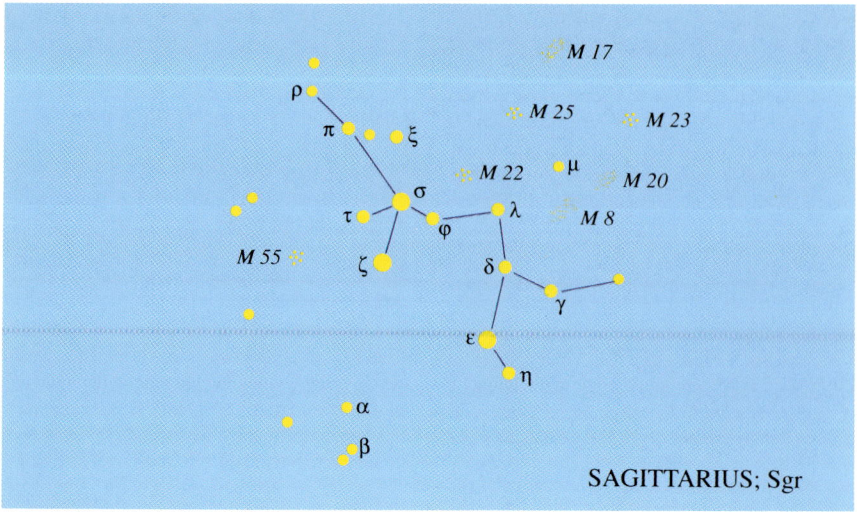

beieinander. Auch M 23 muß erwähnt werden: 120 Sterne der 9. Größe und schwächer bilden in 2150 Lj Abstand einen Haufen fast mit einer Fläche des Vollmonds. Einer der schönsten Kugelsternhaufen überhaupt ist M 22. Er ist bei einer Gesamthelligkeit von knapp über 6^m bei klarem Himmel schon mit freiem Auge, spätestens aber mit einem Opernglas aufzuspüren und nur 9800 Lj entfernt. Auch der Kugelhaufen M 55 kann bei einer Helligkeit von 7^m mit ganz kleinen Fernrohren als rundlicher Nebel gesehen werden.

73. Scorpius, Sco, Skorpion

Dieser Skorpion soll den Jäger Orion fast zu Tode gestochen haben. Es ist ein Tierkreissternbild und steht für Mitteleuropa im Sommer abends tief im Süden. Die südlichsten Teile sind aber erst vom Mittelmeerraum aus sichtbar. Der Hauptstern α Sco heißt Antares (gr. „Gegenmars"). Es ist ein roter Riesenstern mit einer Helligkeit von etwa 1^m, die aber nicht konstant ist, sondern unregelmäßig um fast eine Größenklasse schwankt. Seine Oberflächentemperatur beträgt 2800 °C, sein Durchmesser das 700fache des Sonnendurchmessers und seine Entfernung 520 Lj. β Sco oder Akrab (ar. „Skorpion") ist ein mit einem 5-cm-Rohr aufzulösender Doppelstern: Neben dem Stern $2{,}6^m$ steht ein Begleiter $4{,}9^m$ in 14" Distanz. Etwas leich-

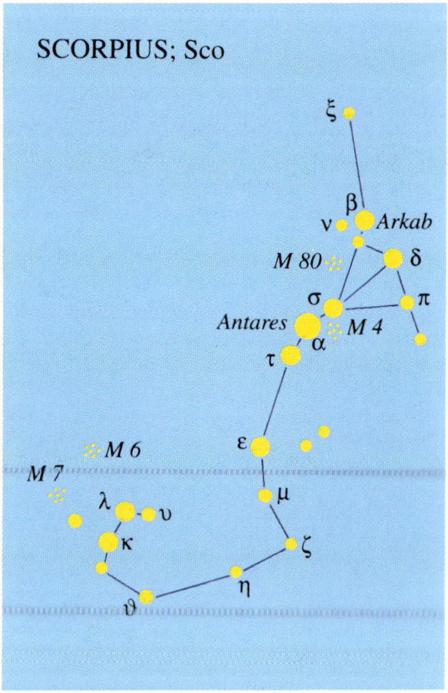

ter zu trennen ist ν Sco mit Helligkeiten von $4{,}3^m$ und $6{,}3^m$ und einer Distanz von 41". Sogar schon dem bloßen Auge zugänglich ist der Doppelstern μ Sco: Die beiden Partner 3. bzw. 4. Größe stehen 8' oder ¼ Mondbreite auseinander. Nur 1,3° westlich Antares, also leicht zu finden, ist der Kugelsternhaufen M 4: Mit 6000 Lj Abstand ist er einer der nächsten und auch größten Kugelhaufen; die Gesamthelligkeit beträgt $6{,}4^m$. Mit $7{,}2^m$ etwas schwächer ist M 80 in 36000 Lj Entfernung.
Im Ostteil des Sternbildes macht sich die Milchstraße hell und deutlich bemerkbar. Dort sind auch mehrere offene Sternhaufen zu bewundern. Herausragend sind M 6 und M 7. Stehen sie nicht zu nahe am Horizont, können sie sogar schon mit bloßem Auge gesehen werden. Die hellsten Sterne in ihnen kommen auf die 6. Größe. Die Entfernung beträgt 2000 bzw. 800 Lj. M 7 ist weiträumiger und bedeckt eine Fläche von 1 Grad Durchmesser.

74. Sculptor, Scl, Bildhauer

Das von Lacaille 1752 eingeführte Sternbild steht für Mitteleuropa im Herbst abends knapp über dem S-Horizont. α Scl ist allerdings nur $4{,}4^m$ hell. NGC 288 kommt als Kugelsternhaufen auf 7. Größe und kann schon im Fernglas aufgepürt werden. Die Entfernung beträgt 27000 Lj. Ein schöner Spiralnebel ist NGC 253, der als Nebelfleck 7. Größe ebenfalls schon in ganz kleinen Instrumenten sichtbar ist.

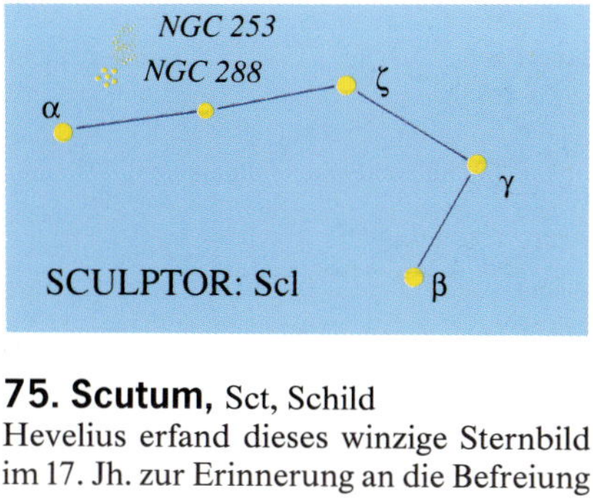

75. Scutum, Sct, Schild

Hevelius erfand dieses winzige Sternbild im 17. Jh. zur Erinnerung an die Befreiung Wiens von den Türken. Genauer heißt es „Sobieskischer Schild" nach dem polnischen König Johann III. Sobieski, dem Befehlshaber der Truppen vor Wien. Das Sternbild liegt nördlich des Schützen und ist im Sommer zu beobachten. Der Hauptstern α Sct ist $3{,}8^m$ hell. Im Schild liegt eine helle Milchstraßenwolke. Bemerkenswert ist auch der verhältnismäßig dichte offene Sternhaufen M 11, der bereits in ganz kleinen Fernrohren gesehen werden kann: Er enthält 200 Sterne ab 9. Größe; die Entfernung beträgt 5700 Lj.

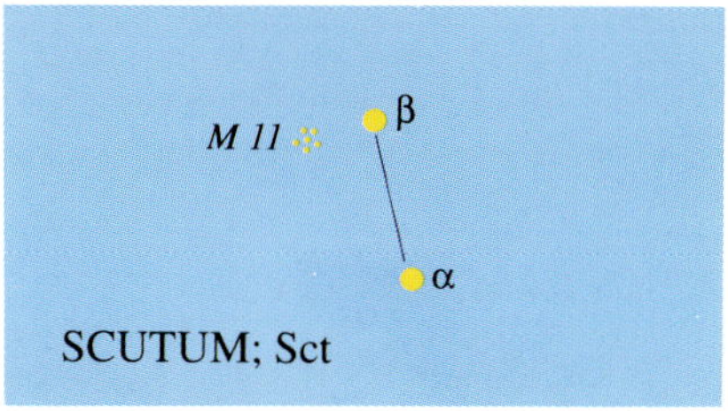

76. Serpens, Ser, Schlange

Die Schlange wird vom Ophiuchus oder Schlangenträger in zwei Teile aufgespalten: Serpens Caput bzw. Serpens Cauda (Kopf bzw. Schwanz der Schlange). Es ist ein Sommersternbild. α Ser oder Unuk (ar. „Hals") kommt auf eine Helligkeit von $2{,}7^m$ und ist 70 Lj entfernt. β Ser ist $3{,}7^m$ hell und besitzt in 31" Distanz einen Begleiter 9. Größe, der mit einem 6-cm-Fernrohr gesehen werden kann. Auch δ Ser ist ein Doppelstern, der mit einem ähnlichen Instrument aufzulösen ist. Die beiden Partner sind $4{,}2^m$ und $5{,}2^m$ hell, stehen aber nur 4" auseinander. ϑ Ser besteht aus zwei Sternen $4{,}5^m$ und $5{,}0^m$ in einer Distanz von 22", ist also ein ganz leichtes Objekt. Auch ν Ser ist gut im 5-cm-Rohr als Doppelstern auszumachen: Die Sterne sind $4{,}3^m$ und $8{,}3^m$ hell, die Distanz beträgt 46". Ganz weit im Westen steht der schöne Kugelsternhaufen M 5. Er ist 6^m hell und damit schon im Opernglas gerade noch zu erkennen. Die Entfernung beträgt 27000 Lj. Im Osten des Sternbilds liegt der offene Stern-

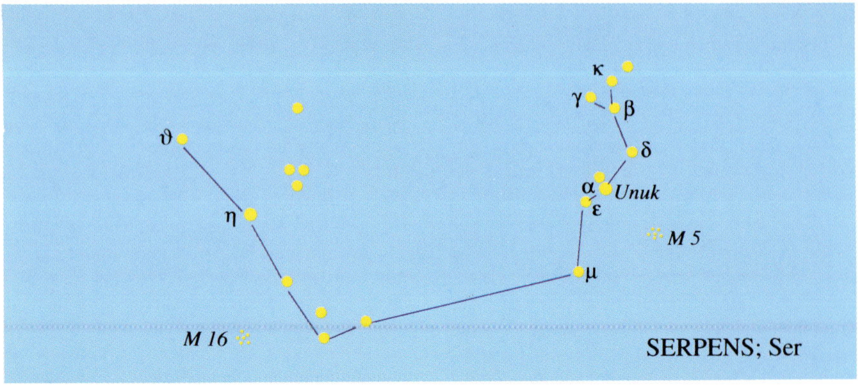

haufen M 16 mit dem sog. „Adler-Nebel“. Der Sternhaufen enthält Sterne von der 8. Größe an abwärts. Die Entfernung beträgt 8000 Lj.

77. Sextans, Sex, Sextant

Das im 17. Jh. von Hevelius eingeführte kleine Sternbild ist im Frühling unterhalb des Löwen zu sehen. Es enthält aber nur sehr schwache Sterne. α Sex kommt auf $4,5^{m}$.

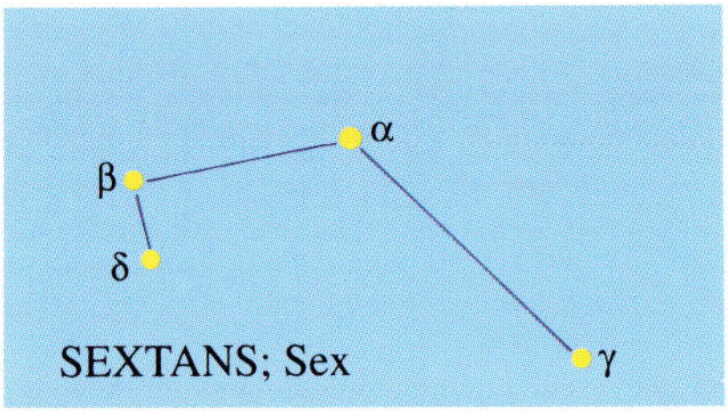

T

78. Taurus, Tau, Stier

In der griechischen Sage soll sich Zeus in einen weißen Stier verwandelt haben, um die Prinzessin Europa zu rauben. Der Stier steht im Tierkreis und ist ein Wintersternbild. Der Hauptstern α Tau heißt Aldebaran, was aus dem Arabischen abgeleitet „Der Nachfolgende“ heißt, da dieser Stern im Tagesgang den Plejaden nachfolgt. Aldebaran hat eine Helligkeit von $0,9^{m}$, ist 68 Lj entfernt und gehört zu den roten Riesensternen. An seiner Oberfläche ist er nur 3 200 °C heiß, und der Durchmesser ist 36mal größer als der unserer Sonne.

An Aldebaran schließen sich nach rechts die Hyaden (gr. „Regengestirn“) an, die schon für das bloße Auge eine reiche Anzahl von Sternen bieten. Die Hyaden sind 150 Lj entfernt. Hier muß man sich den Kopf des Stiers vorstellen. Aldebaran wird auch als das „rotfunkelnde Auge“ des Stiers gedeutet. Weiter rechts oben liegt der 410 Lj entfernte Sternhaufen der Plejaden (gr. „Tauben“). Andere Namen sind Siebengestirn, Gluckhenne und Leiterwagen. Für das freie Auge zeigt er meist nur 6 Sterne, bei sehr klarem und dunklem Himmel 9 Sterne, manchmal sogar noch mehr. Die Gesamtzahl kommt auf mindestens 130 Sterne. Der hellste Stern Alcyone ist 4fach. ϑ Tau ist ein mit bloßem Auge zu trennender Doppelstern. Die Distanz der Sterne $3,4^{m}$ und $3,8^{m}$ ist 337”. Dasselbe gilt für σ Tau mit $4,8^{m}$ und $5,1^{m}$ und 431”. τ Tau ist ein Feldstecher-Objekt: Die Sterne $4,3^{m}$ und $8,6^{m}$ haben eine Distanz von 63”. Bei φ Tau haben die Partner $5,1^{m}$ und $8,4^{m}$ eine Distanz von 57”. Etwas mehr als 2 Mondbreiten nordwestlich ζ Tau steht M 1, der Überrest der Supernova von 1054, oft als „Crab-Nebel“ („Krebs“- bzw. „Krabbennebel“) bezeichnet. Der Nebel 9. Größe kann aber erst mit einem 7-cm-Rohr entdeckt werden.

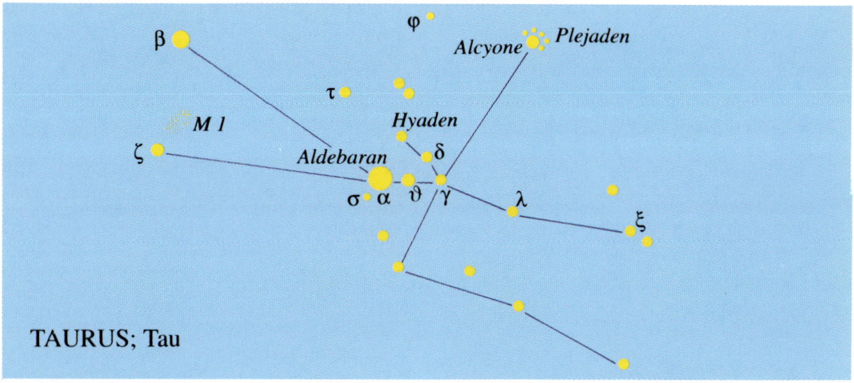

79. Telescopium, Tel, Fernrohr
Das kleine Südsternbild wurde von Lacaille 1752 eingeführt und ist von Mitteleuropa aus unsichtbar. α Tel ist $3{,}5^m$ hell und 600 Lj entfernt.

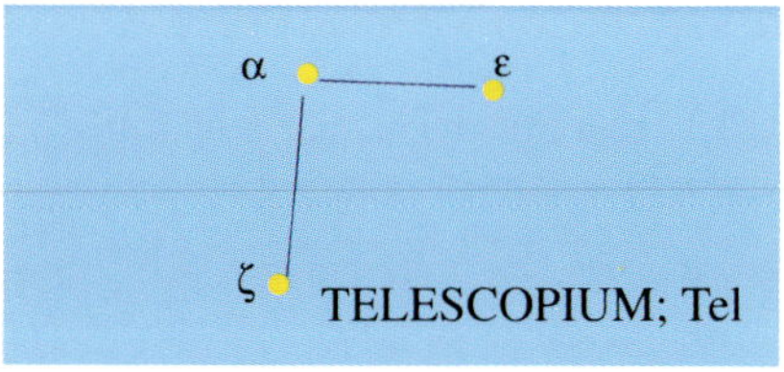

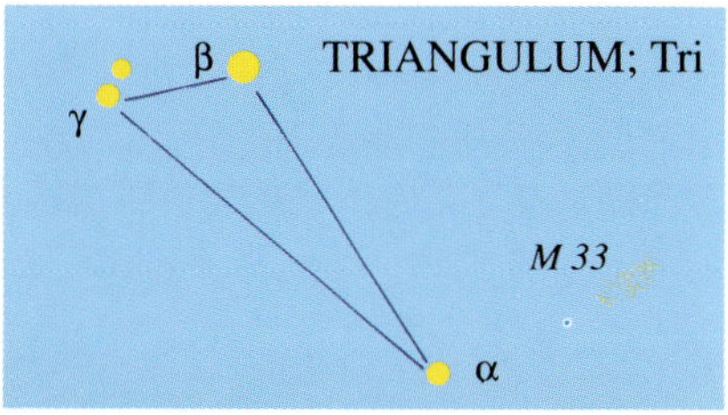

80. Triangulum, Tri, Dreieck
Das Sternbild soll das Nildelta versinnbildlichen und kann im Herbst und Frühwinter gesehen werden. α Tri ist $3{,}4^m$ hell und 59 Lj entfernt.
M 33 ist ein nur 2,3 Mill. Lj entfernter Spiralnebel, der aber wegen seiner geringen Flächenhelligkeit nur in extrem lichtstarken Ferngläsern und Fernrohren mit schwacher Vergrößerung sichtbar ist. Der scheinbare Durchmesser ist 40 x 60'.

81. Triangulum Australe, TrA, Südliches Dreieck
Das kleine, von Mitteleuropa aus unsichtbare Sternbild wurde erst von Bayer 1603 eingeführt. Der Hauptstern α TrA ist im-

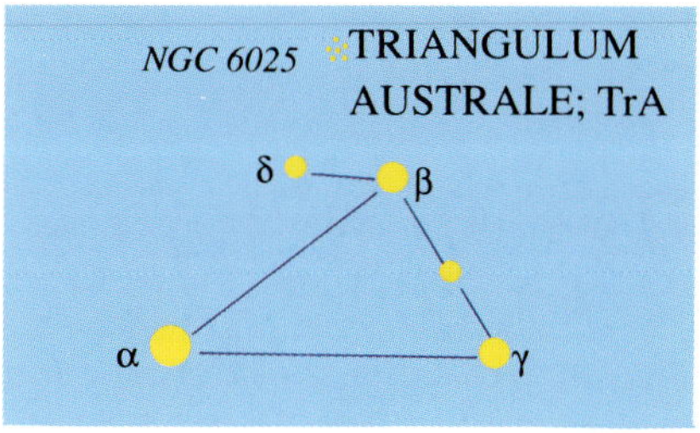

merhin $1{,}9^m$ hell und 55 Lj entfernt. Ein hübscher offener Sternhaufen ist NGC 6025; er kann schon im Feldstecher gesehen werden.

82. Tucana, Tuc, Tukan
Ebenfalls von Bayer 1603 „erfunden", liegt dieses Sternbild für Mitteleuropa unsichtbar am Südhimmel. α Tuc kommt auf $2{,}9^m$ in 62 Lj Entfernung. Ein hübscher, bereits im Fernglas aufzulösender Doppelstern ist β Tuc: Die beiden Partner sind $4{,}4^m$ bzw. $4{,}8^m$ hell und haben eine Distanz von 27". Im Tukan liegt die Kleine Magellansche

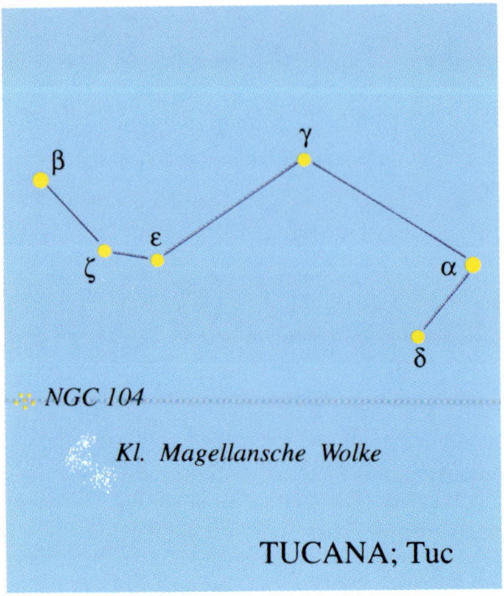

TUCANA; Tuc

Wolke in 170000 Lj Abstand, die bereits mit bloßem Auge sichtbar ist. Etwas westlich dieser Wolke liegt einer der schönsten Kugelsternhaufen (NGC 104) in 16000 Lj Entfernung. Bei einer Helligkeit von 4^m ist er als „Nebelstern“ schon ohne Fernglas sichtbar.

U

83. Ursa Maior, UMa, Großer Bär

Eigentlich ist es eine Bärin, in die Zeus die Kallisto verwandelte, um sie vor seiner Gattin Hera zu verbergen. Das flächenmäßig sehr große Sternbild ist für Mitteleuropa zirkumpolar. Die 7 hellen Sterne im Ostteil des Bildes bilden den Großen Wagen oder Himmelswagen. Rechts oben am Wagenkasten steht der rote Riesenstern α UMa oder Dubhe (ar. „Bär“). Die Helligkeit ist $1{,}8^m$, die Entfernung 75 Lj. Am rechten unteren Wagenkasten liegt Merak (ar. „Lende“), links unten Phachd oder Phekda (ar. „Schenkel“), links oben Megrez (ar. „Schwanzansatz“). Dann folgen der Deichsel entlang: Alioth (ar. „Schwanz“), Mizar (ar. „Lende?“) und Benetnasch (ar. „Klageweib“). Neben Mizar, dessen Helligkeit $2{,}3^m$ beträgt, finden wir in fast ½ Mondbreite Distanz schon mit bloßem Auge den Stern 4. Größe Alkor, manchmal auch Reiterlein genannt. Ein 5-cm-Fernrohr zeigt uns außerdem in nur 14” Distanz von Mizar einen weiteren Begleiter 4. Größe – einer der leichtesten Doppelsterne des ganzen Himmels. Alle Sterne gehören räumlich zusammen; Alkor steht allerdings mindestens ¼ Lj von Mizar ab. Die Entfernung von der Erde beträgt 59 Lj. Im Großen Bären liegen mehrere interessante Galaxien, die aber für sehr kleine Instrumente nicht ganz einfach aufzufinden sind. Am leichtesten ist M 81 zu sehen. Hier beträgt die Helligkeit 7^m. Es reicht u. U. schon ein lichtstarker Feldstecher, um wenigstens einen blassen Eindruck von diesem 7 Mill. Lj entfernten Nebel zu gewinnen. M 82 ist knapp 8^m hell und schon etwas schwieriger zu finden. M 101 an der Ostgrenze des Bildes liegt knapp über der 8. Größe.

84. Ursa Minor, UMi, Kleiner Bär

Auch hier handelt es sich um eine Bärin. Eine beliebte andere Deutung ist die als Kleiner Wagen. Der Hauptstern α UMi wird, wenn auch selten, Alrukaba (ar.

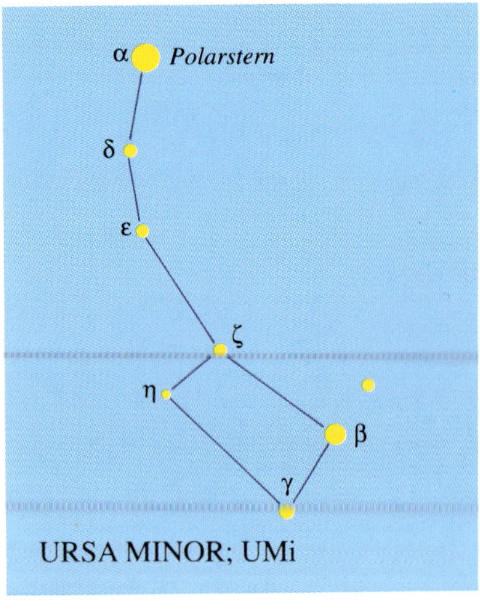

URSA MINOR; UMi

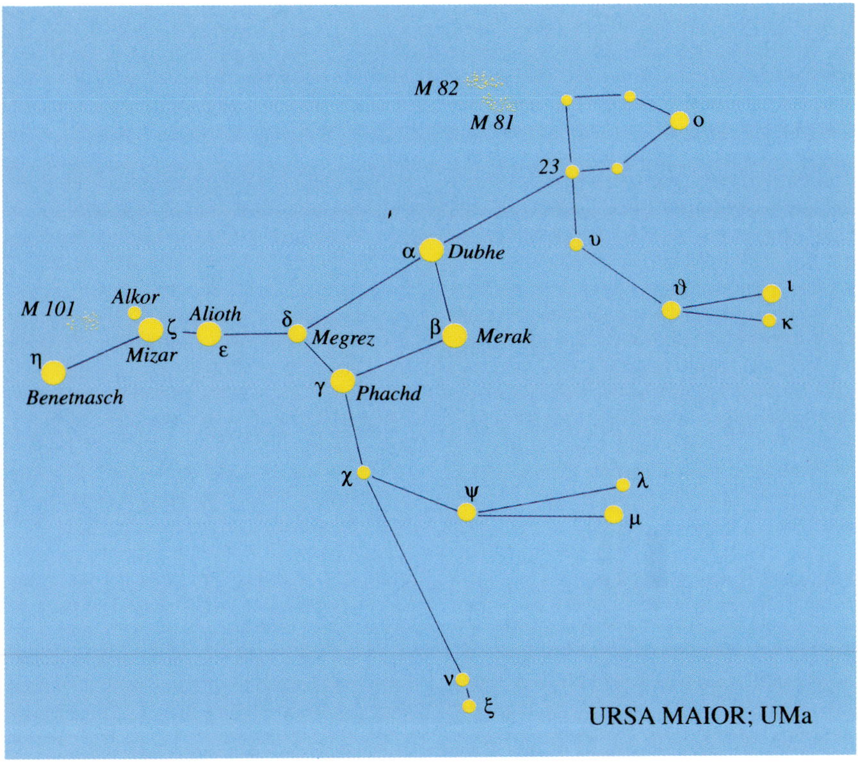

„Knie“) genannt. Die geläufigere Bezeichnung ist Polaris oder Polarstern. Tatsächlich steht dieser Stern sehr nahe am nördlichen Himmelspol. Wegen der Präzession der Erdachse verändert sich allerdings die Distanz: Sie beträgt 1993 noch 46' und schrumpft bis 2100 auf knapp 28' zusammen, um dann wieder anzuwachsen. Der Polarstern ist 2,0^{m} hell (aber leicht veränderlich) und 360 Lj entfernt. In 18" Distanz steht ein Begleiter 9. Größe. Um ihn zu sehen, benötigen wir mindestens ein 5-cm-Fernrohr.

V

85. Vela, Vel, Segel

Dieser Teil des Schiffes Argo ist von Mitteleuropa aus nicht zu sehen. Dagegen

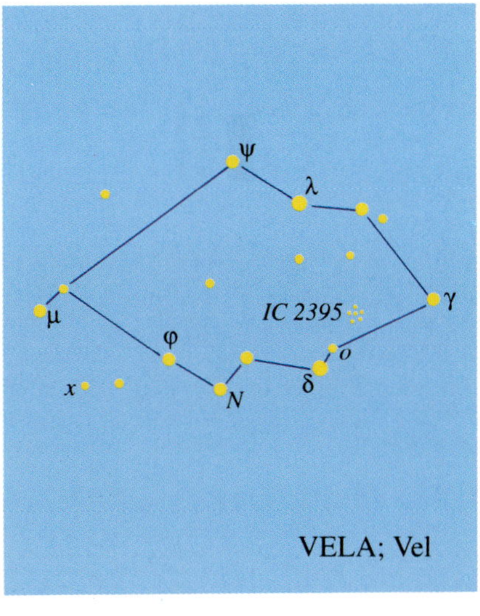

kann es vom südlichen Mittelmeerraum aus im Spätwinter und Frühling bereits vollständig tief im S aufgefunden werden. Die Sterne δ und ϰ Ve sowie ι und ε Carinae bilden das sog. „falsche Kreuz“, das häufig mit dem echten Südlichen Kreuz verwechselt wird. Am hellsten ist γ Vel mit $1{,}8^{m}$; der blauweiße Stern ist 650 Lj entfernt. Bereits ein 5-cm-Rohr, vielleicht sogar ein Feldstecher, zeigt uns in 41” Distanz einen optischen Begleiter 4. Größe; in 62” Distanz steht sogar noch ein Stern 8. Größe, in 93” ein Sternchen 9. Größe. Ferner ist ϰ Vel empfehlenswert: Helligkeiten $4{,}3^{m}$ und $6{,}6^{m}$, Distanz 52”; das läßt sich ebenfalls noch mit einem Fernglas schaffen. IC 2395 ist ein offener Sternhaufen mit 16 Sternen ab $4{,}6^{m}$ abwärts. Ein weiterer lockerer Haufen liegt um den Stern o Vel herum.

86. Virgo, Vir, Jungfrau

Dieses Tierkreissternbild ist am besten im Frühling zu beobachten. Die Jungfrau soll die Tochter der Morgenröte (Aurora) gewesen sein. Hauptstern ist α Vir oder Spica (lat. „Kornähre“). Der $1{,}0^{m}$ helle Stern erscheint weiß und ist an der Oberfläche 20 000 °C heiß; seine Entfernung beträgt 275 Lj. γ Vir ist ein Doppelstern mit 172 Jahren Umlaufzeit. Die Distanz der beiden mit $3{,}5^{m}$ gleich hellen Partner schrumpft augenblicklich: Sie beträgt 1993 2,7”, 2001 nur noch 1,7”, so daß die Auflösung zunächst gerade noch mit einem 6-cm-Rohr gelingt; später wird ein 10-cm-Instrument erforderlich sein. Ein leichterer, allerdings nur optischer Doppelstern ist τ Vir ($4{,}3^{m}$/$9{,}5^{m}$, 80”). In der Jungfrau liegt der Virgo-Galaxienhaufen in 70 Mill. Lj Entfernung. Für kleine Fernrohre sind die meisten Objekte aber zu schwach. Am hellsten sind M 104, M 49 und M 87 zwischen der 8. und 9. Größe. Sie können mit einem 7-cm-Rohr schwach gesehen werden.

87. Volans, Vol, Fliegender Fisch

Der hellste Stern in diesem von Bayer 1603 eingeführten Mini-Sternbild des Südhimmels ist β Vol mit $3{,}7^{m}$. Ein sehr schöner Doppelstern ist ϰ Vol: Die beiden Partner haben eine Helligkeit von $5{,}4^{m}$ und $5{,}7^{m}$ und stehen 65” auseinander; dies ist schon mit dem Feldstecher zu schaffen. Ferner liegt neben dem Stern $5{,}7^{m}$ in 37” Distanz noch ein dritter Stern $8{,}6^{m}$. Auch γ Vol ist

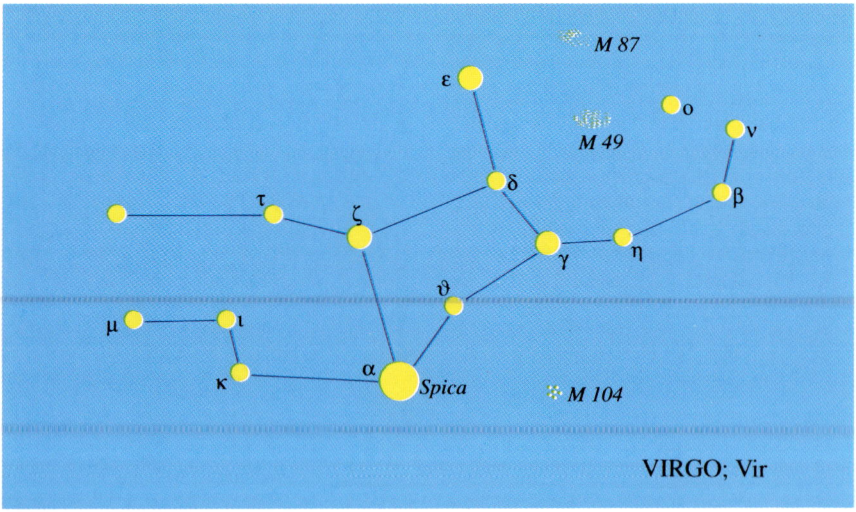

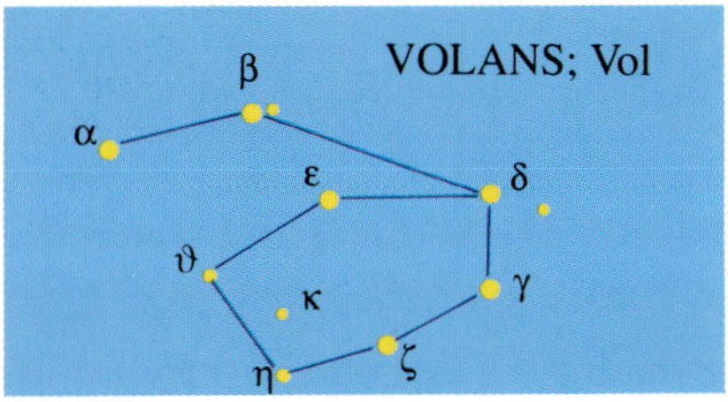

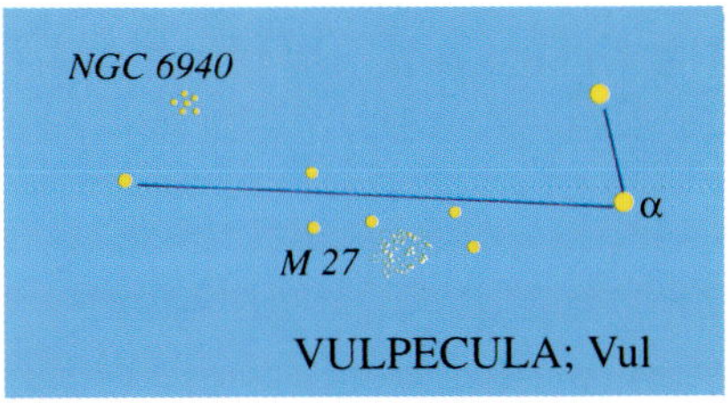

doppelt: Neben dem Hauptstern der Helligkeit 3,9^m steht hier in 14" Distanz ein Stern 5,8^m.

88. Vulpecula, Vul, Füchschen

Dieses kleine Bild ist erst im 17. Jh. an den Himmel versetzt worden und liegt südlich des Schwans. Es kann im Sommer und Herbst beobachtet werden. Der hellste Stern ist 6 oder α Vul, der aber nur auf 4,4^m kommt. NGC 6940 ist ein offener Sternhaufen, der rund 100 Sterne enthält und bereits mit einem Feldstecher gesehen werden kann. Das schönste Objekt ist aber M 27, einer der bemerkenswertesten planetarischen Nebel. Er heißt auch „Hantel-Nebel" oder „Dumbbell-Nebel". Er ist insgesamt 7,6^m hell und kann damit als verwaschenes „Sternchen" vielleicht schon im Fernglas, spätestens aber mit einem 5-cm-Rohr gesehen werden. Er ist 900 Lj von uns entfernt.

Fernglas und Fernrohr

Die ersten Himmelsbeobachtungen werden wir sicher stets mit bloßem Auge durchführen, um vor allem erst einmal Sterne und Sternbilder kennenzulernen. Doch bald wird bei vielen der Appetit auf weitere praktische Erfahrungen kommen. Tatsächlich kann man mit kleinen Instrumenten, die auch finanziell einigermaßen erschwinglich sind, schon eine Menge anfangen. Hier können nur einige wichtige Empfehlungen gegeben werden.

Der Aufbau eines astronomischen Fernrohrs

Ein Linsenfernrohr (Refraktor) enthält an der Vorderseite des Tubus ein Objektiv, das durchaus mit einem Fotoobjektiv vergleichbar ist. Bei Himmelsbeobachtungen kommt es aber darauf an, möglichst viel Licht einzufangen, um möglichst schwache Objekte zu erkennen. Deswegen ist der Objektivdurchmesser die wichtigste Kennzahl für die Leistungsfähigkeit eines Fernrohrs. Bei den kleinsten astronomisch verwertbaren Instrumenten beträgt er 5 cm. In einem bestimmten Abstand hinter dem Objektiv, den man Brennweite nennt, entsteht ein umgekehrtes Bild, das durch ein Okular (Augenlinse) stark vergrößert betrachtet werden kann. Ein astronomisches Fernrohr liefert also umgekehrte Bilder. Norden ist unten! Die Zahl „Objektivbrennweite dividiert durch die Okularbrennweite" ergibt die Vergrößerung; je kleiner also die Brennweite des Okulars ist, desto höher die Vergrößerung. Ein Fernrohr mit 800 mm Objektiv- und 10 mm Okularbrennweite ergibt demnach eine 80fache Vergrößerung. Sinnvolle Vergrößerungen sind aber nach oben begrenzt. Bei zu hohen Vergrößerungen verteilt sich die „verfügbare" Lichtmenge über eine größere Fläche. Das Bild wird lichtschwächer. Aber noch ein anderer Punkt spielt eine entscheidende Rolle: Der Objektivdurchmesser bestimmt auch die Trennschärfe oder das Auflösungsvermögen; davon hängt ab, ob wir nahe beieinander befindliche Objekte, z. B. zwei Sterne, noch trennen können. Zu hohe Vergrößerungen ergeben also keine zusätzlichen Einzelheiten. Es sind „leere" Vergrößerungen. Schließlich spielt auch noch die atmosphärische Unruhe (Luftunruhe) eine Rolle, die das Funkeln oder „Szintillieren" der Sterne hervorruft. Je stärker die Luftunruhe, desto verwaschener die Fernrohrbilder, und desto weniger hohe Vergrößerungen sind einsetzbar. Als Faustregel gilt: Die Obergrenze bei günstigen Sichtverhältnissen liegt bei kleinen Fernrohren beim Doppelten des Objektivdurchmessers in Millimeter. Für ein 60-mm-Rohr wäre dies also z. B. eine 120fache Vergrößerung.

Die Trennschärfe eines Fernrohrs kann noch etwas genauer angegeben werden. Ganz grob liegt sie bei einem 60-mm-Fernrohr bei 2 Bogensekunden, bei einem 120-mm-Rohr bei 1". Dies gilt vor allem für die Auflösung von engen Doppelsternen, aber auch nur dann, wenn beide Partner etwa gleiche Helligkeit haben, sich also nicht gegenseitig überstrahlen.

Das Objektiv besteht bei allen heutigen Fernrohren aus zwei Einzellinsen aus verschiedenen Glassorten. Ein Einzelobjektiv hat nämlich einen häßlichen optischen Fehler, die Farbabweichung oder chromatische Aberration, weil jede Linse auf die einzelnen Wellenlängen oder Farben des Lichtes unterschiedlich wirkt: Für rotes oder langwelliges Licht ist die Brennweite etwas größer als für blaues, kurzwelliges Licht; so zeigen alle Bilder störende

Farbsäume und sind entsprechend unscharf. Aus zwei Linsen bestehende, sog. achromatische Objekte beheben diesen Fehler weitgehend.

Auch die Okulare bestehen aus mindestens zwei, meistens aber sogar mehreren Einzellinsen. Ihre Bauweise kann ganz verschieden sein. Sie haben dadurch auch oft einen unterschiedlichen Einsatzbereich, je nachdem, ob wir ein weites Feld (Weitwinkelokular) oder bei höherer Vergrößerung Details auf dem Mond oder den Planeten beobachten möchten.

Der Aufbau eines Refraktors, eines Newton-Reflektors, eines Cassegrain-Reflektors und eines katadioptrischen Systems (Maksutow-Cassegrain)

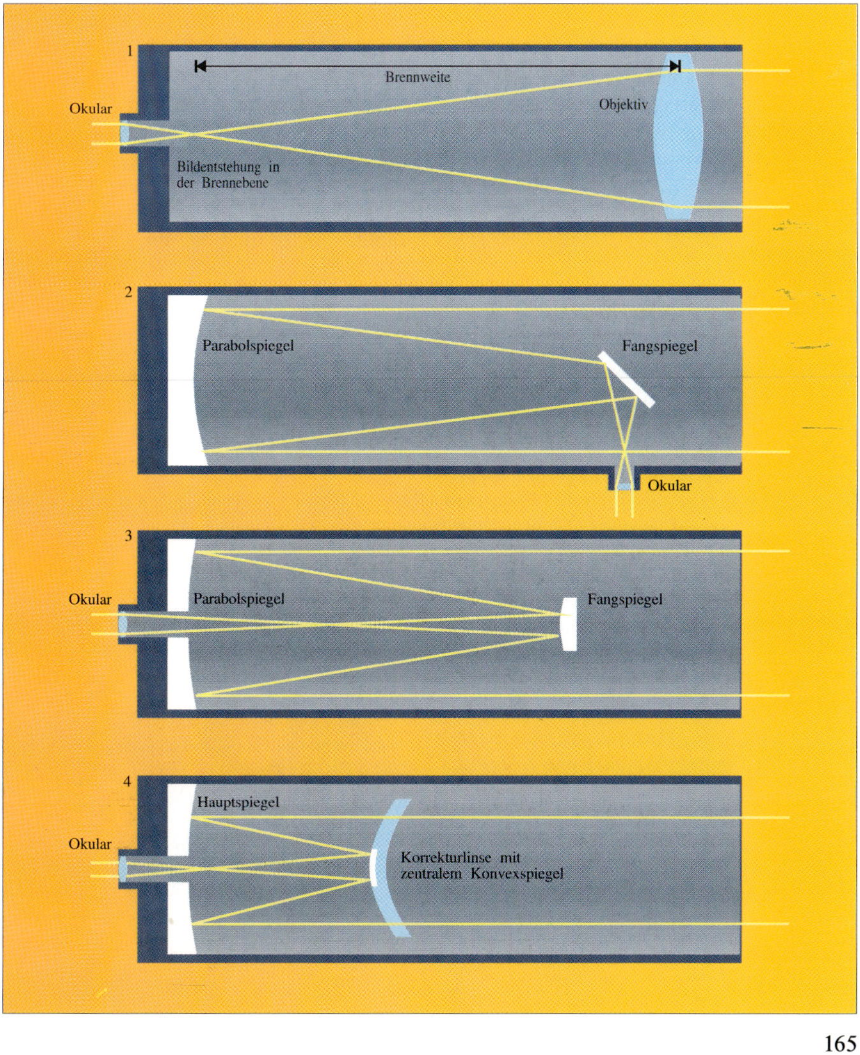

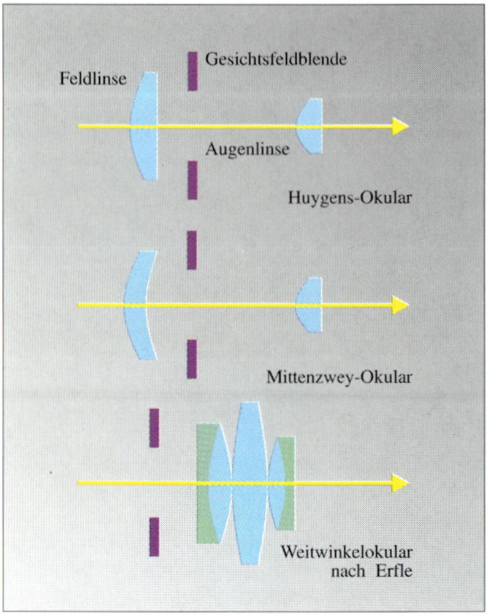

Drei Beispiele für den Aufbau eines Okulars: Huygens-Okular, Mittenzwey-Okular und Weitwinkelokular

Das Fernglas

Auch Ferngläser (Feldstecher) eignen sich gut für astronomische Beobachtungen. Sie haben sogar gegenüber einem Fernrohr einen Vorteil: ihr großes Gesichtsfeld. Wir können mit einem Fernglas einen Himmelsbereich von oft mehreren Grad Durchmesser überblicken, wo es bei einem Fernrohr selbst bei schwachen Vergrößerungen nur zu einem Feld reicht, das wenig größer als die Vollmondscheibe ist. Also eignen sich Ferngläser zu Durchmusterungen am Himmel, zur Beobachtung ausgedehnter Objekte wie Kometen mit ihren Schweifen, flächenmäßig großer Sternhaufen wie den Plejaden oder der Milchstraße. Außerdem können wir schon auf dem Mond einige Einzelheiten sehen und die vier hellsten Jupitermonde erkennen. Zur Kennzeichnung eines Feldstechers liest man meist Zahlen wie 7 x 30 oder 10 x 50. Dabei bedeutet die erste Zahl die Vergrößerung, also 7fach oder 10fach. Die zweite Zahl gibt den Objektivdurchmesser in mm an, also 30 mm oder 50 mm. Wichtig ist: Bei einer Vergrößerung über 10fach kann ein Feldstecher nicht mehr wackelfrei in den Händen gehalten werden; man sollte dann ein Stativ benutzen. Manchmal ist dies sogar bei geringeren Vergrößerungen vorteilhaft. Ferngläser sind nach dem Prinzip eines astronomischen Fernrohrs aufgebaut. Sie enthalten aber Prismen, die einmal die Fernrohrlänge verkürzen, zum anderen aber vor allem eine Bildaufrichtung bewirken.

Das Spiegelteleskop

Neben den Linsenfernrohren (Refraktoren) gibt es die Spiegelteleskope (Reflektoren) verschiedener Bauweisen. Am bekanntesten ist der **Newton-Spiegel:** Ein parabolförmiger Hohlspiegel reflektiert das Licht eines Objektes und erzeugt – wie ein Refraktor – in der Brennebene ein umgekehrtes Bild; auch dieses kann durch ein Okular vergrößert betrachtet werden. Doch ist es unmöglich, das Okular am

Der Aufbau eines Prismen-Feldstechers

oberen Ende des Fernrohrtubus anzubringen. Unser Kopf wäre im Wege, und das Licht würde erst gar nicht den Spiegel erreichen. Deswegen bringt man kurz vor der Brennebene inmitten des Tubus einen kleinen ebenen Fangspiegel an, der um 45° gegen die optische Achse des Teleskops geneigt ist. Er soll einfach das Licht seitlich aus dem Tubus herauslenken. Nun liegt die Brennebene oben seitlich, und dort kann auch das Okular untergebracht werden. Der Lichtverlust durch den Fangspiegel hält sich in Grenzen und kann verschmerzt werden. Eher ist schon die Bildverschlechterung infolge von Lichtbeugung um den Fangspiegel herum von Nachteil.

Beim **Cassegrain-Teleskop** ist der Fangspiegel konvex-hyperbolisch. Außerdem wirft er das Licht direkt in Richtung Hauptspiegel wieder zurück. Dort fällt das Licht durch eine Durchbohrung in der Mitte, und das Okular kann, wie beim Refraktor, wieder am hinteren Ende des Tubus angebracht werden. Der Cassegrain-Spiegel fällt durch seine kurze Bauweise auf. Eine Fortentwicklung sind die **katadioptrischen Systeme.** Hier ist der Hauptspiegel oft sphärisch geschliffen, und den Fangspiegel ersetzt eine große, über den ganzen Tubus gehende konkave Meniskuslinse mit reflektierendem Belag oder dem Fangspiegel im Zentrum. Da sie einige optische Mängel des Cassegrain vermeiden und trotzdem eine gedrungene Bauweise haben, sind sie als Amateurinstrumente in den letzten Jahren immer beliebter geworden, kann man sie doch selbst bei einigermaßen großer Öffnung ziemlich leicht transportieren.

Die Montierung eines Fernrohrs

Ganz kleine Fernrohre kann man so aufmontieren, daß sie um eine senkrechte und waagerechte Achse gedreht werden. Nun bewegen sich aber die Gestirne schräg zum Horizont, auf der Nordhalbkugel der Erde nach dem Aufgang schräg nach rechts aufwärts und vor dem Untergang schräg nach rechts abwärts. So muß man das Fernrohr bei dieser sog. azimutalen Montierung um beide Achsen drehen, will man das Instrument der täglichen Bewegung der Gestirne nachführen. Bedenken wir: Ein Gestirn legt in 1 Minute 0,25° am Himmel zurück. Hat das Gesichtsfeld unseres Okulars also einen Durchmesser von einem Viertelgrad (entsprechend einer halben Vollmondscheibe), so ist ein Objekt, das wir anfangs genau in die Gesichtsfeldmitte einstellen, bereits nach 30 Sekunden an den Rand gelaufen.

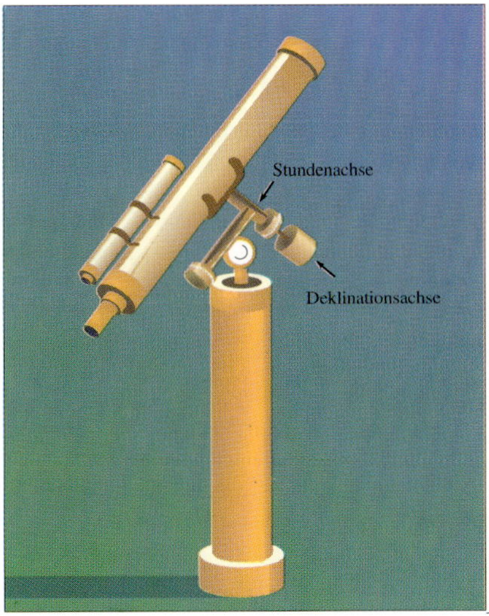

Eine parallaktische Montierung

Einen Ausweg bietet die parallaktische Montierung, bei der die senkrechte Achse des Fernrohrs so gekippt ist, daß sie auf den Polarstern (genauer: auf den Himmelspol) weist. Diese Achse ist also der Erd- und Himmelsachse parallel. Man nennt sie deswegen auch Polachse oder Stundenachse. Die andere Achse heißt Deklinationsachse. Jetzt müssen wir nur noch um die Polachse drehen, um mit dem Teleskop dem Lauf der Gestirne zu folgen.

Himmelserscheinungen 1993 bis 2005

Die nachfolgenden Seiten können natürlich kein astronomisches Jahrbuch ersetzen. Wer ausführlicher über die alljährlich sich verändernden Himmelserscheinungen informiert werden möchte, sei auf das im Franckh-Kosmos-Verlag erscheinende „Himmelsjahr“ verwiesen. Die Hinweise auf den folgenden Seiten sollen dem Benutzer von „Welcher Stern ist das?“ nur einen allgemeinen Überblick über die Sichtbarkeit der Planeten und Finsternisse sowie über die Mondphasen geben. Alle Angaben beziehen sich auf Mitteleuropa und sind in MEZ angegeben. Dadurch kann sich ein Termin z. B. für den Vollmond u. U. bei Sommerzeit auf den folgenden Tag verschieben.

1993

Merkur 21. 2. gr. östl. Elongation: Abendsichtbarkeit im W. 22. 11. gr. westl. Elongation: Morgensichtbarkeit im SO. **Venus** 19. 1. gr. östl. Elongation, bis März Abendstern im W. 1. 4. unt. Konjunktion. 10. 6. gr. westl. Elongation, Mitte April bis November Morgenstern im O. **Mars** 7. 1. Opposition (Zwillinge, Abstand 94 Mill. km). Bis Juni abends sichtbar (vom Krebs in den Löwen). 27. 12. Konjunktion. **Jupiter** 30. 3. Opposition (Jungfrau). Bis September abends sichtbar. 18. 10. Konjunktion. Ab November morgens. **Saturn** 9. 2. Konjunktion. Ab März morgens. 19. 8. Opposition (Steinbock/Wassermann). Bis Jahresende abends. **Uranus** 8. 1. Konjunktion, 12. 7. Opposition (Schütze). **Neptun** 8. 1. Konjunktion, 12. 7. Opposition (Schütze). **Pluto** 14. 5. Opposition (Waage), 17. 11. Konjunktion.
Vollmond: 8. 1., 7. 2., 8. 3., 6. 4., 6. 5., 4. 6., 4. 7., 2. 8., 1. 9., 30. 9., 30. 10., 29. 11., 29. 12.
Neumond: 22. 1., 21. 2., 23. 3., 22. 4., 21. 5., 20. 6., 19. 7., 17. 8., 16. 9., 15. 10., 13. 11., 13. 12.
Partielle **S'Finsternis** 21. 5. vom nördlichen Mitteleuropa und Nord-Europa aus. Totale **M'Finsternis** 29. 11. frühmorgens.

1994

Merkur 4. 2. gr. östl. Elongation: Abendsichtbarkeit im W. 6. 11. gr. westl. Elongation: Morgensichtbarkeit im SO. **Venus** 17. 1. ob. Konjunktion, 24. 8. gr. östl. Elongation. Abendstern von Februar bis Oktober. 3. 11. unt. Konjunktion. November/Dezember Morgenstern. **Mars** vom Frühjahr an morgens, später auch abends (zuletzt im Löwen). **Jupiter** 30. 4. Opposition (Waage). Bis Oktober sichtbar. 17. 11. Konjunktion. Ab Ende d. Jahres morgens. **Saturn** im Januar abends. 21. 2. Konjunktion. Ab April morgens, später auch abends. 1. 9. Opposition (Wassermann). **Uranus** 12. 1. Konjunktion. 17. 7. Opposition (Schütze). **Neptun** 11. 1. Konjunktion. 14. 7. Opposition (Schütze). **Pluto** 17. 5. Opposition (Waage). 20. 11. Konjunktion.
Vollmond: 27. 1., 26. 2., 27. 3., 25. 4., 25. 5., 23. 6., 22. 7., 21. 8., 19. 9., 19. 10., 18. 11., 18. 12.
Neumond: 12. 1., 10. 2., 12. 3., 11. 4., 10. 5., 9. 6., 8. 7., 7. 8., 5. 9., 5. 10., 3. 11., 3. 12.
Ringförmige **S'Finsternis** 10. 5. (in Mitteleuropa partiell). Partielle **M'Finsternis** 25. 5.

1995

Merkur 19. 1. und 12. 5. gr. östl. Elongation: Abendsichtbarkeit im SW bzw. NW.

20. 10. gr. westl. Elongation: Morgensichtbarkeit im O. **Venus** 13. 1. gr. westl. Elongation. Morgenstern bis Juli. 20. 8. ob. Konjunktion. Abendstern ab September. **Mars** 12. 2. Opposition (Löwe, Abstand 101 Mill. km). Bis November noch abends (Ophiuchus). **Jupiter** zunächst morgens, dann auch abends. 1. 6. Opposition (Ophiuchus). Bis November abends. 18. 12. Konjunktion. **Saturn** im Januar noch abends. 6. 3. Konjunktion. Ab Mai morgens, später auch abends. 14. 9. Opposition (Wassermann). Bis Jahresende noch abends. **Uranus** 17. 1. Konjunktion. 21. 7. Opposition (Schütze). **Neptun** 13. 1. Konjunktion. 17. 7. Opposition (Schütze). **Pluto** 20. 5. Opposition (Waage). 23. 11. Konjunktion.
Vollmond: 16. 1., 15. 2., 17. 3., 15. 4., 14. 5., 13. 6., 12. 7., 10. 8., 9. 9., 8. 10., 7. 11., 7. 12.
Neumond: 1. 1., 30. 1., 1. 3., 31. 3., 29. 4., 29. 5., 28. 6., 27. 7., 26. 8., 24. 9., 24. 10., 22. 11., 22. 12.

1996

Merkur 23. 4. gr. östl. Elongation: Abendsichtbarkeit im NW. 3. 10. gr. westl. Elongation: Morgensichtbarkeit im O. **Venus** 1. 4. gr. östl. Elongation. Abendstern Januar bis Mai. 10. 6. unt. Konjunktion. 20. 8. gr. westl. Elongation. Morgenstern Juli bis Dezember. **Mars** ab Sommer morgens (zuletzt in der Jungfrau). **Jupiter** morgens ab Februar, später auch abends, 4. 7. Opposition (Schütze). Bis Dezember noch abends. **Saturn** im Januar noch abends. 17. 3. Konjunktion. Ab Mai morgens, später auch abends. 26. 9. Opposition (Fische). Bis Dezember noch abends. **Uranus** 21. 1. Konjunktion. 25. 7. Opposition (Steinbock). **Neptun** 16. 1. Konjunktion. 18. 7. Opposition (Schütze). **Pluto** 22. 5. Opposition (Ophiuchus). 25. 11. Konjunktion.
Vollmond: 5. 1., 4. 2., 5. 3., 4. 4., 3. 5., 1. 6., 1. 7., 30. 7., 28. 8., 27. 9., 26. 10., 25. 11., 24. 12.
Neumond: 20. 1., 19. 2., 19. 3., 17. 4., 17. 5., 16. 6., 15. 7., 14. 8., 13. 9., 12. 10., 11. 11., 10. 12.
Totale **M'Finsternis** 4. 4. und 27. 9. Partielle **S'Finsternis** 12. 10.

1997

Merkur 6. 4. gr. östl. Elongation: Abendsichtbarkeit im NW. 16. 9. gr. westl. Elongation: Morgensichtbarkeit im NO. **Venus** Morgenstern bis März. 2. 4. ob. Konjunktion. 6. 11. gr. östl. Elongation. Abendstern von April bis Dezember. **Mars** 17. 3. Opposition (Jungfrau, Abstand 99 Mill. km). Noch bis Dezember abends. **Jupiter** 19. 1. Konjunktion. Ab Februar morgens, später auch abends. 9. 8. Opposition (Steinbock). Noch bis Dezember abends. **Saturn** im Januar/Februar noch abends. 30. 3. Konjunktion. Ab Mai morgens, später auch abends. 10. 10. Opposition (Fische). **Uranus** 24. 1. Konjunktion. 29. 7. Opposition (Steinbock). **Neptun** 17. 1. Konjunktion. 21. 7. Opposition (Schütze).
Pluto 25. 5. Opposition (Skorpion). 27. 11. Konjunktion.
Vollmond: 23. 1., 22. 2., 24. 3., 22. 4., 22. 5., 20. 6., 20. 7., 18. 8., 16. 9., 16. 10., 14. 11., 14. 12.
Neumond: 9. 1., 7. 2., 9. 3., 7. 4., 6. 5., 5. 6., 4. 7., 3. 8., 2. 9., 1. 10., 31. 10., 30. 11., 29. 12.
Partielle **M'Finsternis** 24. 3. Totale **M'Finsternis** 16. 9.

1998

Merkur 20. 3. gr. östl. Elongation: Abendsichtbarkeit im NW. 31. 8. und 20. 12. gr. westl. Elongation: Morgensichtbarkeit im NO bzw. SO. **Venus** 16. 1. unt. Konjunktion. 27. 3. gr. westl. Elongation. Morgenstern von Februar bis September. 30. 10. ob. Konjunktion. Ab November Abendstern. **Mars** bis April abends. 12. 5. Konjunktion. Ab Sommer morgens. **Jupiter** im Januar abends. 23. 2. Konjunktion. Ab April morgens, später auch abends. 16. 9. Opposition (Wassermann). **Saturn** bis März abends. 13. 4. Konjunktion. Ab Juni morgens, später auch abends. 23. 10. Opposition (Fische). **Uranus** 28. 1. Kon-

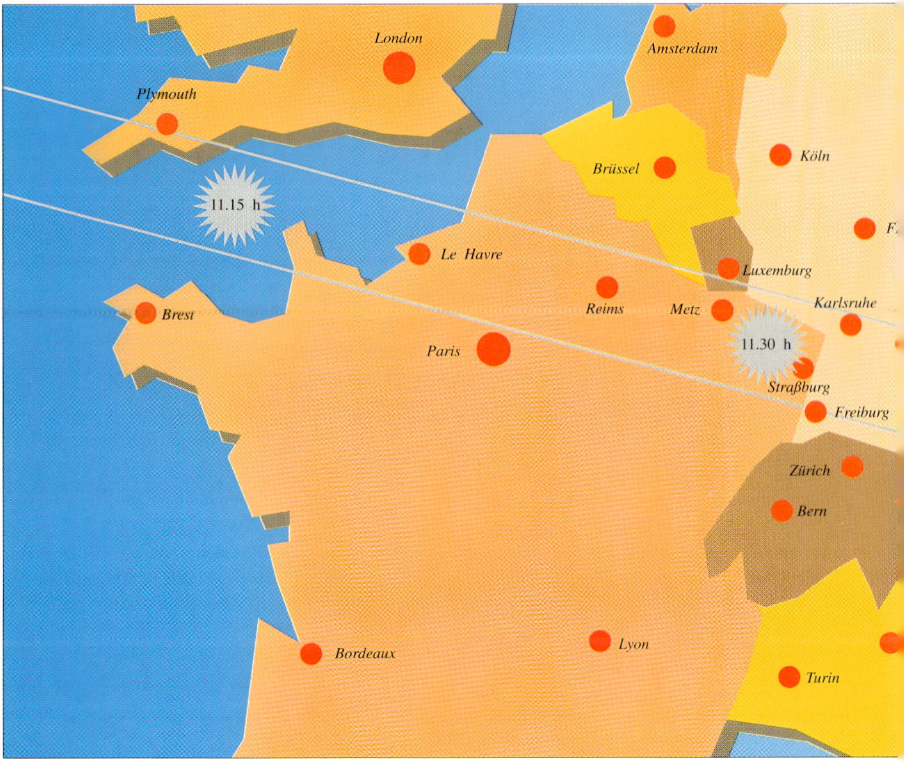

172-173

Die Zentralzone der totalen Sonnenfinsternis vom 11. 8. 1999. Die Zeiten geben die Mitte der Finsternis in MEZ an.

junktion. 3. 8. Opposition (Steinbock). **Neptun** 19. 1. Konjunktion. 23. 7. Opposition (Steinbock). **Pluto** 28. 5. Opposition (Ophiuchus). 30. 11. Konjunktion. **Vollmond:** 12. 1., 11. 2., 13. 3., 11. 4., 11. 5., 10. 6., 9. 7., 8. 8., 6. 9., 5. 10., 4. 11., 3. 12.
Neumond: 28. 1., 26. 2., 28. 3., 26. 4., 25. 5., 24. 6., 23. 7., 22. 8., 20. 9., 20. 10., 19. 11., 18. 12.

1999

Merkur 3. 3. gr. östl. Elongation: Abendsichtbarkeit im W. 14. 8. und 3. 12. gr. westl. Elongation: Morgensichtbarkeit im NO bzw. SO. **Venus** Januar bis Juli Abendstern. 11. 6. gr. östl. Elongation. 20. 8. unt. Konjunktion. Ab September Morgenstern. 30. 10. gr. westl. Elongation. **Mars** 24. 4. Opposition (Jungfrau, 87 Mill. km). Noch bis Dezember abends. **Jupiter** Januar bis März abends. 1. 4. Konjunktion. Ab Mai morgens, später auch abends. 23. 10. Opposition (Widder). **Saturn** Januar bis März abends. 27. 4. Konjunktion. Ab Juni morgens, später auch abends. 6. 11. Opposition (Widder). **Uranus** 2. 2. Konjunktion. 7. 8. Opposition (Steinbock).
Neptun 22. 1. Konjunktion. 26. 7. Opposition (Steinbock). **Pluto** 31. 5. Opposition (Ophiuchus). 3. 12. Konjunktion.
Vollmond: 2. 1., 31. 1., 2. 3., 31. 3., 30. 4.,

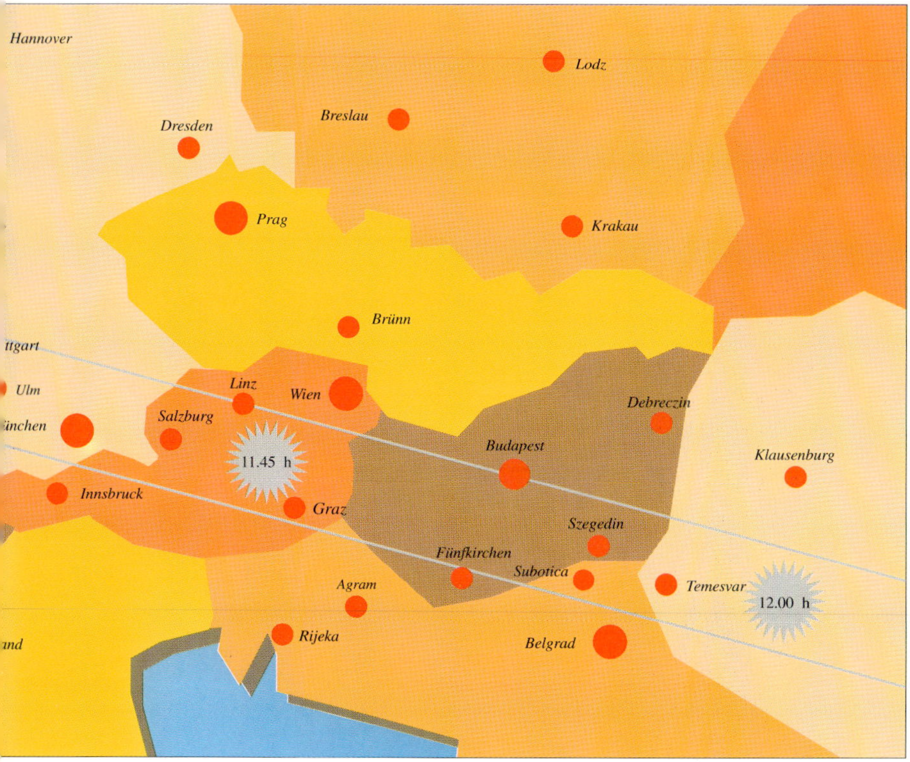

30. 5., 28. 6., 28. 7., 27. 8., 25. 9., 24. 10., 23. 11., 22. 12.
Neumond: 17. 1., 16. 2., 17. 3., 16. 4., 15. 5., 13. 6., 13. 7., 11. 8., 9. 9., 9. 10., 8. 11., 7. 12.
Totale **S'Finsternis** 11. 8. Totalitätszone verläuft über Süddeutschland – Österreich. Siehe Abb.

2000

Merkur 15. 2. gr. östl. Elongation: Abendsichtbarkeit im W. 15. 11. gr. westl. Elongation: Morgensichtbarkeit im SO. **Venus** Januar bis Mai Morgenstern. 11. 6. ob. Konjunktion. Juli bis Dezember Abendstern. **Mars** Januar bis Mai abends. 1. 7. Konjunktion. August bis Dezember morgens. **Jupiter** Januar bis April abends. 8. 5. Konjunktion. Ab Juni morgens, später auch abends. 28. 11. Opposition (Stier). **Saturn** Januar bis April abends. 10. 5. Konjunktion. Ab Juni morgens, später auch abends. 19. 11. Opposition (Stier). **Uranus** 6. 2. Konjunktion. 11. 8. Opposition (Steinbock). **Neptun** 24. 1. Konjunktion. 27. 7. Opposition (Steinbock). **Pluto** 1. 6. Opposition (Ophiuchus). 4. 12. Konjunktion.
Vollmond: 21. 1., 19. 2., 20. 3., 18. 4., 18. 5., 16. 6., 16. 7., 15. 8., 13. 9., 13. 10., 11. 11., 11. 12.
Neumond: 6. 1., 5. 2., 6. 3., 4. 4., 4. 5., 2. 6., 1. 7., 31. 7., 29. 8., 27. 9., 27. 10., 26. 11., 25. 12.
Totale **M'Finsternis** 21. 1.

2001

Merkur 28. 1. und 22. 5. gr. östl. Elonga-

tion: Abendsichtbarkeit im SW bzw. NW. 29. 10. gr. westl. Elongation: Morgensichtbarkeit im O. **Venus** 17. 1. gr. östl. Elongation. Abendstern Januar bis März. 30. 3. unt. Konjunktion. April bis Dezember Morgenstern. 8. 6. gr. westl. Elongation. **Mars** 13. 6. Opposition (Ophiuchus, Abstand 67 Mill. km). Noch bis Dezember abends. **Jupiter** Januar bis Mai noch abends (Stier). 14. 6. Konjunktion. Ab Juli morgens, später auch abends (Zwillinge). **Saturn** Januar bis April noch abends. 25. 5. Konjunktion. Ab Juli morgens, später auch abends. 3. 12. Opposition (Stier). **Uranus** 9. 2. Konjunktion. 14. 8. Opposition (Steinbock). **Neptun** 26. 1. Konjunktion. 30. 7. Opposition (Steinbock). **Pluto** 3. 6. Opposition (Ophiuchus). 7. 12. Konjunktion.
Vollmond: 9. 1., 8. 2., 9. 3., 8. 4., 7. 5., 6. 6., 5. 7., 4. 8., 2. 9., 2. 10., 1. 11., 30. 11., 30. 12.
Neumond: 24. 1., 23. 2., 25. 3., 23. 4., 23. 5., 21. 6., 20. 7., 19. 8., 17. 9., 16. 10., 15. 11., 14. 12.
Totale **M'Finsternis** 9. 1.

2002

Merkur 11. 1. und 4. 5. gr. östl. Elongation: Abendsichtbarkeit im SW bzw. NW. 13. 10. gr. westl. Elongation: Morgensichtbarkeit im O. **Venus** 14. 1. ob. Konjunktion. Februar bis Oktober Abendstern. 22. 8. gr. östl. Elongation. 31. 10. unt. Konjunktion. November/Dezember Morgenstern. **Mars** bis Juni noch abends. 10. 8. Konjunktion. Ab Oktober morgens. **Jupiter** 1. 1. Opposition (Zwillinge). Bis Juni noch abends. 20. 7. Konjunktion. Ab August morgens, später auch abends. **Saturn** bis Mai noch abends. 9. 6. Konjunktion. Ab Juli morgens, später auch abends. 17. 12. Opposition (Stier). **Uranus** 13. 2. Konjunktion. 20. 8. Opposition (Steinbock). **Neptun** 28. 1. Konjunktion. 2. 8. Opposition (Steinbock). **Pluto** 7. 6. Opposition (Ophiuchus). 9. 12. Konjunktion.
Vollmond: 28.1., 27.2., 28.3., 27.4., 26.5., 24.6., 24.7., 22.8., 21.9., 21.10., 20.11., 19.12.
Neumond: 13.1., 12.2., 14.3., 12.4., 12.5., 11.6., 10.7., 8.8., 7.9., 6.10., 4.11., 4.12.

2003

Merkur 16. 4. gr. östl. Elongation: Abendsichtbarkeit im NW. 7. 5. **Vorübergang vor der Sonne.** 27. 9. gr. westl. Elongation: Morgensichtbarkeit im O. **Venus** 11. 1. gr. westl. Elongation. Morgenstern Januar bis Juli. 18. 7. ob. Konjunktion. Ab September Abendstern. **Mars** zunächst morgens, später auch abends. 28. 8. günstige Perihel-Opposition (Wassermann, Abstand 55,8 Mill. km). **Jupiter** 2. 2. Opposition (Krebs). Noch bis Juli abends. 22. 8. Konjunktion. Ab September morgens, später auch abends. **Saturn** bis Mai noch abends. 24. 6. Konjunktion. Ab August morgens, später auch abends. 31. 12. Opposition (Zwillinge). **Uranus** 17. 2. Konjunktion. 24. 8. Opposition (Wassermann). **Neptun** 30. 1. Konjunktion. 4. 8. Opposition (Steinbock). **Pluto** 9. 6. Opposition (Ophiuchus).
Vollmond: 18.1., 17.2., 18.3., 16.4., 16.5., 14.6., 13.7., 12.8., 10.9., 10.10., 9.11., 8.12.
Neumond: 2.1., 1.2., 3.3., 1.4., 1.5., 31.5., 29.6., 29.7., 27.8., 26.9., 25.10., 24.11., 23.12.
Totale **M'Finsternisse** 16. 5. und 9. 11.

2004

Merkur 29. 3. gr. östl. Elongation: Abendsichtbarkeit im W. 9. 9. und 29. 12. gr. westl. Elongation: Morgensichtbarkeit im NO bzw. SO. **Venus** 29. 3. gr. östl. Elongation. Abendstern Januar bis Mai. 8. 6. unt. Konjunktion. **Vorübergang vor der Sonne!** Juli bis Dezember Morgenstern. 17. 8. gr. östl. Elongation. **Mars** Januar bis Juni noch abends. 15. 9. Konjunktion. Ab November morgens. **Jupiter** 4. 3. Opposition (Löwe). Noch bis August abends. 21. 9. Konjunktion. Ab Oktober morgens. **Saturn** zunächst ganze Nacht, später nur abends bis Juni. 8. 7. Konjunktion. Ab August morgens, später auch abends. **Uranus** 22. 2.

Konjunktion. 27. 8. Opposition (Wassermann). **Neptun** 2. 2. Konjunktion. 6. 8. Opposition (Steinbock). **Pluto** 11. 6. Opposition (Schlange). 13. 12. Konjunktion.
Vollmond: 7. 1., 6. 2., 7. 3., 5. 4., 4. 5., 3. 6., 2. 7., 31. 7., 30. 8., 28. 9., 28. 10., 26. 11., 26. 12.
Neumond: 21. 1., 20. 2., 20. 3., 19. 4., 19. 5., 17. 6., 17. 7., 16. 8., 14. 9., 14. 10., 12. 11., 12. 12.
Totale **M'Finsternisse** 4. 5. und 28. 10.

2005

Merkur 12. 3. gr. östl. Elongation: Abendsichtbarkeit im W. 23. 8. und 12. 12. gr. westl. Elongation: Morgensichtbarkeit im NO bzw. SO. **Venus** Januar/Februar Morgenstern. 31. 3. ob. Konjunktion. April bis Dezember Abendstern. 3. 11. gr. östl. Elongation. 14. 1. 2006 unt. Konjunktion. **Mars** zunächst morgens, später auch abends. 7. 11. Opposition (Widder. Abstand 69 Mill. km). **Jupiter** 3. 4. Opposition (Jungfrau). Bis September noch abends. 22. 10. Konjunktion. Ab November morgens. **Saturn** 13. 1. Opposition (Zwillinge). Bis Juni noch abends. 23. 7. Konjunktion. Ab August morgens, später auch abends. **Uranus** 25. 2. Konjunktion. 1. 9. Opposition (Wassermann). **Neptun** 3. 2. Konjunktion. 8. 8. Opposition (Steinbock). **Pluto** 14. 6. Opposition (Schlange).
Vollmond: 25. 1., 24. 2., 25. 3., 24. 4., 23. 5., 22. 6., 21. 7., 19. 8., 18. 9., 17. 10., 16. 11., 15. 12.
Neumond: 10. 1., 8. 2., 10. 3., 8. 4., 8. 5., 6. 6., 6. 7., 5. 8., 3. 9., 3. 10., 2. 11., 1. 12., 31. 12.
Ringf. **S'Finsternis** 3. 10. (in Mitteleuropa partiell).

Volkssternwarten und Planetarien

Nachstehend sind solche Institutionen im deutschsprachigen Raum verzeichnet, die hauptberuflich oder zumindest von einem breiteren freiwilligen Mitarbeiterstab regelmäßig geführt werden und ein umfassendes Programm anbieten. Ferner gibt es mehrere astronomische Vereine mit zeitweise geöffneten Sternwarten oder Planetarien. Die Liste erhebt keinen Anspruch auf Vollständigkeit und Richtigkeit. Es ist zu bedenken, daß sich Adressen ändern können oder kleinere Einrichtungen u. U. nicht mehr weitergeführt werden.
Augsburg Sparkassen-Planetarium, Im Thäle 2
Bautzen Sternwarte J. Franz, Czornebohstr. 82
Berlin Archenhold-Sternwarte, Alt-Treptow 1
Großplanetarium, Prenzlauer Allee 80
Wilhelm-Foerster-Sternwarte mit Planetarium, Munsterdamm 90
Bochum Planetarium und Sternwarte, Castroper Str. 67
Bonn Volkssternwarte Bonn e. V., Poppelsdorfer Allee 47
Bremen Planetarium und Sternwarte der Olbers-Gesellschaft. Hochschule für Nautik, Werderstr. 73
Carona Feriensternwarte Calina
Cottbus Raumflugplanetarium, Heinrich-Mosler-Str. 39
Erkrath Sternwarte Neanderhöhe Hochdahl mit Stellarium, Hildener Str. 17
Essen Walter-Hohmann-Sternwarte, Wallneyer Str. 159
Frankfurt a. M. Volkssternwarte des Physikalischen Vereins, Robert-Mayer-Str. 2–4
Freiburg Richard-Fehrenbach-Planetarium, Friedrichstr. 51 (Gewerbeschule II)
Fulda Hans-Nüchter-Sternwarte und Planetarium, Domänenweg 2
Glücksburg Planetarium und Sternwarte, Fördestr. 35

Halle Raumflugplanetarium, Peißnitz
Hamburg Planetarium, Hindenburgstr. 1 (Wasserturm im Stadtpark)
Heilbronn Robert-Mayer-Sternwarte, Bismarckstr. 10
Heppenheim Starkenburg-Sternwarte, Kl. Bach 3
Hof Volkssternwarte, Egerländerweg 25
Jena Planetarium, Am Planetarium 5
Kassel Sternwarte Calden mit Planetarium, An der Karlsaue
Klagenfurt Raumflugplanetarium, Villacher Str. 239
Köln Volkssternwarte, Nikolausstr. 55
Laupheim Planetarium, Parkweg 44. Volkssternwarte, Leibnizstr. 35
Leipzig Planetarium im Zoologischen Garten
Lübeck Sternwarte, Am Ährenfeld
Luzern Planetarium im Verkehrshaus
Magdeburg Astronomisches Zentrum, Pablo-Picasso-Str. 20
Mannheim Planetarium, W.-Varnholt-Platz 1
München Bayerische Volkssternwarte mit Planetarium, Anzingerstr. 1
Planetarium im Deutschen Museum
Münster Planetarium im Naturkundemuseum
Nordenham Planetarium und Sternwarte, Bahnhofstr. 52
Nürnberg Planetarium, Am Plärrer 41
Sternwarte, Regiomontanusweg 1
Osnabrück Planetarium im Naturwissenschaftlichen Museum am Schölerberg
Paderborn Volkssternwarte, Im Schloßpark
Potsdam Planetarium, Neuer Garten 6
Radebeul Volkssternwarte Adolph Diesterweg, Auf den Ebenbergen
Recklinghausen Westfälische Volkssternwarte und Planetarium, Stadtgarten
Reutlingen Sternwarte und Planetarium, Karlstr. 40
Schkeuditz Astronomisches Zentrum, An der Bergbreite
Schneeberg Planetarium und Sternwarte, Heinrich-Heine-Str.
Schwerin Schulsternwarte und Planetarium, Weinbergstr. 17
Sohland Volks- und Schulsternwarte
Solingen Sternwarte, Sternstr. 5
Stuttgart Planetarium, Neckarstr. 47
Schwäbische Sternwarte, Uhlandshöhe
Suhl Volkssternwarte, Auf dem Hoheloh
Violau Sternwarte, Bruder-Klaus-Heim
Wetzlar-Burgsolms Sternwarte, Lindenstr. 1
Wien Kuffner-Sternwarte, Johann-Staud-Str. 10
Planetarium, Oswald-Thomas-Platz 1
Urania-Sternwarte, Uraniastr. 1
Wolfsburg Planetarium, Uhlandweg 2

Überregionale Vereinigungen

Vereinigung der Sternfreunde e. V. (VdS), Geschäftsstelle: Anzinger-Str. 1, 8000 München 80 (Mitgliedschaft schließt Bezug der Zeitschrift „Sterne und Weltraum“ ein)
Schweizerische Astronomische Gesellschaft (SAG),
Zentralsekretariat: Hirtenhofstr. 9, CH-6005 Luzern
Österreichischer Astronomischer Verein, Sekretariat: Seegasse 8, A-1090 Wien

Register